LOCUS

LOCUS

LOCUS

LOCUS

from

vision

from 108

商業冒險：華爾街的 12 個經典故事

Business Adventures:
Twelve Classic Tales from the World of Wall Street

作者：約翰・布魯克斯 John Brooks

譯者：譚天（第 1-7 章）、許瑞宋（第 8-12 章）

責任編輯：邱慧菁

校對：呂佳真

封面完稿：Javick 工作室

法律顧問：董安丹律師、顧慕堯律師

出版者：大塊文化出版股份有限公司

台北市 10550 南京東路四段 25 號 11 樓

www.locuspublishing.com

讀者服務專線：0800-006689

TEL：(02) 87123898　FAX：(02) 87123897

郵撥帳號：18955675　　戶名：大塊文化出版股份有限公司

總經銷：大和書報圖書股份有限公司

地址：新北市新莊區五工五路 2 號

TEL：(02) 89902588 (代表號)　　FAX：(02) 22901658

製版：瑞豐實業股份有限公司

初版一刷：2015 年 2 月

初版九刷：2018 年 3 月

定價：新台幣 480 元

Printed in Taiwan

商業冒險

華爾街的12 個經典故事

Business Adventures

Twelve Classic Tales from the World of Wall Street

約翰・布魯克斯 John Brooks 著

譚天、許瑞宋 譯

目錄

1 股市的波動

一九六二年的小崩盤

股市是有錢人每天買進賣出、追高殺低的地方，若是沒了價格的波動起伏，也不成其爲股市。據說有一次，J．P．摩根公司（J. P. Morgan & Company）的創辦人約翰．摩根（John Morgan）——「老摩根」（J. P. Morgan the Elder），有位股市新手友人找上這位大銀行家，請教股市的今後走勢。老摩根面對這位友人，一本正經地答道：「它會波動。」任何喜歡進出號子、對華爾街奇聞逸事有興趣的人，想必聽過這段故事。

股市除了會波動以外，還有其他許多特性。股市具有買賣股票的經濟優勢與劣勢，舉例來說，它能夠提供暢通無阻的流動資金，資助產業擴展——這是優勢；但它也爲那些運氣不佳、不夠謹愼、容易受騙上當的投資人帶來一條飛快的虧損捷徑——這是劣勢。除去這些經濟優劣之勢不計，股市的發展也已造就一整套社會行爲型態，有自成一格的習慣與語言，對大小事件還有可預期的反應。但股市的眞正不凡之處，在於這種社會行爲型態從一六一一年萌生到全面發展成形之速，以及這種型態直到一九六〇年代仍然在相當程度上影響紐約證交所（The New York Stock Exchange）的事實（沒錯，這其間出現過一些變化）。

一六一一年，世界第一個有分量的證券交易所，在荷蘭首都阿姆斯特丹一處沒有屋頂的天井中開張。今天，美國境內的股市交易是龐大得令人咋舌的生意，它設置數以百萬哩計的私人電報線，配備能在三分鐘內讀遍、複製曼哈頓電話指南的電腦，還擁有兩千多萬參與交易的股東。與十七世紀草創之初，一小群荷蘭交易商在露天交易場上淋著雨、討價還價的情況相比，今天的紐約證交所當然不可同日而語，但股市交易的特質大體上並無不同。這第一家位於荷蘭的證交所，無心插柳地成爲新人性反應的實驗室。基於同理，紐約證交所也是一具社會學試管，永無止境地爲人類的自我了解提供新知。

亂中亂

阿姆斯特丹股市一位名叫喬瑟夫．德拉維加（Joseph de la Vega）的投資人，用西班牙文寫了一本名爲《亂中亂》（*Confusion of Confusions*）的書，巧妙記錄了荷蘭證交所那些先驅交易商的行爲。幾年前，哈佛商學院（Harvard Business School）將這本最早於一六八八年問世的書譯成英文，再版發行。每在危機期間，所有進出股市的人行爲表現總是特別誇張，今天的美國投資人與交易商也不例外。

一九六二年五月的最後一週，美股交易出現駭人波動，觀察這一週的交易活動，或許有助於認清今天美國股市投資人與交易商的行爲特性。自一八九七年以來，每個交易日的交易活動都有紀錄可循的道瓊三十檔工業平均指數，在五月二十八日週一這天重挫了三四．九五點，創下紐證交易史上第二大跌幅，僅次於一九二九年十月二十八日的三八．三三點。五月二十八日這天的成交量爲九三五萬股，寫下證交所成立以來第七大單日成交紀錄。五月二十九日週二，股市表現在上午仍然一片哀鴻，大多數股票繼續探底，跌得比週一收盤價更深得多。但是到了下午，股市突然以驚人的力道強勁反彈，道瓊指數當天勁揚二七．○三點，漲幅雖然未破紀錄，但已經很大。

在週二這一天，證交所創下交易量爆量紀錄，共有一四七五萬張股票轉手，寫下除了一九二九年十月二十九日以外最大單日成交量紀錄——當天交易量突破一六○○萬股。（在之後幾年的一九六○年代，每天一千萬、一二○○萬，甚或一四○○萬股的交易漸成常態；一九二九年的成交量紀錄終於在一九六八年四月一日打破，之後幾個月，新紀錄一再重寫。）經過週三陣亡將士紀念日（Memorial Day）休市之後，紐約證交所於五月三十一日週四復市，這一波的起伏浪潮也在這天終告平息。當天有一○七一萬股轉手，寫下史上第五大交易紀錄，道瓊工業平均指數以上揚九．四○點做收，比起週一這波驚濤駭浪掀起之前略升了一些。

這波危機持續了三天，但餘波盪漾不消多說，久久不息。德拉維加對阿姆斯特丹交易商的一項觀察心得是，他們「非常擅長爲股價的暴起暴跌找理由」。華爾街那些專家當然也必須絞盡腦汁解釋，股市爲什麼會在一個原本一直很好的年頭，突然出現它有史以來跌幅第二大的重挫。在危機結束後，華爾街衆說紛紜，其中尤以甘迺迪總統（John Kennedy）當年四月採取鎮壓手段、不讓鋼鐵業者漲價，終於導致危機的說法甚囂塵上。

但無論怎麼解釋，專家總喜歡將一九六二年五月與一九二九年十月的那場危機相比。在這兩場危機中，最恐慌的日子都出現在當月的第二十八、二十九天，對有些人而言，這不僅神祕，而且是一種不祥的巧合。就算日期上沒有巧合，兩場危機呈現的股價波動與交易數量，也迫使人不能不將它們相提並論。不過，一般也都承認，這兩場危機的對比，比相似之處更具有說服力。在一九二九年與一九六二年間，由於交易規則的訂定，以及客戶購股融資金額的限制，要一個人把他「所有」的錢在證交所完全賠光，縱非不可能，也是很難。簡言之，用德拉維加一六八〇年代對阿姆斯特丹股市的評語——儘管他顯然對它情有獨鍾，但也稱其爲「這個賭博地獄」——來形容先後三十三年、這兩場危機之間的紐約證交所，已經很不恰當。

一九六二年的這次崩盤並非沒有先兆，儘管能正確解讀這些警訊的觀察家很少。一九六二年開年不久，股市已經以相當持續的腳步開始走軟，而且跌幅不斷加速，到危機爆發的前一個交易週——五月二十一日到五月二十五日——跌幅已經創下一九五〇年六月以來紐約證交所的最高紀錄。於是，在五月二十八日週一這天早晨，券商與自營商理當小心謹慎才是。股市已經築底了嗎？還是說還會繼續下探？回顧起來，當時眾說紛紜，各有看法。

投資人的情緒決定一切

以道瓊新聞社（Dow-Jones news service）為例，它每天早上九點開始，透過電傳打字機向客戶提供從九點到證交所於十點開市之間這個時段的現場財經新聞，並反映某些值得關注的問題。在這一天的這個小時中，這家「寬帶」新聞社表示（道瓊新聞社由於傳遞的訊息打印在垂直滾動、六．二五吋寬的紙筒上，因此得名，以別於證交所的股價報價字帶，證交所的電傳機紙筒呈水平轉動，只有〇．七五吋高），許多券商與自營商在這個週末忙得不可開交，要求股價縮水的客戶提供額外擔保，還說上一週出現的急殺拋售「是華爾街多年來少見」。但道瓊新聞社接著又報導了幾則令人鼓舞的商業新聞，例如西屋（Westinghouse）剛接獲海軍一紙新合約等。不過，誠如德拉維加所說，在股市「這類新聞往往沒有多少價值」；就短期而言，投資人的情緒決定一切。

紐約證交所開市不到幾分鐘，這種情緒已經顯現。在上午十點十一分，「寬帶」新聞社報導：「股市在開盤時互有消長，而且成交量僅止溫和而已。」這是個讓投資人安心的訊息，因爲「互有消長」意指有些股票漲、有些股票跌，而且一般認爲，當市場走軟的時候，與巨額交易量相比，溫和交易量所構成的威脅要小得多。但投資人沒能安心多久。到十點三十分，證交所記錄交易場上每一筆成交價與成交量的字帶，不僅不斷傳來股價探底的壞消息，這項已經以每分鐘五百字極速運轉的電傳服務，還遲誤了六分鐘。之所以遲誤，理由很簡單：現場的交易速度太快，讓電傳打字機極速運轉也跟不上。

在正常情況下，華爾街十一號證交所交易場上完成一筆交易後，證交所一名員工會把交易細節寫在一張紙條上，用壓縮空氣管將紙條送到證交所五樓的一個房間，由守候的打字員打入鑽孔字帶等候傳送。從交易場上完成一筆交易，到這筆交易出現在電傳機的報價字帶上，有兩、三分鐘的時間差距是正常的，在證交所看來，差兩、三分鐘不算「遲」。根據證交所的語言，只有在交易紙條送到五樓，隔了更長時間才由打字員打成字帶才算「遲」。（德拉維加曾經抱怨：「證交所用的詞沒有經過愼選。」）在交易繁忙的日子，字帶延誤個幾分鐘是常有的事，但一九六二年使用的鑽孔字帶機自一九三〇年啓用以來，大舉延誤的情況極爲罕見。一九二九年十月二十四日，字帶機遲誤了二四六分鐘，當時它的印表速度是每分鐘二八五個字；在一九六二年五月以前，新型字帶機最久的一次延誤是三十四分鐘。

毫無疑問，股價正在下挫，而且交易活動也正在轉熱，但情勢還沒有那麼絕望。到了十一點鐘的時候，大家只知道，之前一週的頹勢仍在持續，而且正緩緩加速。但由於交易活動愈來愈熱絡，字帶延誤的時間也不斷增加。在十點五十五分，晚了十三分鐘；十一點十四分晚二十分鐘；十一點三十五分晚二十八分鐘；十一點五十八分晚三十八分鐘；十二點十四分晚四十三分鐘。（當字帶延誤五分鐘以上時，為了至少讓資訊帶一些新意，證交所每隔一段時間就會暫停正常程序，安插「跑馬燈」，也就是幾檔主要股的即時價格。當然，這麼做要花時間，也讓字帶的延誤時間更為加長。）到中午，道瓊工業平均指數顯示，自開盤以來跌了九．八六點。

到午餐時間，群衆歇斯底里的現象開始出現。其中一個現象是，在十二點到下午兩點間、市場一般而言最清淡的時段，股價不但繼續下挫，交易量也有增無已；字帶也相應更加延誤，在兩點前不久，遲了五十二分鐘。投資人在原本用餐的時間不用餐而忙著出脫持股，這在股市是嚴重的大事。公認的券商龍頭美林（Merrill Lynch, Pierce, Fenner & Smith）設在時代廣場的辦公室（百老滙街一四五一號），同樣也透著山雨欲來的凶兆。這間辦公室有一個特別的問題：由於它的位置四通八達，每天午餐時間總有一堆券商界所謂「不請自來」（walk-ins）的人士造訪。這類人士多半根本不是券商客戶，就算是，也只是稍微扯上一點關係而已。他們造訪美林，為的只是喜歡這間辦公室的氣氛，以及那面數字不斷變化的報價看板，特別是當股市發生危機時，尤其令他們興奮不已。（德拉維加曾說：「只是為了找樂子，不是為了貪心想多賺一點錢而造訪號子的人，很容易分辨。」）這間辦公室的經理，是一位冷靜的喬治亞州人，名爲沙穆爾・摩斯納（Samuel Mothner）。根據多年經驗，他知道民衆對股市的關切，與這些不請自來者的人數大有關係。五月二十八日這天中午，摩斯納眼見辦公室人潮洶湧，幾乎不假思索，便已知道大禍將至。

像從聖地牙哥（San Diego）到班高（Bangor）的證券經紀人一樣，摩斯納需要操心的事，當然不只是一些令人困擾的跡象與徵兆而已。股票交易早已爆出巨量，在摩斯納的辦公室裡，客戶下的單子比日常均量高出五、六倍，而且它們幾乎全是賣單。經紀商大體上總是要求客戶保持冷靜，至少目前先按兵不動以觀後市，但許多客戶是勸不來的。美林位於紐約市西四十八街六十一號的另一間辦公室，接到住在巴西里約熱內盧（Rio de Janeiro）一位大客戶的電報，上頭只有簡單幾個字：「請把我戶頭裡的股票全部出脫。」由於時間緊迫、無法與數千哩外的這位客戶溝通、勸他稍安勿躁，美林在別無選擇的情況下只得遵命行事。午餐時間過後不久，電台與電視台也已察覺有異，開始中斷例行性節目插播股市新聞。一份證交所刊物事後語帶刻薄地表示，「這些新聞廣播這麼注意股市，想必加劇了一些投資人的不安。」此外，經紀商這時面對潮湧而至的賣單，執行難度也因技術因素而大增。

到兩點二十六分，字帶延誤時間已經高達五十五分鐘，這表示在大部分的情況下，電傳打字報出的價格是一小時以前的價格，而在大多數的案例中，這些價格比當時每股股價又已經高了一到十美元。在這種情況下，股市經紀人在接到賣單時，幾乎不可能告知客戶這單子預計可以賣到什麼價格。爲了解決字帶延誤的問題，有些經紀商想出一些急就章式的獨門報價系統。以美林爲例，經紀人在完成一筆交易以後——如果仍然記得交易數字，而且有時間的話——就會對設在交易現場的一具電話機大聲報出結果，這支電話與美林位於松樹街七十號總公司的一個「會發聲尖叫的盒子」連線。很顯然，這種急就章式的辦法出錯在所難免。

熊吼震天

在證交所的交易場上，盤勢也毫無起色；所有股票都在迅速而不斷地下跌，而且數量龐大。德拉維加曾有一段名言，描繪一個類似的場景：「恐懼、不安與緊張，全面主宰了熊（即賣股票的人）。他們把兔子看成大象，把酒館裡的打鬧看成叛亂，昏晦的影子在他們眼中成了亂象。」令人捏汗的是，代表美國最大型公司的藍籌股也在全面下挫。事實上，全美最大、股東人數也最多的公司——美國電話電報公司（AT&T）還帶頭領跌。在紐約證交所交易的一千五百多種股票中（它們的股價大多僅及AT&T的一小部分），交易量比其他任何股票都大的AT&T，自這一天一開盤起，就受到一波波拋售的不斷衝擊，在下午兩點指數爲一〇四．七五點，跌了六．八七五點，而且仍在全面跌跌不休。一直身爲領頭羊的AT&T，現在更加成爲衆所矚目的焦點，股價略有小挫都成爲大盤還會進一步下挫的跡象。快到三點的時候，IBM跌了十七．五點；通常特別抗跌的紐澤西標準石油（Standard

Oil）下挫三．二五；AT&T本身也再次重挫，跌到剩下一〇一．一二五點，而且似乎仍沒有築底的跡象。

不過，誠如現場人士所說，交易場上的氣氛始終沒有那麼歇斯底里——至少，在現場的人還能將歇斯底里的情緒控制得很好。儘管許多經紀人恨不得突破證交所規定的速度、在場上飛馳，有些經紀人的臉上卻還露出一名保守證交所官員所謂的「一派小心翼翼」的神氣，但交易場上就像過去一樣，不乏玩笑、嬉戲與相互調侃及挖苦。（德拉維加說：「玩笑嬉戲……是經紀這一行之所以引人的一個主要亮點。」）然而，事情與過去也未盡相同。一名當天身在現場的經紀人說：「我記得特別清楚的一件事，就是身體疲憊不堪。在出現危機的交易日，你大概得在場內走上十或十一哩的路，這是我們用計步器量過的，但把你累得半死的不只是得走這麼遠的路，還因爲身體上的接觸。你得在人叢中推擠前進，推別人，也被別人推，一堆人會趴在你身上壓過去。此外，每在股市下挫時，耳邊總有那種緊張的鳴響。下挫的腳步加速，響聲也愈加尖銳。在股價上揚的時候，聲音完全不一樣。一旦弄熟這其間的差異以後，你閉著眼睛也能知道股市的行情如何。當然，像過去一樣，經紀們逮到機會就會相互挖苦逗樂，或許有時玩笑還開得比過去稍重一些。到了三點半，收市鈴響，交易場上一片喝采，這事讓大家議論紛紛。但事實是這樣的，我們喝采並不是因爲股市跌了，是因爲股市終於結束了。」

但跌勢已經結束了嗎？在當天整個下午與傍晚，這個問題一直籠罩著華爾街與全美各地投資圈。在那個下午，證交所的字帶仍然不斷打著，認眞地記錄著早已過時的股價。（在股市結束時，它晚了一個小時又九分鐘，直到五點五十八分才打印出當天的最後一筆交易。）許多經紀人爲了釐清交易細節，在證交所一直工作到五點鐘以後，然後回到辦公室整理他們的帳。當報價字帶終於結清最後一筆交易時，它訴說的是一片慘綠的悲情。AT&T以一〇〇・六二五點做收，一天跌了十一點。菸草食品商菲利普・莫里斯（Philip Morris）以七一・五點做收，跌了八・二五點。金寶湯公司（Campbell Soup）以八一點做收，跌了十・七五點。IBM以三六一點做收，跌了三七・五點；諸如此類，不可勝數。

在經紀商的辦公室裡，工作人員爲了因應各式各樣的特殊狀況而忙得不可開交，許多人幾乎忙到深更半夜，其中最緊急的要務就是打電話，向客戶催繳保證金。經紀人要打這樣的電話，是因爲客戶向經紀商融資購股，現在由於股價下挫，這些股票的市値僅夠償還貸款而已。如果一位客戶不願或無力提供更多擔保，經紀商將盡快出清這些市値縮水的股票，而這種出清做法可能進一步壓制其他股票，導致必須打更多追加保證金的電話，結果造成更多股票出清，如此周而復始，不斷壓縮行情。在一九二九年，聯邦還沒有訂定限制股市融資的法規，事實證明這種現象可以造成股市無量重挫。在那以後，聯邦雖然訂定底限，但追繳保證金的需求仍然存在。而在一九六二年五月，情況是這樣的：客戶用融資買進一檔股票，等他買到的時候，這檔股票的市值已經又跌了五〇到六〇％，追加保證金的催繳電話也隨時可能打來了。五月二十八日這天收盤時，相對於一九六一年的股價高點，每四種股票就有一種跌幅達到五〇到六〇％。證交所估計，在五月二十五日到五月三十一日之間，經紀商主要透過電報，總共發出九萬一千七百份追繳通知；根據判斷，這些通知應該大部分在五月二十八日下午、傍晚或夜裡（包括深夜）發出。許多客戶是在週二黎明前被叫醒，領取追繳通知時，才知道危機已經發生，警覺大事不妙。

連續賣壓，最好的建議也可能變壞

有人認為，一九六二年這波危機造成的所謂「融資斷頭」賣壓（即經紀商拋售投資人融資購入、未能追加保證金的股票），對股市造成的後果，遠不及一九二九年。但無論怎麼說，在一九六二年，共同基金賣股對股市造成的衝擊之大，幾乎無法衡量。事實上，許多華爾街專業人士現在說，在一九六二年五月這波危機鬧得最兇的時候，只要想到共同基金的情勢，就夠讓他們心驚膽戰了。曾在過去二十年買過共同基金的千百萬美國人都知道，共同基金能讓小額投資人把錢集中在一起，由專業經理人幫他們進行投資；小額投資人買進幾股基金，基金用這些錢買股票，投資人可以在自行選定的時間，按照市場現值將持股兌現。根據專業人士的推理，當股市重挫時，小額投資人想把錢撤出股市，於是要求兌現；為了籌措必要資金以滿足兌現要求，共同基金必須賣掉一些股票，結果這麼做促使股市進一步下挫，造成更多共同基金投資人要求兌現，就這樣循環推擠，導致現代版的股價無底洞。

在一九六二年以前，從未有人認眞檢驗共同基金是否擴大股市下挫效應的問題，這項事實讓整個投資圈對共同基金愈來愈恐懼。在一九二九年根本不存在的共同基金，到了一九六二年的春季，已經成爲累積資產總額高達二三〇億美元的龐然大物，而且在這期間，股市從來沒有出現過像現在這麼猛的跌勢。很顯然，如果價値二三〇億美元，或其相當比率的資產從股市撤出，造成的後果能讓一九二九年的崩盤顯得微不足道。當時有一位很有腦筋、名爲查爾斯．羅洛（Charles J. Rolo）的經紀人，在一九六〇年加入華爾街舞文弄墨的小圈子以前，曾替《大西洋》（*The Atlantic*）雜誌寫過書評。他在回憶中寫道，共同基金可能造成股市重挫的威脅，以及當時大家都不理會這樣的威脅是否已經出現的事實，「讓人嚇得連提都不敢提這個問題。」

羅洛既有作家的敏感，又禁得起經濟生活冷酷無情的考驗，由他來見證五月二十八日股市重挫在向晚時分的其他一些情緒現象應該頗爲合適。他在事後說道：「空氣中瀰漫著一種不眞實的感覺。在我認識的人裡面，沒有一個人知道底部究竟在哪裡，就連一點頭緒都沒有。當天道瓊工業平均指數跌了將近三十五點，下探到五七七左右。現在華爾街的人不願承認，但在當時許多重要人物都在談可能會跌到只剩下四百點，那當然會是一場大慘劇。在那段期間，不斷有人在談『四百點』，但如果你現在問他們，他們會告訴你，他們說的是『五百點』。除了這種憂慮以外，經紀人之間普遍還有一種非常個人、很深的沮喪感。我們知道，自己的行動害客戶——絕非都是有錢人——損失慘重。無論你要怎麼說都行，但我們做經紀的人極不願意讓其他人虧損。別忘了，這是在連續約十二年、整體上股價不斷上漲之後出現的情況。在一連十多年，或多或少、爲自己、爲客戶賺錢以後，你開始覺得自己眞的很行。你覺得自己是這行的天之驕子，很能賺錢，就這麼簡單。但現在虧損至此，暴露出一個弱點，它讓人失去某種自信，而這種自信在短期內是無法重拾的。」顯然，這整個事件已經足夠讓一名經紀人但願自己當初能謹守德拉維加的一句至理名言：「絕不要爲任何人提供買股或賣股的建議，因爲在洞察力變弱的時候，最好的建議可能變壞。」

全球股市哀鴻遍野

到週二上午，週一崩盤的規模逐漸明朗。根據這時的估計，紐約證交所上市所有股票的市值，在週一的帳面損失高達二〇八億美元。這是創紀錄的虧損，就連一九二九年十月二十八日的崩盤，虧損額也不過才九十六億美元。之所以有這麼大的差距，主要原因是：與一九六二年相比，紐約證交所一九二九年上市的所有股票市值要小得多。這項新紀錄代表美國全國收入的相當一部分，精確地說，它占了全國收入的幾乎四%。事實上，美國等於在一天內損失了約兩週的產值與薪酬。這次事件當然也在海外造成衝擊，由於時差，歐洲對華爾街的反應延遲了一天，危機是在週二出現的。在紐約週二上午九點鐘的時候，歐洲股市已近當天尾聲。幾乎所有歐洲主要股市，都在這一天出現恐慌性拋售，而且除了華爾街重挫這個理由以外，找不出其他明顯的理由。

米蘭股市遭到十八個月以來最慘重的損失；布魯塞爾股市創下自證交所於一九四六年戰後重開以來的新低；倫敦證交所遭遇至少二十七年來僅見的重挫；在蘇黎世，當天出現折價三成、不計血本的拋售，但之後一些撿便宜的進場吸收，縮小了跌幅。世界上一些較貧窮的國家，也因爲這次事件而遭殃——或許沒那麼直接，但就人類福祉意義而言，影響無疑非常嚴重。舉例來說，紐約商品市場七月交貨的銅價每磅跌了〇．四四美分，這樣的損失或許看起來沒什麼，但對極度仰賴銅出口的小國而言卻是了不起的大事。羅伯特．海爾布羅納（Robert L. Heilbroner）在其著作《大崛起》（*The Great Ascent*）中引用了一項估計：紐約市場銅價每跌一美分，智利國庫就得損失四百萬美元；就此而言，在這場危機中，單是智利因銅價下挫而遭受的損失，就高達一七六萬美元。

但或許，比起知道已經發生什麼事更讓人恐懼的，是知道接下來還會發生什麼事。《紐約時報》（*The New York Times*）刊出一篇讓人看得暈頭轉向的社論，一開始表明：「宛如一場地震，昨日撼動了股市」，接著又以幾乎半欄的篇幅來呼籲投資人要穩住軍心：「無論股市的起伏如何，我們始終都是我們經濟命運的主宰。」九點鐘一到，道瓊新聞在向客戶道「早安」聲中開始營運，幾乎立刻就播出來自海外那些令人不安的股市新聞。九點四十五分，距離股市開市還有十五分鐘時，它自問了一個令人揪心扒肝的問題：「股市何時才會止跌回穩？」隨即便作答：所有跡象似乎都顯示賣壓「遠遠還不滿足」，股市跌勢仍將持續。金融圈各處開始流傳若干證券公司關門在即的醜陋傳言，肅殺之氣愈來愈凝重。（德拉維加說：「對事件的期望，能創造……較事件本身……更深的印象。」）

事後經過查證，這些傳言大部分都不是事實，但它們當時確實搞得人心惶惶。有關危機的流言耳語在一夕之間傳遍全國各地，股市成了全國矚目的焦點，不斷湧入的電話擠爆了經紀商辦公室的交換機，辦公室客服區裡擠滿了「不請自來」之士，其中還有許多電視台的工作人員。在證交所本身，所有交易現場工作人員都已提早到班，準備迎接一場預期中的風暴，證交所還從華爾街十一號證交所高樓層增調人手，幫忙處理堆積如山的賣單。在即將開市的時候，由於證交所訪客區的人潮太過擁擠，不得不臨時取消當天例行性的導覽行程。不過，有幾個旅遊團體擠了進來，其中一個是西一二一街天主教聖體教區學校（Corpus Christi Parochial School）八年級生組成的參訪團；帶隊的班導師艾奎恩（Aquin）修女告訴記者，爲了準備這次訪問，這班學生在兩週前每人假想用一萬美元展開投資：「他們都已經輸光了。」

在許多資深自營商的記憶中，其中不乏經歷過一九二九年大劫者，這天證交所開市後的九十分鐘，是最黑暗的九十分鐘。在最初的幾分鐘，股票成交量相對較少，但這並不表示投資人在冷靜思考；事實上，情況正好相反，它反映的是賣壓過大，大到一時間癱瘓了交易行動。證交所為了盡量減少股價暴漲的情況，原本有一項規定：任何價格不滿二十美元的股票，如果成交價與之前一次成交價的價差高出一點以上，或是任何價格超過二十美元的股票，如果成交價與之前一次成交價的價差高出兩點以上，必須經過證交所派在交易場上的一名官員親自核准才能成交。

現在由於賣家太多、買家太少，好幾百種股票必須以與證交所這項限制一樣或更大的價差開盤，除非能在一片喧囂吵嚷的交易場上找到一名官員請求批准，否則沒有買賣能夠成交。以ＩＢＭ這類關鍵股的買賣為例，由於賣單與買單的差距實在太大，就算找到官員也無法成交，因為還必須等候價格夠好、有足夠買家進場才行。結果導致道瓊寬帶好像中邪一般，搖搖擺擺、斷斷續續地打出一些價格與產業資訊，還在十一點三十分報導「至少七家大型股還沒有交易。在塵埃落定以後，大家才發現，真正的交易量比報導中所說大得多。道瓊工業平均指數在開市第一個小時再跌一一．〇九點，市值比週一又少了好幾十億，股市已陷於全面恐慌。

股市的「浪漫特性」

伴隨恐慌而來的是混亂。紐約證交所是一個組織精密、自動化、複雜得令人驚訝的高科技場所，在幅員廣大、每六個成年人就有一人與股票有關的美國，若不是有這樣的設施，也不可能出現全國性的股市交易。但在一九六二年五月二十九日週二這天，無論留給後世多少評價，最讓人難以忘懷的，卻是這套高科技機制的幾乎全面解體。許多單子實際買賣的價格，與客戶在下單時同意的價格有很大出入；許多單子在傳輸過程中不翼而飛，或埋葬在彷彿飄雪般、堆在交易場遍地的紙屑中，一直就擺在那裡，根本沒有執行。有時，經紀商只是因為聯繫不上他們派在現場的營業員，所以沒辦法執行單子。

隨著時間不斷過去，週二的成交額不但打破週一創下的爆量成交紀錄，還讓週一的紀錄顯得微不足道。以證交所字帶延誤時間為例，週一為一小時又九分鐘，在週二收盤時的誤差高達兩小時二十三分鐘。十三%的公共交易都在紐約證交所進行的美林證券，若有神助一般，在這一天剛好啓用一部七〇七四型新電腦，這部電腦只需要三分鐘，就能將一大本電話簿從頭到尾抄過一遍。在這部電腦的協助下，美林能把帳目弄得相當清楚。為了加速各地辦公室的通訊，美林還新裝了一部自動電傳打字交換系統，也在這一天立了不小功勞；只不過這座占地幾乎達到半條街的系統，由於負荷過重，燙得不能碰觸。其他券商的運氣就沒有這麼好了！有好幾家號子更是亂得天翻地覆，一些經紀人雖然也曾想盡辦法尋找最新報價、聯繫在交易現場的夥伴，結果都徒勞無功。據說他們實在忍無可忍，乾脆兩手一攤，出去喝兩杯再說。但說不定，這種不專業的行爲，還爲他們的客戶省了一大堆錢呢。

在這一天，最極端的諷刺，無疑來自字帶在午餐時間的情況。股市於當天接近中午的時候築底，道瓊工業平均指數跌了二十三點。（在這最慘澹的一刻，道瓊工業平均指數爲五五三．七五點，比專家們這時認定的絕對最低點五百點還高出一大截。）接著，股市突然間開始強勁反彈。到十二點四十五分，瘋狂叫買聲已經響徹交易場，但字帶晚了五十六分鐘，於是除了幾則「跑馬燈」報價以外，字帶傳來的訊息仍是狂賣，但交易現場的實況卻是狂買。

當天近午時出現的大翻盤，與德拉維加所謂的股市「浪漫特性」若合符節，也就是股市喜歡突然、戲劇性地波動。這波反彈的主力是AT&T，就像之前一天的情況一樣，AT&T在週二這天仍是衆所矚目的關鍵，也仍然毫無疑問地影響著整個市場。由於工作性質的關係，AT&T這波大反彈的關鍵人物是拉布蘭奇與伍德公司（La Branche and Wood & Co.）的資深夥伴小喬治．拉布蘭奇（George M. L. La Branche, Jr.）。拉布蘭奇與伍德這家公司，當時是AT&T的交易現場專家（floor specialist）。（所謂的「交易現場專家」是經紀自營商，負責維持責任區域特定股票的市場秩序。爲了履行職責，這些經紀自營商往往必須自掏腰包，違反自己的判斷進行冒險買賣。近年來，爲了減少市場上的人爲疏失，有好幾個官署曾嘗試用機器來取代這些經紀自營商，但是到目前爲止一直沒有成功。其中一個最難解決的問題似乎是：如果這些機器經紀自營商賭輸了，誰來買單？）

拉布蘭奇當時六十四歲，是個短小精悍、眼光銳利、脾氣火爆的男子，喜歡一邊工作一邊把玩他的斐陶斐榮譽生（Phi Beta Kappa）鑰匙——交易場上有這鑰匙的人不多。拉布蘭奇自一九二四年以來就是交易現場專家，他的公司自一九二九年底起，也一直擔任證交所AT&T專家。他最喜歡駐足的地方，就在十五號亭正前方；十五號亭位在交易場一處從訪客區一眼看不到的地方，一般大家都稱它是「車庫」（the Garage）。拉布蘭奇幾乎一輩子的時間，每個工作天都要在這裡站上五個半小時。他每天來到「車庫」，站穩馬步，好像隨時要準備抵擋突然飛馳而至的買家或賣家一樣。他會若有所思地一手拿著一枝鉛筆，擺在一本不起眼的活頁簿上；他把一切有待完成的AT&T買單、賣單都記在簿上，因此大家都管這本活頁簿叫做「電話簿」，自然也不足爲奇。在AT&T成爲股市領跌先鋒的週一，拉布蘭奇當然也整天坐鎮現場。只見身爲現場專家的他，像打仗一樣在活頁簿上振筆若飛，或者套用他自己的形容更加活靈活現——他就像一顆小木塞，在洶湧的捲浪中拋高衝低。

拉布蘭奇事後說道：「AT&T的股票像大海一樣，一般而言，平靜、溫和。突然間狂風大作，捲起巨浪濁天。巨浪襲捲而來，吞噬一切人等，然後風平浪靜。你得隨波逐勢，不能像克努特王（King Canute）一樣想控制浪潮。」在週一失血十一點之後，浪濤在週二上午依然洶湧，光是將前一晚上積壓的買單與賣單分類、搭配，已經花費太多時間，想找現場官員批准買賣，更加不提也罷——直到開市幾近一小時以後，AT&T 才成交第一張單子。當 AT&T 在差一分就十一點開始成交時，它的股價爲九八．五，比週一收盤價跌了二．一二五。在其後約四十五分鐘的交易中，就像船長在海上遇到颶風時盯著晴雨表一樣，金融界也目不轉睛地盯著 AT&T，眼看它在九九點（表示小幅回穩）與九八．一二五點（證明已經是底部）間起伏。股價三度來到九八．一二五的低點，但旋即回升，拉布蘭奇每每談及此事，口氣就彷彿這現象具有什麼神奇意義一樣。或許，它眞的有那麼神奇；AT&T 買家就這麼三次衝到十五號亭下單，第一次的人數並不多，也顯得猶豫，第二次已經人聲吵雜，態度也激進得多。在十一點四十五分，AT&T 的成交價爲九八．七五；幾分鐘以後，來到九九；十一點五十分，來到九九．三七五；最後，在十一點五十五分，成交價達到一〇〇。

翻盤上攻

許多評論員認爲，AT&T 以一〇〇點成交時，就是大盤翻盤的時間點。由於證交所以跑馬燈的方式插播 AT&T 的報價，所以儘管字帶遲誤，金融圈幾乎能在第一時間獲悉 AT&T 的交易訊息。就這樣，在股市哀鴻遍野之際，他們聽到來自 AT&T 的捷報。有人說，一方面因爲 AT&T 反彈幾近兩點，再方面也因爲它純屬巧合地漲到一〇〇點——正巧是個討喜的整數，造成心理衝擊——於是大盤吹響反攻號角。雖然拉布蘭奇同意AT&T反彈確實是造成大盤回穩的主因，但對究竟哪些交易是翻盤關鍵的問題，則有不同的看法。他認爲，第一筆以一〇〇點成交的交易，不能證明大盤反彈在即，因爲這筆交易的數額不大（根據他的記憶，只有一百股。）他知道，在他手上的這本活頁簿中，有幾乎兩萬股打算以一〇〇點賣出的賣單。如果有意以一〇〇點買進的買單已經耗盡，有意以一〇〇點賣出的賣單仍然消化不了，AT&T的價格會再次下跌，可能第四度來到九八．一二五的低點。像拉布蘭奇這樣喜歡以海上行船方式考慮股市環境的人，或許難免認定還會有第四度探底。

不過，第四次探底的情形並沒有出現。幾筆以一〇〇點成交的小單迅速完成，更多金額更大的單子也接踵而至。當卓菲斯公司（Dreyfus & Co.）駐交易場的夥伴約翰．克蘭利（John J. Cranley）擠在人叢裡來到十五號亭前，準備以一〇〇點的價格購進一萬股AT&T時，拉布蘭奇手上同意以一〇〇點賣出的單子已經只剩下一半。克蘭利把這剩下的一半一掃而空，也順勢推高了AT&T的股價。克蘭利沒有說明他是爲了他的公司，或是爲了他一位客戶或卓菲斯基金（Dreyfus Fund）——卓菲斯公司透過一家子公司經營的一家共同基金——而下單。不過，根據這張單子的金額來判斷，買家應是卓菲斯基金。無論怎麼說，拉布蘭奇只消說一聲「賣了！」，再經過兩人做個紀錄，這項交易就告完成。之後，想用一〇〇點價格買進AT&T便再也辦不到了。

單一一筆大單造成股市翻盤史有前例（但不是在德拉維加的時代）。一九二九年十月二十四日下午一點半——金融史上稱這一天爲「黑色星期四」（Black Thursday），當時擔任證交所代理所長，或許也是當年交易場上最著名的人物理查德·惠特尼（Richard Whitney），大搖大擺（有人說他是「滿懷信心」）地走進專門交易鋼鐵類股的亭子，出價二〇五美元（上一筆交易的成交價）購進一萬張美國鋼鐵公司（U.S. Steel）的股票。不過，一九二九年的這筆交易與一九六二年的這筆AT&T交易，有兩處重大差距。首先，惠特尼下這張單子，事先經過仔細盤算，意在創造一種效應；但克蘭利擠在人叢中下單，顯然志不在製造轟動，只是想爲卓菲斯基金撿一筆便宜罷了。其次，一九二九年的這筆交易只帶來一時反彈，股市在之後一週繼續重挫，讓黑色星期四相形之下只能算是「灰色」而已。然而，一九六二年的這波反彈，卻是貨眞價實的大反彈。或許，這道理就在於，只有在無心插柳，或是在沒有實際需求的情況下，心理姿態在交易場上才最是有效。

無論怎麼說，股市開始全面走揚。在突破一〇〇點的關卡後，AT&T開始暴漲：十二點十八分，成交價爲一〇一·二五；十二點四十一分，成交價爲一〇三·五；一點零五分，成交價爲一〇六·二五。通用汽車（General Motors）在十一點四十六分的價格爲四五·五，到了一點三十八分漲到五〇。紐澤西標準石油在十一點四十六分的成交價爲四六·五，到了一點二十八分漲到五十一點。美國鋼鐵公司的股價從十一點四十分的四九·五，漲到一點二十八分的五二・三七五。ＩＢＭ的情況最富戲劇性，整個上午由於賣壓過於沉重，它的股票一直無法交易，有關它的開盤價究竟是多少，言人人殊，有人說它少了十點，有人說它少了二十或三十點。到了將近下午兩點，ＩＢＭ的股票終於在技術上可以進行交易的時候，買單如排山倒海而來，以比昨天收盤價高四點的價格打開，而且委買股數高達三萬股巨量。十二點二十八分，在電話股出現那筆大買單之後不到半小時，道瓊新聞社已經掌握狀況，於是宣布「市場走強了」。

反彈就這麼展開，不過這波反彈走勢太疾，造成更多矛盾。道瓊新聞社在轉播持續性新聞事件，例如名人演說的報導時，往往會將事件拆成一連串的小段落，以便在段落之間插播證交所最新股價行情這類即時新聞。五月二十九日中午過後不久的情形就是這樣，當時美國商會（United States Chamber of Commerce）主席萊德・普魯利（H. Ladd Plumley）在全國記者俱樂部（National Press Club）發表演說。十二點二十五分，道瓊幾乎就在宣布股市反彈的同時，開始報導這場演說。它夾雜著股市現場新聞，陸續片段報導這場演說，造成一種古怪的效應。

道瓊在報導一開始時就說，普魯利呼籲「正視目前這種對商界缺乏信心」的問題，接著停了幾分鐘，插播股價新聞，而且這些新聞都說股價正在大幅走升。之後道瓊回到普魯利的演說，此時普魯利說得愈發口沫橫飛，將股市重挫歸咎於「兩大造成信心蕩然的因素湊在一起：一是獲利預期的悲觀，一是甘迺迪總統對鋼鐵價格上漲的鎮壓。」接下來，道瓊將這場演說報導中斷了比較長的一段時間，報導堆得滿坑滿谷的股市捷報。在報導尾聲，道瓊又回到普魯利的演說，此時普魯利已經炮口全開，還帶有一副「我早就告訴過你了」的神氣。道瓊引用他的話說：「我們已經做了一個非常好的示範，證明『正確的商業氣氛』絕不是麥迪遜大道、廣告界的那種陳腔濫調，而是非常令人期盼的現實。」週二中午過後，道瓊的報導就在這樣前後矛盾聲中拖灑而前。看了這些報導的人，前一刻品嚐股價上揚的魚子醬，後一刻又喝著普魯利抨擊甘迺迪政府的香檳——想必暈頭轉向。

在週二交易剩下最後一個半小時的時候，證交所的交易步調達到頂峰。根據官方紀錄，在三點鐘以後，即最後的半個小時，交易的成交量達到七百萬股略多一點——在一九六二年一般的交易日，就以一整天的交易量而言，這樣的數字也是聞所未聞。當收市鈴聲響起時，交易場上照例傳來一片歡呼鼓譟，但這次直著嗓門大聲喝采的人比週一多了許多，因爲道瓊工業平均指數在這一天勁揚了二七．〇三點，也就是說，週一的失地已經收復了近四分之三。週一蒸發的二〇八億美元市值中，有一三五億現在已經回來了。（這些令人寬慰的數據，在收市很多小時以後才陸續出現，但經驗豐富的證券老手，往往有彷彿天賜的本能，能將統計數字報得奇準。有幾位老手就在週二收盤時說，他們憑直覺就知道道瓊指數增加了二十五點以上，當時也沒有人有理由對這說法持疑。）所以，收市時市場一片喜氣洋洋，不過想知道究竟漲了幾點，還得要慢慢等。

由於成交量實在太大，電傳字帶直到晚間仍在挑燈夜戰，延誤狀況比週一還要嚴重。證交所字帶直到晚上八點十五分，才打出當天的最後一筆交易——足足比交易時間晚了四小時又四十五分鐘。所幸翌日週三，正好是陣亡將士紀念日，股市休市。早年華爾街的智者就曾表示，假日碰巧出現在危機期間，是危機沒有繼續擴大成爲災難的最大因素，因爲它能提供一個機會，讓過熱的情緒冷靜下來。毫無疑問，週三的陣亡將士紀念日假期，爲證交所及它的會員組織——它們奉命全體銷假，守在工作崗位——帶來一個釐清事情整個過程的機會。

原來，是一次「反蠕動」

證交所必須向數以千計不明就裡的客戶，解釋字帶延誤造成的惡劣後果。舉例來說，客戶原以爲他們用五十美元買到美國鋼鐵的股票，之後才發現他們付出的成交價是五十四或五十五美元。還有數以千計的客戶向證交所投訴，而他們的問題比字帶延誤更複雜，也更難以答覆。例如，有一家經紀商發現，它在分秒不差的同時送進交易場的兩張單子，其中一張以現價購買電話類股，另一張以現價賣出同樣數量的電話類股，結果出現很大差距：委賣的客戶賣到一〇二，委買的買到一〇八。出現這樣的事，簡直令人匪夷所思，甚至讓人質疑供需定律的有效性。於是經紀商進行調查，這才發現這張買單在蜂擁而至的單據中暫時失落，直到股價漲了六點以後才送達十五號亭。由於遺失買單的罪責不在客戶，這家經紀商最後爲這位客戶償還差價了事。

至於證交所本身，在週三這天也得應付各式各樣的問題，其中包括讓加拿大廣播公司（Canadian Broadcasting Corporation）派來的一組電視人員開心。這組電視人員完全忘了五月三十日是美國假日，他們在週三從蒙特婁（Montreal）飛抵紐約，準備拍攝週三股市的交易實景。同時，證交所官員不得不考慮週一與週二報價字帶慢得簡直丟人現眼的問題，每個人都同意，字帶延誤即使沒有造成這場幾乎堪稱有史以來最嚴重的技術大災難，也是這次報價大塞車的重要因素。證交所爲自己提出的辯護，事實上等於承認這場危機來得太快，如果能晚兩年再出現，就不會有問題。證交所不改一貫保守地承認：「如果說，現有設備能讓所有投資人都享有正常的速度與效率，這項說法並不正確。」它又說，速度比現有裝備快幾近兩倍的新型字帶機將於一九六四年裝設。（這種新型字帶機與各式各樣其他自動化的裝置，果然差不多都在後來如期安裝，而且事實證明它們非常有效。當一九六八年四月股市爆量時，拜這些新型裝置所賜，字帶僅出現微不足道的延誤。）一九六二年股市颶風趁房子還在施工時來襲的事實，依照證交所的說法是「或許是諷刺」。

到週四早晨，要擔心的問題還有很多。在恐慌性拋售過後，市場一般都會強勁反彈，然後又會逐漸下滑。不只一位經紀人還記得，在一九二九年十月三十日這天——緊接連續兩天創紀錄重挫之後，股市在當天過後開始一連幾年無量下挫，導致大蕭條——道瓊指數上漲二八．四〇點，與這波危機的反彈走勢類似得出奇。換言之，股市仍然處於德拉維加所謂的「反蠕動」（antiperistasis）狀態。所謂「反蠕動」，意指股市有一種自我反轉，然後再反轉，諸如此類的走勢。相信「反蠕動」理論的證券分析師可能達成結論，認爲市場將出現又一波重挫。當然，事實證明，情況並非如此。

週四的交易頗爲安定，股價穩步走揚。在早上十點股市開市後不到幾分鐘，道瓊新聞社報導，買單如雪片般湧進各地經紀商，許多買單來自一般在紐約股市很活躍的南美、亞洲與西歐國家。將近十一點的時候，道瓊興高采烈地宣布：「買單還在從四面八方潮湧而至。」股市原本蒸發的市值已經神奇重現，而且還在持續增加。在將近兩點時，道瓊新聞社字帶也從一片喜氣洋洋聲中走出，換上一派逍遙自在，暫時撇下股市消息，報導佛洛德．派特森（Floyd Patterson）與桑尼．李斯頓（Sonny Liston）爭奪拳王的比賽訊息。歐洲股市就像之前反映紐約的重挫一樣，也隨著紐約反彈而走揚。紐約期貨市場銅價將週一與週二上午的失土收復了八〇%以上，智利國庫也因此大體上逃過了一劫。道瓊工業平均指數當天以六一三．三六點做收；換言之，一週來的虧損已經完全無影無蹤。這場危機過去了。以老摩根的說法，股市「波動」了一陣；以德拉維加的說法，股市出現了一次「反蠕動」。

危機的起因不明，還會再現

那一年整個夏天，甚至到了翌年，證券分析師與其他專家仍然忙著解釋這場危機的前因後果。儘管撰寫這些分析的學者專家，沒有一個人在危機發生以前，對這場迫在眉睫的禍事有任何警覺，但由於這些診斷的邏輯、嚴肅性與面面俱到的細節，他們的說法仍然令人信服。或許，就「誰的拋售造成這場危機？」這個問題而言，紐約證交所本身所做的一項研究報告最具有學術價值，內容也最詳盡。在危機結束後不久，紐約證交所立即向它的個人與企業會員提出詳細問卷。結果發現，在這場前後長達三天的危機中，美國鄉村地區居民在股市的活動，比他們一般期間在股市的活動更積極；女性投資人賣的股是男性投資人的兩倍半；外國投資人比他們在一般時期的表現遠遠較爲積極，在整體成交總量中占五·五%，而且他們大體上是賣家；而最令人稱奇的是，證交所所謂「公共個人」(public individuals)——即個別投資人，以別於機構投資人，也就是出了華爾街一般稱爲「個人」的投資人——在這整起事件中扮演的角色大得令人吃驚，他們的買賣占整個成交總額的比重高達史無前例的五六·八%。

證交所將這些公共個人依收入進行分類，發現家庭年收入超過兩萬五千美元的公共個人，是賣得最多、也最不手軟的賣家；年收入低於一萬美元的公共個人，多在週一與週二上午賣出，在週四大舉買進，結果就三天結算起來，他們還成了淨買家。此外，根據證交所的估算，在這三天的危機當中，由於融資斷頭壓力而賣出的股票約有一百萬股，占總成交量的三．五%。總歸而言，如果說這場危機中有什麼興風作浪的惡人，似乎就是那些相對富有、與證券業務扯不上關係的投資人。而且在許多個案中，女性、來自鄉村或外國的投資人，比預期中更喜歡用融資進行買賣。

出人意外的是，在這場危機中扮演英雄角色的，竟是市場上最讓人談虎色變、從未經過檢驗的那股勢力——共同基金。證交所統計數字顯示，在週一這天股價重挫之際，共同基金買超五十三萬股；週四那天，當投資人大體上都在爭相搶進的時候，共同基金總計賣超三十七萬五千股。換言之，共同基金非但沒有興風作浪、助長股市波動；事實上，反而發揮了穩定股價的作用。這種始料未及的良性效應究竟爲什麼出現，至今仍是一個引人爭議的話題。由於在危機期間，沒有人聽到任何共同基金爲公益而準備進場護盤的傳言耳語，我們似乎可以認定，共同基金之所以在週一買進，只是因爲基金經理人們認爲有便宜可撿；之所以在週四賣出，也只是因爲想獲利了結。至於搶兌的問題，果如原先擔心的一樣出現了！當大盤重挫時，衆多共同基金投資人要求兌現，金額數以百萬美元計，但這些基金一般而言顯然口袋夠深，無須大舉出脫持股仍能把錢償還投資人。就整體而言，由於財力太雄厚，管理方式也太保守，共同基金不但能抵抗這場風暴，還在無心插柳的情況下發揮了紓解之效。至於日後當風暴來襲時，共同基金能不能重演這次的英雄事蹟，則得另當別論了。

這篇分析最後要指出的是，一九六二年這場危機的起因，至今仍然不明；我們只知道它出現了，而且類似危機還會出現。不久前，華爾街一位一直不肯透露姓名的老預言家這麼說：「我很擔心。但我從來不相信，一九二九年那場慘劇還會重演。我從沒說過道瓊會跌到四百點，我說的是『五』百點。重點是，今天與一九二九年已經不可同日而語。今天的美國政府，無論是共和黨或民主黨政府，都知道必須照顧商業需求。華爾街再也不會出現賣蘋果的小販了。至於那年五月發生的那些事會不會再次發生？當然可能囉。依我看，投資人會更加謹慎小心個一、兩年，然後我們可能就會見到投機熱不斷升溫，於是又造成一場崩盤，如此周而復始，直到有一天上帝讓人沒那麼貪心爲止。」

或者，果如德拉維加所說：「只有蠢人才會以爲，在嚐過甜頭以後，你還有辦法退出證交所。」

2 愛德索的命運

一個值得警惕的產品故事

在美國的經濟生活曆中，一九五五年是汽車年。那一年，美國汽車製造業者賣了七百多萬輛小客車，比過去任何一年賣的車至少多了一百萬輛。那一年，通用汽車公司透過公共市場，輕鬆賣了價值三億二千五百萬美元的新普通股，股市也在汽車股的領軍下飛漲，由於漲幅過於驚人，還引起國會調查。也就是在那一年，福特汽車公司（Ford Motor Company）決定生產一種中等價位——大約介於兩千四百美元到四千美元之間——的新型車，並且多少根據當年流行的時尚樣式展開新車設計，而當年流行的車又長、又寬、底盤低，大量運用鉻合金裝飾，並附帶各式各樣的小裝置，還裝備馬力強得差一點就可以把人送進地球軌道的引擎。

兩年後的一九五七年九月，這款稱爲「愛德索」（Edsel）的新車熱鬧上市。福特爲了推出這款新車，還發動了自三十年前推出 A 型車（Model A）以來最龐大的廣告攻勢。根據福特發布的資料，在第一輛愛德索賣出以前，該公司已經在這款新車上花了兩億五千萬美元。

有人否認這項說法。福特在推出愛德索的第一年，至少必須賣出二十萬輛，才有望逐漸收回成本。《商業周刊》（*Business Week*）說，愛德索的上市成本比有史以來其他任何消費品都高，而且沒

也許有一、兩位生活在遙遠雨林的土著，至今還不知道福特這一次沒有如願以償。確切地說，在新車上市兩年兩個月又十五天後，福特總共只賣了一萬九四六六輛愛德索，而且其中縱然沒有幾千輛，至少有好幾百輛的買主，是福特自己的主管、代理商、業務員、廣告人員、裝配線員工，以及其他與愛德索成敗有切身關係的人。在這兩年多的期間內，十萬九千多輛的數字，在美國小客車新車市場的市占率連一%都不到。結果，一九五九年十一月十九日，福特不堪虧損，終於宣布永久停產愛德索。根據公司外部人士估計，福特因推出愛德索虧損約三億五千萬美元。

怎麼會發生這樣的事？像福特這樣財力雄厚、經驗老到，而且理論上說也應該人才濟濟的大公司，怎麼會犯下如此大錯？甚至早在福特還沒有放棄愛德索以前，有些比較喜歡發表言論、比較注意車市的民衆已經挺身而出，爲這些問題提出答案。由於他們的答案太簡單，也太合理，儘管不是唯一的答案，一般都認爲他們所言屬實。他們說，福特一絲不苟地根據民調及（較民調更爲時髦的）動機研究結果，來進行愛德索的設計、命名、廣告與促銷活動，但問題是，廠商一旦以一種鉅細靡遺、仔細規劃的方式來拉攏消費大衆，消費大衆反而會轉

身投向其他雖然比較粗糙，但是更加自然的業者的懷抱。幾年前，爲了解開愛德索這場敗績的眞相，我找上福特公司。像其他人一樣，福特也不喜歡自挖瘡疤，因此不願與我多談，自是可以理解。我的調查讓我相信，愛德索之所以一敗塗地，另有其他隱情。

首先，儘管理論上說，福特嚴格遵照民調結果，用民衆偏好的方式來進行推廣、促銷，但一些沒有科學根據、全憑本能的江湖郎中式的銷售手法，也參雜了進來。儘管就理論上說，福特的主管應該透過民意的方式來命名，但在命名過程的最後一刻，主管們突然捨棄科學方式，以公司總裁父親的名字爲準，定下「愛德索」這個彷彿是十九世紀止咳劑或皮革肥皀膏品牌的名字。至於設計，福特甚至連徵詢民意的表面工夫都沒有做，就根據行之多年的汽車設計標準程序決定了設計圖。這道程序很簡單：把公司委員會憑直覺想出的各式各樣設計圖集中在一起，經過一番篩選、整合就行了。也因此，經過仔細檢視，社會一般對愛德索之所以失敗的看法，大體上不過是道聽塗說罷了。不過，這個經典個案的事實，可能還有一種象徵意義——它是現代美國一則反成功的故事。

美好的千年盛世

愛德索的源起，可以回溯至定案七年前的一九四八年秋季。自亨利．福特（Henry Ford）死後一直擔任福特汽車總裁，身爲公司公認大老闆、也是老福特長孫的亨利．福特二世

（Henry Ford II），在之前一年向公司執行委員會提出建議，主張進行研究，考慮在市場推出全新中價位車的做法是否明智。成員包括公司執行副總厄尼斯特・布里奇（Ernest R. Breech）的執委會遵命進行了這項研究，發現推出中價位新車似乎很有道理。福特、普利茅斯（Plymouth）、雪佛蘭（Chevrolet）車的低收入車主，一旦年收入超過五千美元，便喜歡把他們開的這些標示窮人身分的舊車拿到車行「折價」，換一部中價位的車，這在當年是很流行的做法。從福特的觀點而言，這項做法好極了！只是有一點：不知出於什麼原因，福特的車主在決定「升級」、選擇中價位車的時候，一般不會選擇福特唯一的中價位車系水星（Mercury），而會選擇死對頭通用汽車的奧斯摩比（Oldsmobile）、別克（Buick）與龐蒂雅克（Pontiac），以及克萊斯勒（Chrysler）出廠的道奇（Dodge）與迪索托（De Soto）。當時，福特有位副總在討論這個問題時說：「我們一直在爲通用汽車培養客戶。」他這話說得並不過火。

一九五〇年韓戰爆發，這意味福特只能爲競爭對手培養客戶，別無其他選擇，因爲在這種大環境下根本不可能推出新車系。公司執委會不得不將總裁建議的這項研究案擱在一邊，一擱就是兩年。但在一九五二年年底，韓戰似乎即將告終，於是福特成立「前置產品規劃委員會」（Forward Product Planning Committee），全力展開這項中斷已久的研究。該規劃委員會把許多細節工作交給車廠的林肯—水星（Lincoln-Mercury）部門，由部門協理理查・克拉菲（Richard Krafve）負責。克拉菲是個很有衝勁、相當陰沉的人，經常露出一副好像很困惑的表情。他當時四十來歲，是明尼蘇達州一家小型農業雜誌社老闆的兒子，在一九四七年加入福特以前，曾做過銷售工程師與管理顧問。雖然在一九五二年那時，他不可能未卜先知，但他這種困惑的表情很有道理，因為他即將成為直接負責愛德索成敗、分享它短暫的榮光，之後在它夭折時又含悲忍痛為它送終的人——這似乎是命運之神對他的一次捉弄。

一九五四年十二月，在運作了兩年以後，福特前置產品規劃委員會向執行委員會提出一份分為六大部分的報告，重點說明它的研究結果。這份報告以大量統計數字為證，預測美國的千年盛世，或類似的太平盛世，將在一九六五年出現。規劃委員會估計，美國每年國民生產毛額將於十年間增加一三五○億美元，在一九六五年達到五三五○億美元（事實上，千年盛世的這一部分，比規劃委員會的估計要來得早得多。國民生產毛額在一九六二年已經超過五三五○億美元，到一九六五年達到六八一○億美元。）運作中的汽車將高達七千萬輛，比目前（一九五四年）多兩千萬輛。美國半數以上的家庭，年收入將超過五千美元；美國市場上售出的汽車，超過四○%將屬於中等價位或更好的車子。該份報告以栩栩如生的細節，勾勒出美國在一九六五年的前景：一個隨汽車之都底特律悸動的汽車大國，銀行裡的錢多得滿出來，街道與公路擠滿炫目的巨型中價位車，它「向上移動」的新富階級還不斷地渴望新車。這已經說明得非常清楚，如果福特到時候推不出獲得消費者喜愛的第二款中價位車——不僅必須是新款，而且得是全新設計——公司將與這波全國性的大商機擦身而過。

另一方面，福特的老闆們很清楚在市場推出新車風險巨大。舉例來說，他們知道自汽車時代展開以來，美國推出約二九〇〇個車系，包括一九〇五年的黑烏鴉（Black Crow）、一九〇六年的凡夫俗子車（Averageman's Car）、一九〇七年的甲蟲車（Bug-mobile）、一九一一年的丹．帕奇（Dan Patch）與一九二〇年的孤星（Lone Star）等，其中目前仍然存活的只有約二十種車系。他們對車廠在二次大戰結束後的傷亡狀況也瞭若指掌，例如克羅斯利（Crosley）已經關門大吉，雖然凱撒汽車（Kaiser Motors）在一九五四年仍然活著，但也只是奄奄一息。〔一年後，凱撒汽車的老闆亨利．凱撒（Henry J. Kaiser）在向汽車業致詞告別時寫道：「我們對要將五千萬美元投入汽車業這個水塘的事，早就有了心理準備，只是沒想到這筆錢投下去以後，連一點漣漪都沒激起，錢就這樣不見了。」想必規劃委員會的委員們，在見到這段告白時，應該是惴惴不安。〕福特的主管還知道，汽車業三巨頭的另外兩個巨頭，即通用汽車與克萊斯勒，自通用於一九二七年推出拉塞爾（La Salle）、克萊斯勒於一九二八年推出普利茅斯以來，都沒敢冒險推過任何標準規模的新車系；而福特本身自一九三八年推出水星以來，也沒有再用過這一招。

E-Car 誕生

但無論怎麼說，福特的主管們對前景非常樂觀——樂觀到決心用五倍於凱撒投的錢，投入汽車業這個水塘。一九五五年四月，亨利．福特二世、布里奇與執行委員會的其他委員，正式批准前置產品規劃委員會的建議，並為了實施這些建議成立一個名為「特別產品部」（Special Products Division）的部門，以克拉菲為首。就這樣，當福特正式下令要它的設計師們展開作業時，善於察言觀色的設計師們早已著手新車設計幾個月了。由於無論是設計師或新成立的特別產品部，對新車系的名稱都毫無頭緒，福特的所有員工，甚至在公司發布的新聞稿上，都稱這款新車為「E-Car」，公司還解釋，所謂「E」指的就是「Experimental」（實驗）之意。

直接主持這項 E-Car 設計工作——套用行話，就是造型工作——的人，是一位當時還不滿四十歲、名為羅伊．布朗（Roy A. Brown）的加拿大人。在加入 E-Car 的設計團隊以前、在底特律藝術學院（Detroit Art Academy）讀完工業設計後，布朗設計過收音機、遊艇、彩色玻璃產品、凱迪拉克（Cadillac）、奧斯摩比與林肯等車款。他回憶起當年滿懷抱負地加入這個新團隊時的情景，在從英國發出的一封郵件中寫道：「我們的目標，是設計出一款造型獨特的新車，當這台車與其他十九種車系在道路上並行時，能憑獨特的造型一眼就分辨出來。」布朗寫這封信的時候，是福特汽車的造型總監，該公司生產各式卡車、拖拉機和小型車。「我們甚至刻意從一段距離外拍照，對所有十九種汽車造型進行研究，結果發現，一旦距離拉到幾百呎外，這些汽車造型的類同性大到幾乎不可能分辨出哪款是哪款的地步……它們都是一莢之豆，沒什麼不同。所以，我們決定找出一種『新』造型，要與衆不同，但同時要讓人有熟悉感。」

福特的造型工作室和行政辦公室一樣，都位於底特律郊外迪爾班（Dearborn）富麗堂皇的華廈內。E-Car的設計工作，就在這處造型工作室展開。而就像汽車這行的慣例一樣，造型工作室總是保密工作做得最誇張（但或許效率不彰）的地方：工作室大門的鎖可能每隔十五分鐘就會換一次，好像鑰匙隨時可能落入敵人手中；一隊保安警衛二十四小時在工作室四處值勤戒護；附近周邊各處制高點都要人拿著望遠鏡執勤，意圖讓窺探的人無所遁形。（儘管有這許多的警戒措施，已經將保密安全工作做得滴水不漏，但仍然注定要失敗，因爲這些措施防範不了底特律版的特洛伊木馬——競爭對手只要能讓敵營的造型設計師跳槽，就能相對輕鬆地了解對手在幹些什麼。當然，最了解這種狀況的人，莫過於相互競爭的對手本身。不過，業者仍然興致勃勃地玩著這場諜對諜的好戲，因爲他們認爲這麼做很有廣告宣傳價值。）

克拉菲每週兩次會低著頭，找低平的路走進造型工作室，與布朗開會，檢查工作進度，提供意見，並爲布朗打氣。克拉菲不是那種喜歡把自己想像的東西一股腦兒和盤托出的人，他會用類似實驗室解剖般的手法，把E-Car的造型規劃劃分爲許多細小片段，例如怎麼塑造擋泥板、鉻鋼要用什麼規格、要用什麼樣的車門把手等。如果米開朗基羅（Michelangelo）當年在設計作品，如「大衛像」（*David*）時，也曾訂定一大堆細部決定，他會將決定擺在自己心中。但克拉菲是個重秩序的人，又生活在標榜秩序的電腦時代，他在事後算了算，在爲 E-Car 進行造型的過程中，他和同事必須在至少四千個小項目上做出決定。他當時認爲，如果能在每個小項目上都做出正確的決定，最後一定能夠推出一款造型無懈可擊的車子——至少是一款既獨特、又讓人有似曾相識之感的車子。但克拉菲今天承認，想在體制的層層束縛下有好創作很難，主要由於無法貫徹在這四千個小項目上做成的決定。他說：「有了一個大致的主題以後，你開始做細部修訂。你得不斷地改，不斷地改改完以後的版本。最後時間沒了，非得有個定案不可，一切才終於定案。如果不是因爲限期到了，你很可能會永無止境地改下去。」

雖然之後又對經過修訂的修訂版做了一些小小修訂，E-Car 終於在一九五五年仲夏完成全部的造型工作。兩年後，世人發現，它最突出的造型，就是在傳統矮寬的引擎蓋前沿正中央，有一個新奇、垂直的 U 型引擎冷卻器柵欄——這種將獨特與傳統結合在一起的手法，果然眾人皆知，只是未必能使眾人都滿意。不過，在兩個很重要的方面，布朗或克拉菲（或者兩人一起）卻完全沒有顧慮到熟悉感：E-Car 的車尾設計是兩個寬大的水平翼，與當年市場上熱門的巨型縱向尾翼造型完全相反；此外，在方向盤上還有一組獨特的自排按鈕。在新車發表前不久的公開演說中，克拉菲稍微透露了一點有關造型的口風。他說，這款新車絕對

「與衆不同」，就外觀而言：「無論從前面、兩側與後方，一眼就能夠看得出來」；就內在而言，它「是按鈕時代的典範，沒有科幻漫畫人物巴克．羅傑斯（Buck Rogers）那套深入蠻荒的概念。」

向福特帝國最高首腦人物展示這款新設計的時間終於到來，只是這次展示所造成的效果，幾乎像世界末日到來一樣。那天是一九五五年八月十五日，地點在警戒雖然森嚴，卻不是很有實效的造型中心。克拉菲、布朗與他們的助理，臉上堆著神經質的微笑，絞著雙手站在展示台的一旁。布幕緩緩升起，第一台完整尺寸大小的 E-Car 模型車（由黏土塑製的，用錫箔代表鋁與鉻合金），在前置產品規劃委員會的成員，包括亨利．福特二世與布里奇等人衆目睽睽下亮相了。據目擊者說，當時現場鴉雀無聲，似乎在整整過了一分鐘以後，才有一個人鼓掌，打破這一片死寂。自老福特一八九六年推出他的第一輛無馬馬車以來，福特的內部新車發表會，還沒有出現過這樣的場面。

給它一個性格，讓最多人喜歡它

愛德索之所以失敗，最有說服力、也最常爲人引用的一種說法是，福特在決定生產直到產品上市這段過程延宕過久，其間市場出現變化，而愛德索也淪爲這種變化下的犧牲者。幾年以後，體積較小、馬力也較弱、美其名爲「小型車」（compacts）的車系漸漸獨領風騷，將舊有汽車「愈大愈風流」的概念徹底顛覆。在這個時候，愛德索的造型設計朝錯誤的方向邁進了一大步，自是盡人皆知。但在講求座車車身寬大、車尾像魚一樣的一九五五年，想要預知這是一項錯誤並不容易。美國人聰明之至，能發明電燈、飛行器、福特T型車（tin Lizzie）、原子彈，甚至還發明一種讓人可以在某種情況下，靠捐助慈善而避稅的稅務系統，卻始終找不到好辦法，讓汽車在設計完成之後，能夠在合理的時間內上市。

車輛在完成設計以後，廠商還要鑄造鋼模、協助零售代理商進入狀況、籌劃廣告與促銷活動，並且要在每一個相應相扣的環節上取得當局批准，還有其他各式各樣像跳法國加伏特舞（gavotte）一樣，前進又後退、繞左又繞右、結果回到原地的例行公事要辦。在底特律與汽車製造業的整個生態圈裡，這些事都像呼吸、飲水一樣重要，而要完成這一切過程，大約需時兩年。負責規劃現有車系年度翻新的人，想要預測未來市場的品味已經很難，要開創像E-Car這樣的全新車系，難度之高更是高不可測。想要開創一個全新車系，得將幾個錯綜複雜的新步法融入舞步，例如要爲產品注入一種性格，或是爲產品選擇一個適當的名字，更別說還要與各式各樣先知先覺們請教、磋商，以判斷新車上市時的全國經濟情況究竟適不適合新車上市了。

爲了全面執行前述這些例行公事，特別產品部責成所屬市場研究規劃處主任大衛・華里斯（David Wallace），由他來想辦法賦予E-Car一種性格，並且爲它定名。華里斯身形削瘦，相貌粗獷，咬著一管菸斗，說起話來輕聲細語，若有所思，活脫一副從模子裡切出來的大學教授標準典型。但事實上，他的學術背景並不是很強。在一九五五年進入福特以前，華里斯半工半讀從賓州西敏寺學院（Westminster College）畢業，之後在紐約市當建築工，熬過大蕭條，然後在《時代》(*Time*)雜誌做了十年市場研究的工作。不過，有時候印象才是最重要的，而華里斯也承認，在福特的這段期間，由於他貌似教授，讓福特公司所在地迪爾班那些口無遮攔、胸中沒多少墨水的傢伙敬畏三分。

華里斯刻意營造自己的學者形象，他說：「我們的部門在公司內部，成為公認的半個策略規劃首腦」，滿足之情溢於言表。為了讓自己鍍上一層學術光環，華里斯甚至堅持住在密西根大學（University of Michigan）所在地的安雅柏（Ann Arbor），而不肯住在迪爾班或底特律，說迪爾班與底特律這兩個地方在公餘之暇的生活讓人難以忍受。姑且不論他在投射 E-Car 形象這方面究竟取得多少成功，他的小小搞怪，讓華里斯「教授」的形象大放光明卻是無庸置疑。他過去的上司克拉菲說：「我覺得大衛願意在福特工作，基本上為的不是賺錢。他是那種學者型，我認為他在福特工作，是因為他覺得自己的工作很有意思、很有挑戰性。」華里斯打造形象的本領，就有這麼高段。

華里斯仍能清楚記得他與助理當年在為 E-Car 尋找性格時，根據的推理究竟是什麼。他也毫不隱藏地說出這段往事：「我們對自己說，打開天窗說亮話——兩千美元一輛的雪佛蘭跟六千美元一輛的凱迪拉克，兩者的基本構造並沒有多大的差異。我們說：『把一切大吹大擂全部丟開，你會看到這兩輛車其實是差不多的東西。但無論怎麼說，就有一堆人渴望擁有一輛凱迪拉克，這其間必然有什麼道理——它非有道理不可——否則他們不會儘管凱迪拉克貴了這麼多，仍然堅持要買凱迪拉克。當然，或許他們堅持要買，就是因爲它貴。』所以，我們達成結論：車子是一種實現美夢的工具。人們願意買一款車，而不願意購買另一款車，在決定的過程中有一種非理性的因素，而這項因素與車子的構造一點關係也沒有，但與客戶想像中這款車子的性格大有關係。我們要做的，自然就是賦予 E-Car 一種性格，設法讓最多人喜歡它。我們認爲，相對於其他中價位汽車製造商，我們有一大優勢，因爲我們不必擔心如何改變既有、面目可憎的產品性格，只須無中生有、完全按照我們想要的創造一個性格就行了。」

消費者買的不只是產品，也是一種自我形象

在決定 E-Car 產品性格定位的過程中，華里斯決定以市場上既有的中價位車，以及所謂的平價車作爲評估對象，因爲一些平價車車系在一九五五年早已踏入中價位車的價格範圍內。爲了達到這項目的，他找上哥倫比亞大學應用社會研究局（Bureau of Applied Social Research, Columbia University），請他們分別在伊利諾州的皮奧利亞（Peoria）與加州的聖博納迪諾（San

Bernardino），各找八百位新近買車的人進行訪談，以了解各種車款爲這些車主們帶來的心理印象。（哥倫比亞大學雖然接受了這項商業任務，但保留發表調查結果的權利，以維護其學術獨立的地位。）華里斯說：「我們的構想是，取得不同城市、不同人群的反應。我們要的不是一種跨地區的東西，而是一種能顯示人與人之間互動的因素。我們選擇皮奧利亞，因爲它是中西部城市的典型，沒有許多不相干的因素，例如當地沒有通用汽車的玻璃廠等。我們選擇聖博納迪諾，是因爲西岸在汽車這行非常重要，也是因爲西岸的市場與其他地方很不一樣，當地人喜歡買較時髦的車。」

哥倫比亞大學研究人員在皮奧利亞與聖博納迪諾進行的這些問卷，除了車價多少、安不安全、開起來順不順這類問題沒問，幾乎鉅細靡遺地探討了與汽車有關的一切問題。特別是，華里斯想知道受訪者對現有每一種車系的印象。根據他們的看法，誰最理所當然地會開一輛雪佛蘭、一輛別克或一輛其他什麼車？年齡多大？是男是女？屬於什麼社會階層？從受訪者的答案中，華里斯輕輕鬆鬆就能爲每種車系的性格形象定調。福特車主要是一種非常快、具有強烈男子氣概的車，它不具特定社會虛榮因素，開福特車的人可能是農場主人，也可能是汽車技工。相形之下，雪佛蘭比較老舊、比較有智慧、比較慢、比較沒那麼有男子氣概，也稍微多一點身分地位的代表性——它是公司職員開的車。別克車與中年婦女的關係比較密切，至少比福特車多了一分女子氣。汽車的性別屬性似乎還真有一些關係——最適合開別克的人是律師、醫生或舞蹈團團長；至於水星，是最適合年輕、叛逆賽車手開的車，也因此儘管價位較高，許多收入不比福特車車主高的人也擁有水星，難怪福特車車主對於換購水星的意願缺缺。這種形象與現實之間的古怪差異，加以所有四種車系看起來非常相近，而且馬力幾乎完全一樣的事實，更加佐證了華里斯的前提：想購車的人就像陷於愛河中的年輕人一樣，無力以一種理性方式來分析自己要的究竟是什麼。

研究人員在皮奧利亞與聖博納迪諾進行的調查終於結束，他們不僅向受訪者提出許多華里斯等人想知道的問題，還提出許多華里斯等人沒有想到的問題。而且其中有些問題，似乎只有最有聯想力的社會思想家，才會將它們與汽車扯上關係。華里斯說：「老實說，我們蒐集到一大堆東西，那像一次拖網作業一樣。」研究人員就根據這些捕獲的古裡古怪的東西提出報告：

> 觀察那些年收入在四千至一萬一千美元之間的受訪者，我們得出一項……心得。在問及他們調配雞尾酒的能力時，有相當大比例的受訪者認爲，他們「多少有一些」調酒能力……顯然，他們對自己的調酒能力不是很有信心。我們可以推斷，這些受訪者知道他們正處於學習過程中的事實。他們或許知道怎麼調馬丁尼（Martini）或曼哈頓（Manhattan），但除了這些熱門雞尾酒以外，他們所知不多。

眼看這許多反饋資訊湧入華里斯設在迪爾班的辦公室內，讓懷有理想 E-Car 美夢的華里斯開心不已。但最後決定的期限逐漸逼近，他知道自己必須將雞尾酒調酒能力這類周邊性議題撇開一邊，打起精神重新投入形象設計的老問題才成。而談到形象，他發現最大的陷阱在於，想根據自己對時髦流行的研判，而鎖定那些重視男子氣概、年輕、活力與速度的極端族群。事實上，根據他的詮釋，哥倫比亞大學這篇報告下列這段文字提出的，正是這樣的警告。

我們或許會不假思索就推斷，開車的婦女很可能是職業婦女，也很可能比不開車的婦女更爲活躍，而且會因爲掌控一項傳統屬於男性的角色而欣喜。但毫無疑問的是……無論婦女從開車這件事得到什麼欣喜，無論她們爲自己的車子貼上什麼社會形象，她們仍然希望標榜自己身爲女性的本色。她們或許是比較世俗的女性，但還是女性。

一九五六年初，華里斯將市場研究規劃處的研究結果整理成一篇報告，提交特別產品部。這篇名爲〈E-Car 市場與產品性格目標〉（"The Market and Personality Objectives of the E-Car"）的報告，引用了許多事實與統計數字，報告中儘管也有許多用斜體或大寫字體標出的小方塊，以便幫助時間緊迫的主管只要幾秒鐘就能夠掌握內容，但在一開始還是談了一堆無關痛癢、可以省略的理念，之後才切入重點：

> 當一位車主發現，他擁有的車是女性喜歡買的車款，而他自認爲是男子漢時，會發生什麼事？這種汽車形象與車主本身個性之間出現的顯然矛盾，會不會影響他換車的意願？答案很清楚：會。當車主本身個性與車系形象之間出現衝突時，換車的意願就會增加。換言之，當買主認爲，適合開自己現有車款的人，與自己不屬於同一類型的時候，這位車主就會想換一台能讓他內心更爲坦然接受的汽車。
>
> 必須注意的是，這裡所謂的「衝突」，可能有兩種。如果某車款有一種詮釋得很好的強大形象，個性與它大不相同的車主顯然會陷於衝突之中。但當車款形象晦暗不明、詮釋得不夠清楚時，同樣也會出現衝突。在這種情況下，車主也會像不能從該車款取得令自己滿意的認同一樣，感到沮喪。

因此，問題就在於：如何在車款個性太強烈的西拉（Scylla）與太軟弱的克里布迪斯（Charybdis）之間做出抉擇。*該報告針對這個問題提出答覆，主張「利用競爭造成的形象軟弱」，並進而呼籲在年齡問題上，E-Car 應該採取既不太年輕、也不太老、居於中間地位的奧斯摩比車系形象立場；而在社會階級的問題上，則毫不遮掩地表示：「E-Car 最好能採取一種略低於別克與奧斯摩比的地位立場」；至於在性別這種微妙、敏感的問題上，它應該採取騎牆派路線，而且仍然可以比照奧斯摩比的做法。總而言之，而且以華里斯的強調手法，就是：

對 E-Car 最有利的產品性格，很可能就是針對較年輕的主管，或是崛起中的專業人士家庭的智慧型車。

「智慧型車」：能讓其他人看出車主的好風格與品味。

「較年輕」：以鬥志高昂、但肯負責任的冒險家爲訴求。

「主管」或「專業人士」：數百萬人號稱擁有這種身分地位，無論他們實際上是否達到。

「家庭」：不僅僅標榜男子氣概，而以有益身心健康的「好」角色爲目標。

「崛起中」：「E-Car 對你有信心；我們會幫你達到目標！」

萬中選一的產品命名

不過，在鬥志高昂、又有責任心的冒險家對 E-Car 有信心以前，它需要有一個名字。克拉菲在接下這項任務之初，就曾向福特家族的成員建議，將新車命名爲愛德索。愛德索・福特（Edsel Ford）是老福特的獨子，從一九一八年起擔任福特汽車公司總裁直到一九四三年去世爲止，也是新一代福特幾位負責人，包括亨利・福特二世、班森・福特（Benson Ford）與威廉・克雷・福特（William Clay Ford）三兄弟的父親。這三個兄弟曾向克拉菲示意，說他們的父親不一定喜歡見到自己的名字整天在一百萬個車輪轂蓋上亂轉，因此建議特別產品部物色其他名字。

特別產品部也確實遵命照辦，而且態度認眞積極，不下於在研究汽車性格時展現的程度。一九五五年的夏末與秋初，華里斯雇了好幾家研究機構，這些機構派出訪問員，帶了錄有兩千個名字的名單，在紐約、芝加哥、威洛倫（Willow Run）與安雅柏等地，對過往行人進行問卷調查。這些訪問員的做法，並不只是向受訪者提出火星（Mars）、木星（Jupiter）、

* 西拉是希臘神話中有六個頭、十二隻腳的女妖，專在義大利沿岸捕捉過往船隻。克里布迪斯則是這處海域的一個大漩渦，過往船隻既需要躲避西拉女妖，也要避開克里布迪斯。

流浪者（Rover）、瞪羚（Ariel）、箭（Arrow）、鏢（Dart）或是喝采（Ovation）這類名字，請他們表示看法而已。他們還會問受訪者，這些名字讓他們聯想到什麼，並在受訪者作答以後，進一步追問依照受訪者的看法，代表這些名字的反面的，是哪個字或哪一組字。他們用這種方式提問，有一項理論基礎：就潛意識而言，就像銅板的背面一樣，反面意義也是一個名字的一部分。

最後，特別產品部決定，下了這麼大工夫進行的所有這些研究，成果不夠完整。同時，克拉菲與同事們在一間暗室一連開了好幾次會，瞪著打上聚光燈的一張張卡紙，每張牌子上有一個名字。這些卡紙像跑馬燈一樣，逐一在與會者面前翻現，供與會者表示意見。有一名與會者很喜歡「鳳凰」（Phoenix）這個名字，因爲它有凌駕一切的意涵，另一名與會者則看上「牛郎星」（Altair），因爲這個名字若以字母順序排列，幾乎可以穩居一切車名之首，就像「非洲食蟻獸」（aardvark）在動物王國名錄上享有先占優勢一樣。會議就這樣在暗室無趣地進行著，某次在一片令人昏昏欲睡的會議過程中，有個人突然叫了起來，要工作人員暫停翻動紙牌，還以一種不敢置信的口吻說：「前兩、三張紙牌上寫的可是『別克』？我沒看錯吧？」大家都看著會議主持人華里斯，只見他用菸斗噴了一口煙，用他那學者笑容笑了一笑，然後點了點頭。

事實證明，翻紙牌會議就像行人道上的訪談一樣，一點成果也沒有。華里斯見事已至此，決定借助天才，解決這個凡夫俗子解決不了的問題。他寫信給詩人瑪麗安娜．穆爾（Marianne Moore），既要求穆爾爲 E-Car 找個名字，也因此爲自己尋得某種優雅感：「我們希望這個名字……能透過聯想或其他引人遐思的方式，表達一種發自內心肺腑的優雅、迅捷的感覺與先進的特性與設計。」華里斯與穆爾女士的這段書信往還，後來在坊間廣爲流傳，不僅經《紐約客》（*The New Yorker*）雜誌刊出，之後還收錄在紐約市摩根圖書館（Morgan Library）書目中。如果有人問，就教於穆爾女士這件事是迪爾班哪位巨頭的主意，據華里斯說，事實上這不是任何一位巨頭的主意，而是他手下一名低階助理的妻子出的點子。這名年紀輕輕的女士，剛從曼荷蓮學院（Mount Holyoke）畢業，在曼荷蓮聽過穆爾女士的演說。如果她先生的上司能夠採取進一步的行動，眞的從穆爾女士提出的許多車名建議中選了一個——這些建議包括：智慧子彈（Intelligent Bullet）、烏托邦龜甲車（Utopian Turtletop）、子彈景泰藍（Bullet Cloisonné）、派斯特剛（Pastelogram）、獴國公民（Mongoose Civique）或稍快的行板（Andante con Moto），穆爾女士在最後還問道：「這個詞形容的是不是『好汽車』的意思啊？」——事情的發展會像什麼樣還很難說，但事實是，他們並沒有這麼做。

特別產品部既不滿意這位詩人的建議，也不喜歡自己內部提出的構想，於是找上不久前才與福特簽約、處理 E-Car 廣告事宜的博達大橋（Foote, Cone & Belding）廣告公司。博達大橋以麥迪遜大道廣告業者特有的手法，發動它在紐約、倫敦與芝加哥辦事處員工的命名競爭，而且懸出大賞：誰想出的名字獲選，就可以獲得一輛全新的 E-Car。沒隔多久，博達大橋已經有了一萬八千個車名，其中包括飛速（Zoom）、飛快（Zip）、班森（Benson）、亨利（Henry）與特福（Drof）——把這個字反過來，就知道它是什麼意思了。由於擔心特別產品部的老闆們會認爲這麼多名字太難挑，博達大橋將一萬八千個車名精簡爲六千個，在特別產品部主管會中得意洋洋地提出：「這就是你們要的了！總共六千個名字，全部按照字母順序排列，都有詳細注解。」

克拉菲嘆了一口大氣：「可是我們並不要六千個名字。我們只要一個名字。」

當時情勢已經非常緊迫，因爲新車鋼模即將開鑄，而其中一些鋼模必須標示車名。在一個週四，博達大橋取消員工一切休假，展開一項所謂的魔鬼計劃：它下令紐約與芝加哥辦事處的員工，必須在週末結束以前，將這六千個名字精簡爲十個。在週末還沒有結束時，兩個博達大橋辦事處已經將各自擬定的十個車名名單交到特別產品部的手中。而且幾乎巧得不能再巧的是，兩份名單同樣都有四個名字：海盜船（Corsair）、褒揚（Citation）、領跑員（Pacer）與騎兵（Ranger）。華里斯說：「海盜船似乎有脫穎而出的架勢。除了其他一些有利的因素以外，在先前進行的行人道的訪談過程中，這個名字也非常熱門。它令人有許多相當浪漫的聯想，如『海盜』（pirate）、『劍客』（swashbuckler）等。與它相反的，也有『公主』（princess）等引人遐思的字。這正是我們要的。」

無論「海盜船」後來下場如何，E-Car在一九五六年初春時，已經定名爲愛德索，但民眾直到那年秋天才知道這件事。福特公司執行委員會在一次會議中達成這項重大決定，巧的是，當時福特三兄弟都不在會議現場。在總裁福特缺席的情況下，這次會議由一九五五年出任董事會主席的布里奇主持。布里奇當天脾氣有些粗魯，對「劍客」、「公主」之類的名字沒多大興趣。在聽取最後選出的幾個車名以後，他說：「我一個也不喜歡。我們再看看其他名字。」於是，名單上遭克拉菲否定的幾個名字有了敗部復活的機會，而其中一個名字便是愛德索。儘管福特三兄弟曾經表示，他們的父親若死後有知，或許不喜歡看到自己的名字不斷在車輪上轉來轉去，但仍然保留在名單上，以防一旦三兄弟改變意見。布里奇領著其他委員逐一檢視名單，在討論到愛德索的時候，布里奇平靜地說道：「就是它了！」由於E-Car會推出四個主要車型，每一個車型有小小的不同，爲了安撫幾位委員，布里奇又說如果他們願意，可以用原本進入決選的那四個名字——海盜船、褒揚、領跑員與騎兵——作爲這四個車型的別名。於是，執委會打電話給正在巴哈馬首都拿索（Nassau）度假的亨利．福特二世，他說既然執委會已經做出抉擇，如果他能徵得其他幾位家族成員的同意，自會遵守這項決定。不出幾天，他徵得了同意。

幾天以後，華里斯寫了一封信給穆爾女士說：「我們已經選了一個名字……不過，那不是我們當初尋求的那種能引起共鳴、欣喜與熱情的名字。但它對我們這裡的許多人，有一種個人的尊嚴與意義。親愛的穆爾女士，我們選的名字是——愛德索。我希望妳能諒解。」

招兵買馬，廣告行銷大作戰

E-Car 的命名消息傳開來，想必令博達大橋那些員工帶來相當失望，他們提出比較具有象徵意義的名字，結果全軍覆沒，沒有一個人可以贏得一輛新車——而且更讓他們憤憤的是，「愛德索」是早在第一輪就遭到淘汰的名字。不過，與特別產品部許多員工的沮喪相比，他們的失望實在算不了什麼。有些員工認爲，「愛德索」是公司前總裁的名字，而且這位前總裁還是現任總裁的父親，這個名字有一種與美國人習性大相逕庭、朝代世襲的意涵。還有些員工與華里斯一樣，相信群衆下意識對車名的重要性，認爲「愛德索」（Edsel）這個字的音節組合實在太壞。它讓人聯想到什麼？「pretzel」（椒鹽脆餅）、「diesel」（柴油）與「hard sell」（賣不出去）。它有什麼反義字？似乎連一個也沒有。但事情已經定案，除了盡量擺出一副笑臉以外，他們也別無其他選擇。更何況，特別產品部絕非每個人都爲這個名字感到痛苦，克拉菲本人當然對這個名字一點異議也沒有。許多人說，愛德索的式微與敗績，從定名那一刻已經注定；克拉菲當然不這麼想，至今也不認爲愛德索這名字有什麼不妥。

事實上，克拉菲對事情的進展還欣喜非常。一九五六年十一月十九日，上午十一點，在漫漫長夏告終、一片迷霧彌漫的沉寂終於結束之後，福特公司向全世界發布 E-Car 已經命名爲「愛德索」的喜訊，克拉菲也利用這一刻做了好些誇張的事。在這一天上午十一點整，克拉菲所屬部門的電話總機，一改原先「特別產品部」的報名，開始對所有打進來的電話報上「愛德索部，您好！」的迎候；所有印有「特別產品部」抬頭字樣的部門用柬消逝無蹤，新的「愛德索部」用柬出現了。在部門建築物外，一塊寫著「愛德索部」幾個大字的巨型不鏽鋼招牌，威風凜凜地架在屋頂上。克拉菲本人雖然自有興高采烈的理由，卻刻意保持低調——爲了酬庸他對 E-Car 計劃的貢獻，他晉升爲福特汽車公司副總兼愛德索部總經理。

從行政觀點而言，這種除舊布新的效應，不過是不痛不癢的裝飾罷了。在迪爾班警戒森嚴的試車場上，鐫刻上車名、幾乎裝備齊全的愛德索，已經在進行路試；布朗與他的造型團隊早已著手下一年新款愛德索的設計工作；公司已經組成一個全新的零售代理商組織，負責向民衆推銷愛德索。曾經發動魔鬼行動趕工徵集車名，之後又發動魔鬼行動加班精簡這些車名的博達大橋，終於也能放下發動魔鬼行動的重責大任，在公司負責人、廣告大師費爾法克斯．科恩（Fairfax M. Cone）親自坐鎮下，全力展開愛德索的廣告作戰。科恩在他的行動規劃極度仰賴所謂的「華里斯處方」，也就是在命名大翻盤發生以前，華里斯爲愛德索的汽車性格訂定的基調——「針對較年輕的主管，或崛起中的專業人士家庭的智慧型車。」

科恩非常熱中於這項處方，只做了「一處」修正，就將處方照單全收——他憑直覺認爲，中等收入的家庭比年輕主管，甚至比自以爲是年輕主管的人數多，因此他用「中等收入」家庭一詞取代處方中的「較年輕主管」。或許由於得到這份每年可望爲他賺進遠超過一千萬美元的美差，科恩曾幾次興高采烈地向記者說明他爲愛德索訂定的計劃——他要發動的廣告戰，是一種安靜、充滿自信，而且盡量避免使用「新」這個形容詞的行動。他認爲，儘管愛德索顯然是項「新」產品，但「新」也讓人有一種聲望不足的聯想。最重要的是，他要打一場經典的安靜之戰。科恩告訴記者：「我們認爲，廣告貴在以車子爲競爭主角，能夠做到這點妙不可言。我們希望沒有人會問：『你看過愛德索的廣告了嗎？』無論那廣告是出現在報紙、雜誌或電視上，我們要的是成千上萬的人會一再傳揚：『老兄，你看過那篇有關愛德索的報導了嗎？』或『你看過那台車了嗎？』廣告與銷售的差異就在這裡。」科恩顯然對這場廣告戰與愛德索充滿信心，就像一位確信自己必勝的棋藝大師，能夠一邊下子一邊說明自己的戰術一樣。

爲了使零售代理商就範，愛德索部門展現的精湛技巧，以及最後出現的大逆轉，至今仍爲車界人士津津樂道。在一般情況下，老字號製造廠會透過代理商推出新車，這些代理商通常已在代理這家製造廠的其他一些車系，而且一開始總會把這個新的車系擺在次要的地位。但愛德索的情況不同；獲有高層授權的克拉菲，派人針對與其他車廠簽有合約、甚至針對與福特其他部門（如福特與林肯—水星部門）簽有合約的零售代理商進行臨檢，迫使他們就範，藉以全力營造一個零售代理商組織（透過這種辦法集結的福特車代理商，雖然不必取消他們的舊有合約，但只有與福特簽約、同意專賣愛德索的代理商，才能獲得公司全力重點支援。）

經過一番絞盡腦汁，新車上市日訂於一九五七年九月四日，預定目標是從西岸到東岸，全美各地一千兩百家愛德索代理商同步展開銷售。而且這一千兩百家愛德索代理商還都不是泛泛之輩；克拉菲已經表明，最近許多代理商使用介於合法與非法之間的高壓手段賣車，為汽車業帶來罵名，愛德索對這樣的代理商沒有興趣，只有紀錄良好，能夠證明自己不用這種惡招一樣有能力賣車的代理商，才能代理愛德索。克拉菲說：「我們只要優質的代理商，擁有優質的服務與設施。知名品牌的客戶如果遇到服務不佳時會怪罪代理商，但愛德索的客戶如果碰到這種狀況，會怪罪他的車子。」想集結一千兩百家代理商並不容易，因為無論品質好不好，沒有一家代理商敢對更換車系的事掉以輕心。一般而言，代理商至少得將十萬美元的保證金鎖在公司；在大城市裡，這筆保證金的投資金額更高。代理商必須聘請銷售代表、汽車修護技工與一般職員，也必須自備工具、相關技術文件與資料，其中招牌成本一套就要五千美元；此外，還要付現才能從車廠領到新車。

根據這些指示負責動員愛德索銷售大軍的，是愛德索部門行銷業務總經理萊利・杜爾（J. C. "Larry" Doyle），他在部門內是僅次於克拉菲的第二號人物。杜爾在福特工作了四十年，一開始在堪薩斯城（Kansas City）福特分公司擔任辦公室小弟，後來加入業務工作至今。在銷售這個領域，杜爾算得上是異類。他和藹可親、體貼多情，與全美各地數以千計那些油腔滑調、趾高氣揚的汽車銷售員大不相同。但另一方面，他有那種老輩銷售員的神氣，從不隱藏自己對性別分析與汽車地位這類時髦東西的批判，常說：「我在打撞球的時候，喜歡一腳著地。」藉以暗諷一些銷售員，花時間追求這類時髦玩意兒，卻無法腳踏實地、做好銷售。無論怎麼說，杜爾懂得賣車，而這正是愛德索部門需要的。

不久前，在回憶他與同事如何大變戲法，讓那許多在這門最難纏的行業中已經揚名立萬的業者，甘願放下有利可圖的加盟業務，投入一項有風險的新業務時，杜爾說：「一九五七年初，最早幾輛愛德索出廠，我們在五個區域銷售辦事處的每個辦事處都擺了兩輛愛德索。不用說，我們當然把這些辦事處都上了鎖，也把窗帘放下來，遮得密密實實。或許只是因為好奇，方圓好幾哩每個車系的代理商，都想過來看車，我們這就有機可乘了。所以，我們放出風聲說，只想讓眞正有意加入愛德索陣營的代理商看車。之後，我們派出各區域賣場經理前往左近各處城鎭，說服當地第一名的代理商加盟。如果第一名的代理商不肯加入，我們就想辦法說服第二名的加入。總之，經過我們這番安排，每個前來看車的代理商，事先都聽過我們的銷售人員講了足足一小時的相關介紹與說明，而且這招非常有效。」果眞奏效，到一九五七年仲夏，情況已經明朗，到新車上市日這天，愛德索會有很多優質的代理商（最後的結果是，距離一千兩百家的目標只差了幾十家。）事實上，好幾家代理其他車系的代理商，或者對愛德索的成功太有信心，或者也因受了杜爾一夥人如簧之舌的煽動，幾乎只看了愛德索一眼就急著要簽約加盟。杜爾的人還勸他們先仔細聽完新車介紹、進一步研究完再說，但他們置之不理，要銷售代表閒話少說、立刻與他們簽約。回顧起來，這過程竟有幾分像是「花衣吹笛手」（Pied Piper）的故事情節，被承諾的支票最後都沒有兌現。

愛德索現在不只是迪爾班的事情而已，整個福特公司業已全面投入，再也沒有回頭路好走。克拉菲解釋道：「在杜爾展開行動以前，整個計劃隨時可能因為高層一紙令下而無疾告終，但一旦與代理商簽了約，你就只能遵照合約推出新車了。」對這個問題，福特公司的處置手法很明快。一九五七年六月初，該公司宣布，為支付愛德索車先期成本而撥出的兩億五千萬美元專款，已經在基本設施上花了一億五千萬美元，其中包括為生產新車而將幾座福特車與水星車廠房規格換新的費用；另外，在愛德索特殊工具上花了五千萬美元；在初步廣告與促銷活動上花了五千萬美元。在同一個月，為了拍攝一支電視廣告片，一輛將成為片中主角的愛德索，被裝在一輛密封的大卡車裡，神不知鬼不覺地運到好萊塢，送進一座上了鎖、由保安警衛嚴密戒護的音效工作室，在幾位經過仔細挑選的演員豔羨聲中面對攝影機鏡頭。這幾位演員事先都已保證，在新車上市日前絕對守口如瓶。為了進行這項保密工作必須做得滴水不漏的製片作業，愛德索部門找上同時也為原子能委員會（Atomic Energy Commission）工作，而且沒有傳出任何不經意洩密事件的卡斯凱達製片公司（Cascade Pictures）。卡斯凱達的一名主管嚴肅說道：「我們就像為原子能委員會工作一樣，用上全套保安警戒措施。」

不過幾週時間，愛德索部門已經集結了一千八百名支薪員工，在新更換規格的幾座廠房內，一萬五千個新職缺也迅速地在補足中。七月十五日，愛德索設在麻省薩默維爾（Somerville）、紐澤西州馬華（Mahwah）、肯德基州路易維爾（Louisville）與加州聖荷西（San Jose）的裝配廠啓用開工。杜爾還在當天辦成一件大事：與曼哈頓代理商查爾斯・克雷斯勒（Charles Kreisler）完成簽約。克雷斯勒是公認美國最能幹的汽車代理商，原本是奧斯摩比（愛德索主事者心目中頭號對手）的代理商——在他聽到從迪爾班傳出陣陣魅惑人心的女妖之歌以前。

七月二十二日，愛德索的第一支廣告出現在《生活》（*Life*）雜誌上，那是一則黑白跨頁的廣告，有一種無可挑剔的經典與寧靜神氣：一輛車從一條鄉間公路飛馳而下，由於速度太快，畫面中只見一團幾乎無法辨識的車影。廣告文案寫道：「最近有人在公路上見到神祕的汽車。」接著又說，畫面中的這團影子是一輛正在試車的愛德索，最後提出保證說「愛德索就要來了！」兩週後，《生活》雜誌刊出第二支愛德索廣告，在這支廣告中，有輛用白布蓋覆、看來有些鬼氣森森的車，停在福特造型中心的大門前。這次的廣告標題是：「在你住的城市，有個人最近做了一項改變他生命的決定。」一旁的文案進一步解釋道，這項決定就是成爲愛德索的代理商。無論寫這廣告文案的人是誰，絕不可能料到這句話果然一語成讖。

愛德索四子上路遊說

在密鑼緊鼓的一九五七年夏季，愛德索的中心人物是公關總監蓋爾．華諾克（C. Gayle Warnock）。他的主要工作並不在讓社會大衆關心即將上市的這款新車，因爲這早已不是問題；他主要的職責在於讓這股白熱化熱情持續不墜，並且在上市日——福特也叫這一天爲愛德索日——當天或之後，將這股熱情轉化爲購買愛德索的欲望。華諾克短小精悍、平易近人，是印第安納州康佛斯（Converse）人。早在克拉菲把他從芝加哥福特調入迪爾班之前很久，華諾克曾在郡的展覽會場做過公關工作，這段經歷使他除了擁有現代公關人員甜言蜜語的本領以外，還有老一輩嘉年華會式廣告人那種豪放不羈的特色。

華諾克在回憶自己奉召到迪爾班工作的那段往事時表示：「克拉菲在一九五五年秋季雇用我時曾對我說：『我要你負責從現在起到上市日止，調度E-Car的公關工作。』我問他：『您所謂的調度，指的是什麼？』他說，他的意思就是從結果往前推，一步步地把成效做出來。這對我而言是件新鮮事，因爲我過去的經驗總是找空子鑽，一有空就鑽進去；不過，我很快就發現他說的話太有道理了。如果只是想爲愛德索造勢，這份工作簡直太容易了。早在一九五六年，當它還叫做E-Car的時候，克拉菲有一次在奧勒岡州波特蘭（Portland）談了一下有關這部車的事。我們只邀了幾位地方記者，沒想到幾家通訊社把這條新聞炒得全國皆知。我也在那時候察覺到我們可能面對的大問題。為了一睹我們這輛車的風采，民衆已經開始有點歇斯底里，認為它將是一種他們一輩子沒見過的夢幻車。我對克拉菲說：『一旦他們發現它也只不過是有四個輪子外加一個引擎，一定會很失望。』」

當時他們達成協議，愛德索的公關作業既不能過度炒作，也不應過度冷處理，最安全的做法就是對這車的整體全貌絕口不提，但每次小小透露有關它的一些魅力——就有點像是汽車版脫衣舞孃吊客人胃口的手法（以華諾克的自重，當然不會說這樣的話，但當他看到《紐約時報》在報導中用上這比喻時，想必也非常開心。）這項政策後來或有意無意，曾多次遭到違反。例如那年夏天，在愛德索日將至以前的一段日子，克拉菲禁不住記者的糾纏不休，只好授權華諾克，以每次透露一點，以華諾克所謂的「躲貓貓」或「你看完了，就得將它忘了」的方式，向記者出示愛德索。又例如，運載愛德索駛在公路上前往代理商賣場的卡車愈來愈多，雖說它們從頭到尾蓋在帆布篷裡，但這些帆布篷彷彿有意逗弄愛車人的欲望一樣，總是鬆散繫著，似有心若無意地讓風吹起一角。

那一年夏天，也是所謂「愛德索四子」在全國各地遊走演說的時節，那四人包括克拉菲、杜爾，還有愛德索商品與產品規劃處總監艾梅．傑吉（J. Emmet Judge），以及愛德索廣告、促銷與訓練處銷售協理羅伯特．柯普蘭（Robert F. G. Copeland）。四人分頭在全國各地奔波遊走，為新車發表巡迴演說，由於移動太快、也太頻繁，華諾克為了進行追蹤，特別在辦公室裡掛了一張全美地圖，用彩色圖釘標出四個人的位置。華諾克一早來到迪爾班辦公室，一邊喝著他晨起的第二杯咖啡，一邊喃喃自語：「嗯……克拉菲從亞特蘭大（Atlanta）到了紐奧良（New Orleans），杜爾從康瑟爾布拉夫斯（Council Bluffs）到鹽湖城（Salt Lake City）。」然後起身來到掛圖前，拔出圖釘，換個位置重新插上。

儘管爲了替代理商爭取融資，克拉菲演說的對象大多是銀行家與金融公司的代表，但他在那年夏天的講稿內容，非但與這個主題相去甚遠，還以彷彿政治家的口吻對新車的前景表示謹慎，甚至憂形於色。他的演說或許正確道出美國整體經濟發展的前景，但讓一些比他樂觀的人聽得一頭霧水。一九五七年七月股市重挫，成爲日後所謂一九五八年衰退的先聲。一九五七年八月初，所有中價位車系的銷售全面下滑，整個市場情勢迅速惡化，還不到八月底，業界刊物《汽車新聞》（*Automotive News*）已經報導，所有車系的代理商都將在本季季末，創下有史以來未售出新車數量第二高的紀錄。

克拉菲在這次單槍匹馬、巡迴全美的旅行演說途中，就算曾經想回迪爾班稍事取暖，也不得不打消這個主意，因爲同樣就在這個八月，愛德索兄弟檔的水星車廠已經發出聲明，說它準備投入一百萬美元，特別針對「重視價格的買主」發起一場三十天的廣告戰。這項聲明顯然指的是下述事實：大多數代理商當時以折扣價促銷一九五七年水星，售價比愛德索可能訂定的售價低。此外，當時生產中的唯一美國製小型車藍布爾（Rambler），銷量正在逐漸提高。面對這所有的惡兆，克拉菲每每在演說結束時，總喜歡先講一個小故事為他的演說收尾：有一間狗食公司因經營不善，董事長於是對董事們說：「各位先生，讓我們面對事實吧！狗不喜歡我們的產品。」至少在一次這樣的場合，克拉菲鼓勇又補充了一句，坦白道出心中疑慮：「就我們來說，我們的成敗有很大一部分取決於民衆喜不喜歡我們的車。」

但愛德索的大多數其他主管，對克拉菲的疑慮絲毫不以爲意。或許，其中最不以爲意的首推傑吉。傑吉的巡迴演說，專攻各地社群與民間團體。他完全不在意「脫衣舞孃」公關政策的限制，每每在演說時喜歡將各式各樣讓人看得眼花瞭亂的動畫、卡通、圖表與汽車零組件的圖片，完全搬上一座新藝綜合體（CinemaScope）大銀幕，在場觀衆往往直到演說會已經進行了一半，才發現他顯示在銀幕上的根本不是愛德索車。傑吉一邊說，一邊還會在會場裡四處遊走，用一個自動幻燈轉片器不斷地轉換銀幕上的形象。他能夠變出這個戲法，是因爲一組電氣技術人員預先在演說會場各個角落鋪妥四通八達的線路，將轉片器與散置在會場各處的好幾十個地面開關連線，只要傑吉往這開關踢上一腳，它就會反應。傑吉的演說會——很快就成爲人們口中的「傑吉奇觀」（Judge spectaculars），每場都得花費愛德索部門五千美元，其中包括技術人員的薪酬與開銷，他們必須提前一天抵達會場，進行線路鋪設工作。而傑吉本人會到最後一刻，極盡誇張能事地坐飛機抵阜，再驅車趕到現場，立刻展開演說。

傑吉常用的一段開場白是：「在這整個愛德索計劃中，最了不起的地方之一，就在於產品哲理與它背後的廣告推銷。」然後他會漫不經心地在這個開關踢一腳、在那個開關踢一腳，接著說：「我們身爲這項計劃一分子的每個人，都深深地以這個背景爲榮，都渴望愛德索在今年秋天上市時能夠成功……我們再也不可能像現在這樣，與這麼大、這麼富有意義的計劃爲伍……我們且看一眼這輛將在一九五七年九月四日與美國民衆見面的車（此時，傑吉會在銀幕上打出一張車輪轂蓋或保險槓的幻燈片）……它從每一個角度看來，都是一輛不一樣的車，但它有一種保守的意涵，爲它帶來極致魅力……正面造型的獨特性，與側面處理的雕飾圖案相整合……。」在演說當中，傑吉不時會用像「雕飾金屬板」、「重點性格」與「優雅而流暢的線條」這些令人聽得目瞪口呆的辭藻，大聲頌讚愛德索。在演說收尾時，他的慷慨激昂也來到最高潮。他會一邊踢著左右兩邊的開關，一邊大聲叫道：「我們以愛德索爲榮！當它在這個秋天上市的時候，它會在美國的街道與公路揚名立萬，爲福特汽車公司倍增榮光。這就是愛德索的故事。」

熱鬧滾滾的見面會

愛德索新車與新聞界見面的儀式，於八月二十六日、二十七日與二十八日，在底特律與迪爾班舉行了三天。整場「脫衣舞孃」大秀的壓軸好戲，當然是最後的亮相儀式：在全美各地兩百五十位記者的注視下，布幕緩緩拉起，首先露出新車箍緊的鼻部，然後是它向外伸張的車尾。與過去幾次車界盛會不同的是，記者們應邀偕同妻子與會，許多記者也眞的這麼做了。這場三天之會，花了福特公司九萬美元，但活動內容的毫無新意，讓華諾克頗感失望。他爲了讓新車發表會不落俗套，曾經提出三個舉辦地點，但都遭到拒絕：一處是底特律河上的一艘輪船（「象徵意義不對！」）；一處是肯德基州的愛德索（「從陸路到不了！」）；還有一處是海地（「沒得說，所請不准！」）

八月二十五日週日傍晚，記者們帶著妻子齊集底特律，華諾克或因所請遭到公司拒絕，因此彷若有些無精打彩，把他們全部送進一處名字聽來令人喪氣的酒店——喜來登．「凱迪拉克」大飯店（Sheraton-Cadillac Hotel），安排他們在週一下午聽取愛德索全車系四大車型的各種細節說明，包括十八處大小、馬力與裝飾的差異等。第二天上午，這些車型的樣品車也在造型中心圓形大廳在記者面前亮相，亨利．福特二世出現在儀式中，說了幾句向他父親致敬的話。博達大橋一名負責這次集會規劃的主管說：「主辦人沒有邀請太太們與會，因爲這場新車亮相會氣氛太嚴肅、太公事。會議進行得很好。許多久經市面的記者也看得興奮不已。」（這些興奮的記者，大多在他們的報導中說，儘管似乎沒有廣告吹噓得那麼神，但愛德索似乎是部好車。）

那天下午，主辦人把記者送到試車場，觀賞一隊特技駕駛員用愛德索表演特技。但這個原本想爲大會添加一些刺激效果的活動，最後不僅讓人看得毛骨悚然，還讓一些記者差點神經崩潰。華諾克事先已經奉令，盡量不談速度與馬力，因爲整個汽車產業眞正全力投入汽車製造不過只有幾個月的時間，幾個月前他們因爲韓戰做的不是汽車，而是延遲引信炸彈。華諾克決心不以空言，而以實際行動證明愛德索的活潑輕快。爲了達到這個目標，他雇了一隊特技駕駛員。愛德索用兩個輪子衝過離地兩呎高的台子，再用四個輪子從更高的台子上躍起，或與幾輛車交叉穿梭，或以六〇或七〇哩的時速面對面相衝，在最後一刻才以五〇哩的時速急轉彎。爲了穿插搞笑，現場還有一個小丑也開了一部車，模仿特技駕駛員的動作。

在這整個特技表演的過程中，擴音器不斷傳來愛德索首席工程師尼爾．布魯（Neil L. Blume）的聲音，反覆強調「這些新車的能力、安全性、扎實結構、運動效能與性能」，就像磯鷂掠浪一樣掠過「速度」與「馬力」這幾個字。當時，一輛愛德索在表演高台跳躍特技時一度險些翻覆，把克拉菲嚇得一臉慘白。他後來表示，他在事前並不知道這些特技表演會這麼冒險，而且很擔心愛德索車的名聲與這些特技駕駛員的生命安危。華諾克發現老闆的臉色似有異樣，於是趨前問克拉菲是否喜歡這場秀。克拉菲短短拋下幾個字說，等特技秀結束、每個人都安全以後，他再回答這個問題。不過，除了克拉菲以外，大家似乎都玩得很開心。前述博達大橋那位主管說：「從密西根這青翠的山丘一眼望去，這許多拉風的愛德索整齊劃一地做著精彩的表演。場面美極了！就像是以整齊大腿舞步著名的火箭女郎舞蹈團（The Rockettes）的大秀一樣。大家都很興奮，士氣很高昂。」

華諾克的慷慨激昂，使他想出一些更爲極端的花招。就像拉布幕、最後露出車屁股一樣，特技駕駛對記者妻子們的血壓來說，似乎也過於刺激了一些。不過，足智多謀的華諾克，爲她們準備了一場時裝秀，讓她們至少像自己的先生一樣，玩得盡興忘情。他不需要操多少心，愛德索的造型總監布朗在新車亮相秀現場介紹時，說主持亮相秀的明星是一位既美麗又有才幹的巴黎高級時裝設計師，結果最後當布幕拉起時，這位所謂的明星其實是一位裝模作樣、模仿時裝設計師搞笑的女子——而這件事，華諾克事先爲了營造現場懸疑的氣氛，並沒有告知布朗。在這以後，布朗與華諾克之間的關係，再也不復既往。不過，這些做妻子的，倒是因此能幫她們的先生提供一、兩段撰寫報導的題材。

當天晚上，造型中心有一場歡迎全員參加的盛會。爲了舉辦這場活動，造型中心本身也打扮得像夜總會一樣，還打造了一座噴泉，噴出的水花與全美著名的爵士樂鼓手雷・麥金利（Ray McKinley）樂隊的樂聲共舞。只是有一個大煞風景的地方：爲了表示對樂隊創辦人、已故葛蘭・米勒（Glenn Miller）的懷念，像過去所有的演出一樣，台上每位麥金利樂隊成員身前擺的樂譜架，都有和通用汽車標誌一樣的兩個「GM」大字母。結果，那整個晚上，華諾克就爲了這件事被K得幾乎滿頭包。到了第二天上午，在福特主管們主持的總結記者會中，布里奇對愛德索有這樣的評述：「它是個健壯的寶寶，像絕大多數的新手父母一樣，我們也驕傲非常。」隨後，七十一名記者坐進現場的七十一部愛德索新車駕駛座上，把車開回家——不是開回他們自家車庫，而是他們所住城市的在地代理商展示間。

華諾克對最後這一幕鬧劇，有一段生動的描述：「過程中發生了幾起不幸事件。有個記者沒有算準，開車撞上不知道是什麼東西——那不是愛德索的錯。有輛車掉了承油盤，引擎自然無法運轉，但就算是最好的車，也可能出現這類意外。好在當事件發生的時候，那位記者正開著他的愛德索行經好像是堪薩斯州天堂市（Paradise）的地方，這美麗的名字為相關新聞報導增添了幾分正面氣息。那時離事件發生地點最近的一家代理商，為這位記者提供了一輛新的愛德索，讓他開回他住的城市，沿途還爬坡行經派克峰（Pikes Peak）。後來，又有一輛車在通過收費站的時候，煞車突然失靈。這件事鬧得很嚴重。好笑的是，原本我們最擔心的狀況——其他駕駛人因為太想看愛德索，在路上見到我們的車會蜂擁而上，把我們的車逼到路邊停下，結果只發生一起。那是發生在賓州鄧派克（Turnpike），當記者開著他的愛德索在兜風時，有輛普利茅斯緊逼而來，與他貼邊並排而駛，對他的愛德索新車不住打量。結果由於兩車貼得太近，我們的愛德索遭到側面擦撞，車身受到輕微損傷。」

磅礴上市

一九五九年年底，在愛德索車剛剛宣告失敗之後，《商業周刊》報導，在當初這場盛大的記者發表會中，福特公司一位主管曾對記者說：「如果不是公司這麼投入，我們不可能推什麼新車系。」不過，照理說，如果有這樣一條獨家，《商業周刊》不會事隔兩年才報導出來。此外，由於當年所有愛德索高級主管直到今天仍然堅持，到愛德索日當天，甚至在愛德索日過後一段時間，他們仍然認爲愛德索會成功（儘管克拉菲動不動就講那個走霉運狗食公司的故事，但這些主管中也包括他），所以《商業周刊》引述的說法非常令人存疑。

事實上，在那場記者發表會到愛德索日之間的那段期間，所有與這個案子有關的人，對愛德索的前景似乎都極端樂觀。《底特律自由報》（*Detroit Free Press*）以「奧斯摩比，拜拜！」爲標題刊出一則廣告，因爲當時有一家原本代理奧斯摩比的代理商投入愛德索的代理陣營。奧勒岡州波特蘭的一家代理商也說，他已經賣出兩部愛德索，客戶就連車子長得什麼樣子都還沒見過就買了。華諾克找到一家日本煙花爆竹公司，願意以每支九美元的價格爲他製作五千支火箭，這些火箭在半空中炸開以後，能釋出許多用宣紙製成、九呎大的愛德索汽車模型，燃著火燄像降落傘一樣地冉冉從天而降。華諾克滿腦子各種奇想，他不僅計劃在愛德索日當天，讓愛德索在美國各處的公路上奔馳，還要讓美國夜空也充滿愛德索的身影。不過，就在華諾克準備下單訂製這批火箭時，克拉菲碰上了一件不僅令他困惑的事，所以否決了這項火箭計劃。

在愛德索日的前一天九月三日，愛德索車系各款新車的價格宣布；以紐約市交貨的愛德索爲例，價格從略低於兩千八百美元到略高於四千一百美元不等。在愛德索日當天，愛德索新車抵達，在樂隊的前導下，一支由愛德索新車組成、閃閃發光的車隊，緩緩地行經麻省劍橋的麻薩諸塞大道（Massachusetts Avenue, Cambridge）；杜爾還讓一家熱情如火的代理商雇了一架直升機，從加州里奇蒙（Richmond）出發，在舊金山灣（San Francisco Bay）上空放出巨幅愛德索標誌。此外，儘管華諾克的火箭計劃碰壁，全美各地從路易斯安那州的小溪、瑞尼爾山（Mount Rainier）之巔，到緬因州的森林，只要有收音機或電視的人，都不可能不知道愛德索已經來了。

在愛德索日當天，全美各地的報紙同步刊登了一則廣告，爲這一天的廣告宣傳定調。廣告主角除了一輛愛德索車以外，還有兩個人，一是福特公司總裁亨利．福特二世，一是公司的董事會主席布里奇。在這則廣告中，福特二世像是一位有尊嚴的年輕父親，布里奇則狀似一位有尊嚴的紳士，手中還握了一副滿堂紅（full house）的好牌，與可能買「順」的對手相抗，那輛愛德索就像一輛愛德索一樣。廣告文案寫道：福特公司之所以決定生產這輛車，就是「基於我們對於你的了解、猜測、感覺、相信與懷疑」，還說「你就是愛德索存在的主要原因。」整則廣告的基調平靜而充滿自信，手中有一副滿堂紅的好牌，自是勝券在握。

那天日落以前，據估全美各地有二八五萬人在代理商展示間參觀了新車。三天以後，一輛愛德索新車在北費城失竊。當時有人說，這起事件證明愛德索的熱力果然難當。此話雖不無道理，但僅僅幾個月以後，大概只有完全不計較好壞、什麼車都偷的偷車賊，才會對愛德索下手了。

精緻的車體設計，強大的馬力性能

愛德索車系最獨特的實體特徵，當然就是它車頭的引擎冷卻器柵欄。當時，所有其他十九種美國車系採用的冷卻器柵欄形式，都屬寬廣而水平，唯有愛德索採用瘦長、垂直的冷卻器柵欄。這種鉻板鋼合金材質、形狀有些像蛋一樣的柵欄，位在車頭前沿正中央，有鋁質「愛德索」五個英文字母從頂部一直垂到底部。設計本意原想展現二、三十年前汽車與大多數當代歐洲車車頭風貌，從而帶來一種經驗老到又精密、美觀的感覺。但問題是，古董車與歐系車的車頭既高又窄，冷卻器柵欄幾乎占盡全部的車頭空間，愛德索卻與其他美系競爭對手一樣，車頭既寬又低，結果冷卻器柵欄兩邊有很大的兩片空間，必須找點什麼來塡補，而愛德索的對策，就是加上兩個完全傳統的水平鉻質護欄。如此所造成的效果，就像一輛前端加上一支穿箭一樣的奧斯摩比，或者以較爲形而上的說法來說，就像侍女在試戴公爵夫人的項鍊一樣；造型師故作精緻的用意表露無遺。

或許有人說，愛德索的冷卻器柵欄以坦誠取勝，但果眞如此，則愛德索的車尾又是一個問題。愛德索的車尾造型，也與當時的傳統設計大不相同，它沒有當時流行的那種誇張的垂直尾翼。看在想像力豐富的人眼中，它的車尾彷彿是兩片羽翼，但看在那些欠缺妙想的人眼中，它更像是眉毛。行李箱蓋與後保險槓的線條朝上、向外伸展，確實像海鷗展翅，但兩盞部分位在行李箱蓋、部分位在後保險槓上、又長又窄的尾燈，把這個好形象給徹底破壞掉了。這兩盞沿著行李箱蓋與後保險槓線條設計的尾燈，在夜間看起來特別像是一張斜著眼、張著嘴的笑臉。從前面看，愛德索似乎極力討好，甚至不惜裝出一副小丑模樣；從後面看，它卻透著狡猾、自鳴得意、高人一等，或許還帶有一些批判與輕蔑的意涵。那就好像是，它的個性在從冷卻器柵欄到車尾保險槓之間的某個地方，出現了一種邪惡的變化似的。

就其他方面而言，愛德索的外型與一般汽車並無多大不同。它用於車身兩側的鉻飾比一般汽車的較少，比較特別的就是從後保險槓往前伸展約半個車身，有一條子彈型凹槽。沿著這條凹槽在半途處，用鉻質字母排了一個英文單字：「愛德索」。而且就在後車窗下方，有一塊彷彿柵欄一樣的裝飾，上面寫著一行英文字母：「愛德索」。（造型師布朗不是說他要創造的，是一種「一望可知」的車嗎？）在內裝上，真正卯足了勁、讓總經理克拉菲「按鈕時代典範」的預言沒有成空。雖說純以所謂的中價位車按鈕時代典範而言，克拉菲這句預言未免失之草率；不過，愛德索的設計人員確實搞出了一堆按鈕，數量之多，縱非史無前例，也屬非常罕見，則是不爭之實。

在愛德索的儀表板上或儀表板附近，有一個可以打開行李箱車蓋的按鈕；一根可以打開引擎蓋的手桿；一根可以解除停車煞車的手桿；一個速度顯示器，在車速超過駕駛人選定的最高時速時就會發出紅光；一個只須一撥就能調節冷暖氣的溫度控制器；一個極端拉風、媲美賽車的轉速器；還有幾個操作、調節光線，與調整收音機天線高度的按鈕；暖氣吹風的按鈕；擋風玻璃雨刮的按鈕，還有點菸器等。儀表板上還有一排八個紅燈，會在引擎運轉過熱、運轉不夠熱、發電器壞了需要送修、煞車還沒有解除、車門沒有關好、油壓太低、機油需要添加、汽油快要耗盡時發出閃光示警。駕駛人如果疑心，還可以檢視裝在幾吋之外的燃油表，查看還剩下多少油。自動變速箱搶眼地設在駕駛盤正中央，上面有五個非常靈敏、輕輕一碰就能發揮功能的按鈕。愛德索的人每每在向顧客示範時，總會忍不住用一根牙籤壓下按鈕，證明這些變速裝置的靈敏。

在愛德索車系四大車型中，兩款較大也較貴的車款——海盜船與褒揚——都有二一九吋長，較奧斯摩比最大型的車款還要長兩吋；都有八〇吋寬，寬度居所有小客車之冠；但是，這兩個車型都只有五七吋高，是最矮的中價位汽車。另外兩款較小型的愛德索——騎兵與領跑員——長度少了六吋，寬度少了一吋，高度也比海盜船與褒揚矮一吋。海盜船與褒揚裝備三四五匹馬力引擎，比它們上市時市面其他任何美國車的馬力都強；騎兵與領跑員裝備三〇三匹馬力引擎，在同級車中幾乎沒有敵手。只要用一根牙籤在「開車」(Drive)鈕上輕輕一按，只要操作適當，一輛原本靜止的海盜船或褒揚（重量都超過兩噸），可以在一〇．三秒間瞬間加速到一分鐘一哩的高速，並在一七．五秒衝到四分之一哩外。當牙籤觸及按鈕時，如果有人或有個什麼東西擋在它的前進路上，後果將不堪設想。

各方評價好壞參半

當布幕從愛德索車體上揭開時，它獲得的新聞界反應，是劇院界所謂的好壞參半。報紙的汽車版編輯大多只是一五一十地介紹它的性能，偶爾也會出現一、兩句讚美，但也有點語焉不詳。舉例來說，《紐約時報》記者喬瑟夫・英格拉漢（Joseph C. Ingraham）就說新車的「造型不同很壯觀」，但有些則讚譽有加，如《底特律自由報》的福雷德・歐姆斯泰德（Fred Olmstead），就說它「是帥氣、勇猛的新星」。雜誌的車評大體上比較詳細，有時也不免更加嚴厲。舉例來說，全美發行量最大的一般汽車——有別於專業改裝車——月刊《汽車潮流》（*Motor Trend*），便在一九五七年十月號中，以八頁篇幅刊出它的底特律編輯喬・惠利（Joe H. Wherry）寫的一篇對愛德索的分析與批判。惠利喜歡愛德索的外觀、舒適的內裝，以及它那些精巧的小裝置，但他不一定都會將理由說得清楚明白。他喜歡駕駛桿上那些變速按鈕，理由是「你不必將目光移開道路，就連短短一瞬都不需要。」他承認，如果能用「更多……獨特的做法，還有太多機會可以發掘」，但他最後以一連三個讚美詞，爲這篇分析下了一句總結：「愛德索的性能很好，乘坐起來很舒適，開起來很順暢。」

至於《機械畫刊》（*Mechanix Illustrated*）的湯姆・麥卡西爾（Tom McCahill）則喜歡愛德索，

更暱稱它是「裝弩箭的袋子」（bolt bag）。不過，他對愛德索也有一點保留，頗能說出一些車評人對愛德索的看法：「在有凸紋的水泥地面，每當我將油門一腳快速踩到底，車輪就像攪拌器一樣狂轉……高速行駛時，特別是在急轉彎時，我發現這輛車的懸吊系統太顛……讓我不禁想到，如果這條大香腸抓地性也夠強，不知還能做出多少好事來呢！」

但在愛德索露面之初那幾個月，對愛德索最不客氣、非常可能也是最具殺傷力的批判，來自消費者聯盟（Consumers Union）的月刊《消費者報告》（*Consumer Reports*）一九五八年一月號的一篇報導。這家雜誌有八十萬的訂戶，其中愛德索的潛在買家很可能比翻閱《汽車潮流》或《機械畫刊》的人都多。《消費者報告》在對一輛海盜船進行一連串的路試以後表示：

> 與其他品牌相比，愛德索並不具備重要的基本優勢。就結構而言，這輛車幾乎完全不脫傳統。……這部海盜船在崎嶇路面行駛時，車身會不住顫動，不用多久時間就能聽到機件吱吱作響，而且吵雜聲還大得讓人難以忍受。……這輛海盜船的操縱品質反應遲緩，方向盤轉得太慢，轉彎時讓人隨著轉勢倒向一邊，還有一種彷彿離地而起的感覺——說得婉轉一些，也只能說它沒有什麼與眾不同。簡單的事實就是，再加上這部車動輒抖得像果凍一樣，愛德索的工藝事實上是一種倒退，而不是進步。……在塞車的時候踩油門，或是爲了超車，或只爲了感受那種馬力暴增的樂

> 趣，都會讓那些大型氣缸大耗汽油。……根據消費者聯盟的看法，方向盤中央並非裝按鈕的好位置。……爲了看清那些按鈕，愛德索的駕駛人必須將目光移開路面，看他們的方向盤（這話可以跟惠利對一下。）有本雜誌在封面上形容愛德索「滿載豪華」，當然，那些以爲裝一堆小玩意兒就是豪華的人，是會喜歡這部車的。

三個月之後，《消費者報告》在對一九五八年所有車款進行的一項全面評估中，再次對愛德索開炮，說它「與同價位其他任何一款車相比，馬力最是大而無當……做擺飾的小玩意兒最多，昂貴的周邊裝置也最多」，報告還將海盜船與褒揚兩款車的排名墊底。像克拉菲一樣，《消費者報告》也將愛德索視爲時代典範，但與克拉菲不同的是，《消費者報告》在報告結論中說，底特律製造商正用各種累贅與多餘來「趕走愈來愈多的潛在購車人」，而愛德索似乎是「這許多累贅的典範」。

但就另一方面而言，愛德索其實沒有那麼糟。它是它那個時代的代表——至少它代表一九五五年初設計工作展開時，那段時間的時代精神。它笨重，馬力強大，不夠時髦，不夠流暢，就像抽象表現主義的靈魂人物荷裔畫家威廉·德·庫寧（Willem de Kooning）筆下的婦人一樣。問題是，除了博達大橋的員工，因爲領人薪水、替人辦事以外，能適度頌揚它的優點、讓那些苦惱不堪的車主們寬心的人實在不多。此外，儘管愛德索的線條造型備遭詆毀，雪佛蘭、別克等競爭對手的幾種車款，以及福特車，後來都曾至少模仿愛德索的一種線條——即車尾水平翼展主題——來推出新款。

眞正的敗筆是：產品問題太多

愛德索毫無疑問是搞砸了，但如果說它搞砸就是因爲設計不佳，這就像是說它搞砸是因爲過度重視民調研究資料一樣，犯了過於簡單化的錯誤。事實是，愛德索簡短而不快的商業生命，是因爲一些因素而以慘敗收場。其中一項因素說來令人難以置信，那就是第一批出廠的愛德索，也就是顯然會受到睽睽眾目檢視的那幾輛愛德索，毛病竟多得出奇。福特公司透過初步的宣傳與廣告，在社會上營造一種對愛德索車無比的興趣，讓大家都期待它的問世，而愛德索吸引的目光之多，也因此堪稱前無古人。但儘管人氣炒得如此轟轟烈烈，新車眞正上市以後，卻似乎不怎麼樣。上市後不到幾週，它的毛病已成爲美國各地的熱門話題。交到客戶手上的愛德索新車已經毛病叢生：漏油；引擎蓋黏手；行李箱打不開；按鈕不但不能用牙籤按動，甚至拿鎚子猛鎚都鎚不動。一名顯然抓狂了的男子，步履蹣跚地走進哈德遜河（Hudson River）邊一間酒吧，二話不說先要了一杯雙份威士忌一飲而盡，然後說，他的愛德索新車的儀表板竟然冒出火燄。

《汽車新聞》報導，就整體而言，最早上市的幾批愛德索新車，普遍塗裝品質不佳、金屬板材質拙劣、配件也有瑕疵。報導中還說，一位代理商對他接到的一輛愛德索敞篷車抱怨不已，說這輛車「車頂架設得很爛，車門歪歪斜斜，門框上的橫梁角度不對，前彈簧壓陷。」也是福特汽車公司霉運當頭，竟把一輛驅動軸減速比有誤、冷卻系統膨脹塞爆裂、動力轉向泵漏油、後驅動軸齒輪作響，還有在「關」暖氣的時候，暖氣口會噴出陣陣熱風的愛德索給賣到消費者聯盟的手中——消費者聯盟爲了防止廠商將經過特別修整的車交給它測試，會在公開市場購買它要測試的車。愛德索部門一名前主管曾經估計，第一批愛德索新車，只有半數表現眞正正常。

圈外人一定感到匪夷所思，像福特這樣權高勢大、成就輝煌的公司，怎麼可能玩出好萊塢「喜劇之王」麥克．塞納特（Mack Sennett）那套喜劇手法，先把事情鬧得轟轟烈烈，卻又把它搞得一敗塗地？疲態畢露的克拉菲坦然指出，一家公司在推出新車款時，就算只是舊款翻新，第一批出廠的車也往往有許多問題。另有一項更驚人的理論說——但只是理論而已——愛德索遭到破壞；裝配愛德索的四個車廠，有三個原先是、而且現在仍是福特車與水星車的裝配廠。在推廣愛德索的過程中，福特公司採取通用汽車行之有年的一套辦法：多年來，通用一直不設任何限制地允許旗下奧斯摩比、別克、龐蒂雅克與升級版雪佛蘭車的車廠與銷售人員競爭客戶，而且成績斐然。面對這種內部競爭，福特公司旗下的福特部門與林肯—水星部門的一些員工，在一開始就公開詛咒愛德索，希望愛德索失敗。

雖然克拉菲了解這種情勢，並曾爲此建議愛德索在自己的車廠組裝，但他的建議遭到上司拒絕。不過，身爲汽車界老將、同時也是克拉菲手下第二號人物的杜爾，對愛德索遭車廠自家人暗下毒手的說法不以爲然。他說：「福特與林肯—水星部門的人，當然不希望公司再推新車。但是就我所知，在主管與車廠的層級上都是君子之爭。不過，在另一方面，在分銷與代理商這個層級上，出現了一些相互攻訐的耳語與流言倒也是事實。如果我身在其他部門，也很可能這麼做。」老一輩敗軍之將像他這樣直言無諱的，倒也並不多見。

由於愛德索之前的人氣炒得實在太旺，儘管從裝配線上源源推出的，是許多吱吱作響、無法發動的問題車，動不動就散架化爲一堆亮晶晶的垃圾，但事情在一開始時進展得不算壞。杜爾說，在愛德索日當天，下單購買或實際已交到顧客手上的愛德索有六千五百多輛。這是個好徵兆，但當天也出現一些不買帳的孤立事件。比方說，有一家新英格蘭代理商在他的兩個展示間分別展示愛德索與別克，兩名顧客先走進展示愛德索的那個展示間，只看了一眼，當場就訂了別克車。

之後幾天，銷售量開始重挫，但在上市第一天的熱潮過後，業績下滑本也是意料中的事。車廠運交代理商的汽車數量——汽車買賣的重要指標——一般以十天爲期登錄，在那年九月的第一個十天，只在其中六天有售的愛德索賣了四〇九五輛；這比杜爾對第一天業績所做的評估數字低，因爲在第一個十天，許多買家要的車型與顏色組合沒有現貨，必須要工廠現做。第二個十天的交車總量，比第一個十天略少了一些，而第三個十天的交車量，則跌到不滿三六〇〇輛。在十月的第一個十天中，有九天是交易日，結果只交了二七五一輛車——平均起來，一天只交了比三百輛略多一點的車。如果福特公司想從愛德索獲利，一年必須賣出二十萬輛，也就是每個交易日平均得賣出六、七百輛愛德索，而這與每天三百輛的數字差了一大截。十月十三日週日晚上，福特搶在綜藝節目《蘇利文劇場》（*The Ed Sullivan show*）即將開播的電視黃金檔，找來天王巨星平·克勞斯貝（Bing Crosby）與法蘭克·辛納屈（Frank Sinatra）代言，花了四十萬美元推出一支愛德索的新廣告，結果仍未能對業績造成多大的提升效果。情況很明顯了：事情進展得一點也不好。

潰不成軍，淪為養子

至於敗象究竟到什麼時候才全面暴露這個問題，愛德索部門的幾位前主管意見各不相同。克拉菲認為，敗象直到十月底才逐漸呈現。咬著菸斗、以愛德索半官方軍師自居的華里斯更是篤定地說，那年十月四日發生的事件，就注定了愛德索失敗的命運：蘇聯在這天將人造衛星史普尼克（sputnik）送進軌道，既粉碎了美國的科技霸主之夢，也讓美國民眾對底特律推出的時髦貨心生反感。公關總監華諾克認為，他早在九月中旬就已察覺大事不好了。但杜爾則一口咬定直到十一月中旬，他仍然相信事情大有可為。到十一月中旬，愛德索部門裡面大概除了杜爾以外，每個人都相信只有奇蹟出現，才能救得了愛德索。

華里斯以一種社會學家的口吻說：「到了十一月，恐慌與隨之而來的暴民行動出現了。」所謂的「暴民行動」指的是，大家開始把一切責任歸咎於設計不佳；原本對冷卻器柵欄與車尾設計讚不絕口的愛德索同事，現在說就連傻瓜都能看得出這種設計的荒唐可笑。最倒霉的是布朗，一九五五年八月因設計愛德索而人氣直沖雲霄的他，儘管之後什麼壞事也沒做，卻已被打入十八層地獄當中，成爲公司的代罪羔羊。華里斯說：「從十一月起，已經沒人願意跟布朗講話。」到十一月二十七日，彷彿還嫌事情不夠糟一樣，曼哈頓地區唯一一家愛德索代理商查爾斯．克雷斯勒宣布倒戈，說由於銷售業績不佳，他決定切斷與愛德索的加盟關係。據說，克雷斯勒在宣布這項決定的時候，還加了一句：「福特汽車擺了個大烏龍。」之後，克雷斯勒與美國汽車公司（American Motors）簽約，代理藍布爾。藍布爾是當時美國內需市場唯一美製小型車，業績已經一飛衝天。杜爾在評論這件事時沉著一張臉說，愛德索部門「不關心」克雷斯勒的叛離。

到十二月，愛德索的恐慌漸趨平息，幾位主事者開始打點精神，想辦法重振銷路。亨利．福特二世親自出馬，透過閉路電視呼籲代理商要保持冷靜，保證福特會竭盡全力支持他們，並且斬釘截鐵地說：「愛德索不會撤。」福特還寄出一五〇萬封有克拉菲署名的信，給全美各地中價位車的車主，邀請他們到住處附近的愛德索代理商試車，並且保證這麼做的人無論後來買不買車，都會獲得福特贈送的一輛八吋塑製愛德索模型。模型車的成本由愛德索部門買單——這顯示事態果然已經非常嚴重，因爲在正常的情況下，車廠根本不會爲了替代理商找業績而採取任何行動（在之前，根據慣例，一切零售促銷費用都是由代理商支付。）愛德索部門還爲代理商提供所謂的「銷售紅利」，也就是說，代理商有權將車價調降一百到三百美元，而且仍能照原價抽成獲利。

克拉菲告訴一名記者，當時的銷售業績儘管比他原本希望的差，但也在他的預期之中。克拉菲雖極力掩飾憂慮，但正因爲這樣，出口的話倒像是說他早已知道愛德索將失敗一樣。原本刻意追求尊榮的愛德索廣告宣傳，現在也發出了刺耳的鳴聲，出現在某家雜誌的廣告文案說：「看過它的人，每個人都知道——與我們爲伴——愛德索是一項成功。」在之後出現的廣告中，這廣告文案像唸經一樣兩度重複：「愛德索是一項成功。它是美國道路上的一個新理念——是你的理念……愛德索是一項成功。」沒多久，尊嚴色彩更淡、更強調價格與社會地位主題的廣告也出現了：「當您駕駛著一輛愛德索時，您的駕到讓衆人皆知」，「這輛眞正全新的車，也是價位最低的車！」在麥迪遜大道狹窄的廣告圈中，一般認爲，只有在迫於商務必要、不得不放棄藝術品味的情況下，廣告人才會使用這種以煽情爲訴求的廣告詞。

愛德索部門在十二月不惜血本地採取了許多瘋狂的措施，造成一個小小成果：它終於能夠發表財報說，一九五八年第一個十天期的業績，比一九五七年最後一個十天期成長了一

八．六％。問題是，誠如《華爾街日報》（*The Wall Street Journal*）所說，這一九五八年的十天比一九五七年的十天多了一個銷售天，所以實際上算起來，銷售業績根本沒有任何長進。無論怎麼說，一九五八年一月初這次虛有其表的「捷報」，也是愛德索部門最後的表態。一月十四日，福特汽車公司便宣布，將愛德索部門與林肯—水星部門合併，由原本一直是林肯—水星部門負責人的詹姆斯．南斯（James J. Nance）擔任新部門的負責人。自通用汽車在大蕭條時代合併別克、奧斯摩比與龐蒂雅克以來，這是大型汽車公司將三個部門合而爲一的第一次。對於遭到公司一筆抹消的愛德索部門員工而言，福特汽車此舉的意義至爲明顯。杜爾說：「面對部門裡面這麼激烈的競爭，愛德索一點前途也沒有。它已經淪爲一個養子。」

苟延殘喘的最後時光

在愛德索最後一年又十個月的壽命裡，它差不多就是一個養子，幾乎沒有人理睬、幾乎沒有廣告，它之所以還存在，只因爲公司還想粉飾太平，不想讓這個愚蠢的錯誤搞得天下皆知，或許哪天奇蹟出現，它還有一線生機也未可知。在偶爾爲它打出的一、兩支廣告中，福特公司會向汽車業界提出一些不切實際的保證，說愛德索的情況一切良好。那年的二月中旬，南斯在《汽車新聞》的一則廣告中說：

自福特汽車公司新的 M-E-L 部門（水星—愛德索—林肯部門）組成以來，我們分析愛德索的銷售業績，對它取得的進展非常欣喜。在它問世以來五個月的期間，愛德索的銷售業績，比出現在美國道路上其他任何一款新車頭五個月的業績都強。……愛德索的穩定進展，讓我們每個人都很滿足，都感到欣慰。

但南斯的這番比較幾乎也沒有意義，因爲從沒有一款新車上世的陣仗像愛德索這樣堂皇。南斯這番信心喊話予人的感覺，也只是言之無物而已。

語意學者早川一會一九五八年春季在《ETC：語意學綜論》（*ETC: A Review of General Semantics*）季刊上，以〈愛德索爲什麼搞砸〉（"Why the Edsel Laid an Egg"）爲題發表了一篇論文；南斯很可能沒讀過這篇論文。身爲《ETC》季刊創辦人與總編輯的早川博士，在論文前言中指出，他將這個主題納入語意學的範疇來進行討論，是因爲像文字一樣，汽車也是「美國文化……重要象徵。」他認爲，愛德索之所以失敗，是因爲福特公司的高級主管一直「聽信動機研究學者的理論，而且聽信得太久」，他們只想生產一輛能滿足顧客性幻想與其他奇想的車，卻沒有提供合理而實用的運輸工具，從而疏忽了「現實原則」。

早川毫不含糊地告誡底特律：「動機研究學者沒有告訴客戶的是……只有精神失常與極端神經質的人，才會想辦法實現他們那些不理性、讓他們獲得補償的幻想。」然後接著說：「用愛德索這麼昂貴的……兩性集合體……販賣象徵性的滿足，有一個問題……就是其他比它便宜許多的東西，例如一本只賣〇．五美元的《花花公子》（*Playboy*）、一本只賣〇．三五美元的《令人驚奇的科幻小說》（*Astounding Science Fiction*），還有不用額外再花錢的電視會與它競爭，因為它們同樣也能為人帶來象徵性滿足。」

儘管面對來自《花花公子》的競爭，也或許追求象徵性滿足的社會大眾有能力既買《花花公子》也買愛德索，愛德索仍在運轉，只不過是在苟延殘喘罷了。誠如一些銷售員所說，愛德索新車還是不斷出廠，但情況絕對談不上什麼「一根牙籤」那麼順暢。事實上，根據它在身為養子時、以及它在身為天之驕子那段時間的業績判斷，所有這些大吹大擂，無論是象徵性滿足也好，或是單純的馬力也罷，都沒有多大影響。一九五八年在美國各州向機動車輛管理局登記的愛德索新車，共有三四四八一輛。這個數字比任何競爭對手車系的新車登記數量都少了許多，與愛德索一年必須賣二十萬輛才能獲利的原定目標相比，更是連五分之一都還達不到。但是算起來，這三萬多輛新車仍然賣了一億多美元。

在愛德索第二年新款於一九五八年十一月推出時，情況事實上還出現轉機。這部新款愛德索比原款短了八吋，重量輕了五百磅，引擎馬力最多減少一五八匹，價格也較原款便宜了五百到八百美元。垂直冷卻器柵欄與斜著眼的車尾造型仍然維持原樣，但馬力適中與車身比例勻稱，終於為它迎來了《消費者報告》的好評：「繼去年讓原版愛德索車鬧得灰頭土臉之後，福特汽車今年終於推出可敬、甚至討喜的愛德索新款。」許多汽車族似乎也同意這個說法；一九五九年上半年售出的新款愛德索，比一九五八年同期多了兩千輛，到一九五九年初夏，新款愛德索出廠的速度維持在每個月約四千輛左右。事情終於有了進展，銷售業績幾乎已經達到獲利最低標準的四分之一，比之前不到五分之一強多了。

一九五九年七月一日，奔馳在美國道路上的愛德索有八萬三八四九輛。其中賣得最多的州是加州（八三四四輛），但這並不能證明什麼，因爲幾乎所有的車款在加州都賣得最多；而賣得最少的州是阿拉斯加、佛蒙特與夏威夷（分別只賣出一二二、一一九與一一〇輛）。總結起來，愛德索似乎爲自己創造了一個古怪逗趣的利基市場。雖然福特公司仍然把股東的錢一週一週不斷地投入愛德索，但小型車當道的大勢已經成形，再怎麼做似乎也只是枉然。無論怎麼說，福特仍然在外圍押了一注，在一九五九年十月中旬推出第三波愛德索系列。這第三波一九六〇年版的愛德索系列，在福特推出「獵鷹」（Falcon）之後一個月多一點時推出；獵鷹是福特進軍小型車市場的開路先鋒，而且一上市就立刻取得成功。這波新款的愛德索看起來一點也不像愛德索，垂直冷卻器柵欄與水平車尾造型都不見了，剩下來的看起來有點像一輛福特費爾蓮（Fairlane），又有幾分龐蒂雅克的味道。

這波新款的愛德索，初步的銷售業績慘不忍睹。到那年的十一月中旬，只有一個廠——肯德基州路易維爾的福特廠——仍在繼續生產愛德索，而且每天只生產約二十輛。十一月十九日，擁有福特汽車公司大量持股的福特基金會（Ford Foundation），爲了出售部分在福特的持股，根據法律規定發表賣股計劃書，該計劃書在說明公司產品項目下附了一條注釋，說愛德索「在一九五七年九月上市，在一九五九年十一月已經停產。」福特公司發言人當天證實了這條說得不清不楚的訊息，而且還加注了一些同樣不清不楚的說明：「我們若是知道大家爲什麼不肯買愛德索，或許早就會採取一些行動了。」

最後的數量紀錄顯示，從上市第一天到一九五九年十一月十九日爲止，共有十一萬〇八一〇輛愛德索出廠，賣了一萬九四六六輛——其餘的一三四四輛，幾乎大多是一九六〇年的新版愛德索，經過一輪削價大拍賣，很快就全部出清。由於一九六〇年的新版愛德索，總共只生產二八四六輛，使它成爲潛在的收藏家珍品。可以確定的是，一九六〇年的新版愛德索，想像布加迪威龍四十一型（Type 41 Bugatti）那樣成爲稀世珍品，至少得等幾代以後再說了。布加迪威龍四十一型在一九二〇年代末期出廠，總共只生產不到十一輛，而且只賣給眞正的國王。一九六〇年的新版愛德索稀少的原因，無論就社會或商業角度而言雖說都沒有那麼堂皇，但一九六〇年版的愛德索車友俱樂部有天仍有可能問世。

愛德索的這場慘敗，究竟爲福特公司帶來多少虧損，或許永遠無法得知，因爲福特公司在公開的財報中不納入個別部門的盈虧細目。不過，有些金融專家估計，在愛德索上市以後，福特的虧損額約在兩億美元左右；加上福特正式宣布的兩億五千萬美元先期開支，再減去爲生產愛德索而做的約一億美元廠房與設備投資（這些廠房與設備可以轉用於其他地方），福特因愛德索而招致的淨虧損爲三億五千萬美元。如果這項估計正確的話，福特公司每生產一輛愛德索，就要虧損約三千兩百美元，相當於又一輛愛德索的售價。用較刻薄的話來說，若能將時光拉回一九五五年，如果福特當時決定根本不生產愛德索，而且免費送出價位差不多的十一萬〇八一〇輛水星車，結果還更省錢。

媒體的訃聞報導與四子的敗北宣言

愛德索的落幕，在新聞界引來一波後見之明的大鳴大放。《時代》雜誌說：「愛德索是選在錯誤時間，在錯誤市場投入錯誤產品的經典案例。而且所謂『深度訪問』與『動機調查』等市場研究，儘管說得天花亂墜，效果畢竟有限，愛德索這個案例就是大好證據。」在愛德索鞠躬下台前不久，還一本正經替愛德索說項，顯然支持愛德索的《商業周刊》，這時也說愛德索是「一場惡夢」，還爲華里斯的研究加上幾條罪狀。於是，華里斯的研究跟布朗的設計一樣，成爲愛德索失敗的兩大代罪羔羊。（一下子支持動機研究，一下子又反對這項研究，自然讓人看得眼花瞭亂。而且過去如此，現在也一樣。但當然，若說這項研究主導、甚至影響到愛德索的設計，此說法完全不確。因爲華里斯進行這項研究，爲的只是替廣告與促銷提供一個主題而已，他在布朗的設計完成以後才展開這項研究。）《華爾街日報》爲愛德索寫的訃聞，立論似乎較公正，也無疑更有創見。

大公司經常被控在市場做手腳，操控價格，還有想方設法牽著消費者的鼻子走。福特汽車公司昨天宣布，它持續兩年的愛德索中價位車實驗，由於找不到買家，已經結束……這一切與車廠能夠操控市場、能夠迫使消費者就範，要消費者買什麼消費者就會買什麼的說法大相逕庭。……理由很簡單，因爲品味是說不準的。……談到迫使就範這件事，消費者才是無敵的獨裁者。

這篇評論語氣友善，對福特甚表同情；看來，福特扮演美國情境喜劇中「笨手笨腳老爹」（Daddy the Bungler）的角色，已經贏得《華爾街日報》的友情相挺。

至於前愛德索主管在事過境遷之後，對這場慘敗的解釋，非常具有自省意味——就好像拳師在競技場上遭對手擊倒在地，好不容易睜開眼睛，卻發現拳賽司儀把一支麥克風塞到他嘴前、要他談談「敗後感言」一樣。事實上，克拉菲確實也像許多被打趴在地的拳師一樣，認爲自己敗在時運不濟；他說，如果他能夠避開底特律那顯然無法改變的機制與經濟，能搶在股市與中價位車市正夯的一九五五年、甚或在一九五六年推出愛德索的話，這款車應該會賣得很好。換言之，如果能夠看到對手猛拳來襲，他會躲閃。許多圈外人認爲，愛德索之所以失敗，一個主要原因是「愛德索」這個名字取得太爛，要是當初能夠給它一個比較上口、比較好記，甚至只叫它「愛德」（Ed）或「愛迪」（Eddie），只要沒那麼給人朝代世襲的聯想，車子都會好賣得多。但克拉菲不以爲然，他仍然堅持，直到現在，他仍然看不出愛德索這名字對這款車的命運有任何影響。

布朗也同意克拉菲的見解，認爲選錯時機是他們犯的一項大錯。他事後說：「坦白說，我眞的認爲這車的造型，與它的失敗無關。就算有，也微乎其微。就像其他任何一項爲未來市場而計劃的專案一樣，愛德索專案也是根據決策時能蒐集到的最佳資訊訂定的。我們力求完美，卻鋪了通往地獄之路。」他的坦誠，想來也不會招致多少異議。

天生具有銷售員對顧客那種濃密個人感情的杜爾，談起這件事就像遭到友人背叛的人一樣，而這名友人就是美國民衆。他說：「這是一次買家攻勢。民衆不想買愛德索。但爲什麼不想買，實在讓我費解。我們汽車業界根據他們持之多年的購買偏好，爲他們量身打造了這樣的車，把車交給他們，他們不要。我覺得他們不能這樣的。你不能就這樣，某天心血來潮跑到一個人身旁把他叫醒，對他說：『夠了！你跑錯方向了。』我眞是不解，他們怎麼會這麼做？老天，我們業界辛苦工作了許多年，去掉變速排檔，提升內裝舒適，還提供額外的緊急備用功能！但現在大家要的是這些小小的金龜車。我一點也不懂！」

華里斯的蘇聯衛星理論，不僅爲杜爾這個民衆爲何不買單的問題作了答，還以相當誇張的手法印證了他自己身爲半個策略軍師的形象。同時，它也爲華里斯帶來足夠理由，讓他爲他的動機研究辯解。他說：「第一枚人造衛星進入地球軌道的事件，對我們大家造成的心理效應之深，我不認爲我們已經完全了解。有人在科技戰場上把我們打得大敗虧輪，於是立刻有人開始寫文章，說底特律的產品有多拙劣，特別是濃妝豔抹、代表身分地位的中價位車，尤其成爲衆矢之的。在一九五八年，在除了藍布爾沒有其他對手的情況下，雪佛蘭只因爲最不花俏，幾乎獨霸小型車市場。美國民衆爲自己定下了撙節計劃，不買愛德索是他們加在自己身上的懲罰。」

後來的發展

不賺錢就淘汰是二十世紀美國產業的現實，任何歷經這種殘酷現實的人，見到華里斯在經過這場慘重挫敗之後，竟然還能夠咬著菸斗，一邊吞雲吐霧一邊這麼高談闊論，一定嘖嘖稱奇。很顯然，愛德索的故事談的是一家巨型汽車公司的挫敗，但同樣令人稱奇的是，這家巨型公司並沒有因此土崩瓦解，或甚至受到任何嚴重的影響，大多數與愛德索有關的主管也都安然無恙。這主要是由於它的另外幾款車大賣，包括福特、雷鳥（Thunderbird），以及之後的小型車獵鷹與彗星（Comet），還有再之後的野馬（Mustang）——就投資角度而言，福特公司活得好好的。沒錯，該公司在一九五八年確曾歷經慘澹，部分由於愛德索拖累，每股淨利從五．四○美元跌到二．一二美元，每股股息從二．四○美元降到二．○美元，股價也從一九五七年約六○美元的高峰，跌到一九五八年不到四○美元的低點。不過，這所有的虧損到一九五九年，全部連本帶利追了回來。在一九五九年，該公司的每股淨利增加到八．二四美元，股息來到每股二．八○美元，股價也漲到約九○美元的高峰。到一九六○年與一九六一年，生意更加興旺。所以說，在一九五七年持有福特股票的二十八萬名投資人，除非在事情搞得最糟的那段期間拋售手中持股，應該都有進帳。另一方面，有六千名白領員工因爲水星—愛德索—林肯部門的合併而失業，福特公司的年均員工總數，也從一九五七年的十九萬一七五九人，減少到翌年的十四萬二○七六人，到一九五九年雖有增補，但也只有十五萬九五四一人。

當然，放棄原本獲利的加盟生意，轉而代理愛德索並因此破產的代理商，對這個經驗不會很開心。根據林肯—水星與愛德索部門的合併規定，這三大車系的大部分相關機構也合併了。在合併的過程中，有幾家愛德索的代理商遭到淘汰出局。之後，當福特公司終於宣布愛德索停產時，同意將代理商當初簽約時支付的愛德索車招牌費退還一半，並且同意以幾近全額的價格，回收代理商在停產時仍未出清的愛德索車。那些因此破產的代理商在聽到這個消息以後，或許稍稍尋回一些快慰吧！一些像邁阿密酒店業者一樣，靠薄利苟延殘喘的汽車代理商，即使代理的是最暢銷的汽車，也不時傳出破產的悲劇。不過，在波濤洶湧、而且往往未能獲得底特律關愛的代理商世界，當然也有一些代理商得以倖存。這些代理商有許多承認，福特汽車公司一旦認定事情沒有轉圜，便會竭盡所能支援那些與愛德索同進退的代理商。全美汽車經銷商協會（National Automobile Dealers Associaton）一名發言人也因此說：「根據我們所知，愛德索的代理商一般而言，對他們獲得的待遇都感到滿意。」

博達大橋也因爲愛德索一案而虧了一大筆。爲了替愛德索宣傳，它特別聘了六十名生力軍，還在底特律開了一間豪華、時髦的辦公室，這一切所費不貲，超過它所獲得的廣告費用。不過，它失之東隅，收之桑榆：自愛德索停產的那一刻起，福特便聘它代理林肯的廣告，儘管這項安排並未持續多久，博達大橋陸續又得到通用食品（General Foods）、李佛兄弟公司（Lever Brothers）與環球航空公司（Trans World Airways）這類新客戶。在一九五九年過後多年，芝加哥博達大橋的員工專用停車場上仍然停著許多部愛德索，這種對前客戶展現的忠誠，令人很是感動。這些死忠的愛德索駕駛人並不孤單，或許有些愛德索車主沒能找到實現美夢之道，或許有些愛德索車主有一陣子必須應付可怕的機械故障，但他們之中有許多人直到十幾年以後，仍然像對待邦聯發行的鈔票一樣，將他們的愛德索車珍而重之地收藏著。也因此，愛德索一直是二手車市場的珍品，少有車主願意割愛。

大體而言，愛德索的前主管不僅沒有就此倒下，反而還更加飛黃騰達。自然沒有人能指控福特把怒氣出在員工身上，逼走員工。克拉菲奉派出任羅伯．麥納瑪拉（Robert S. McNamara）的助理，當時麥納瑪拉擔任福特一個部門的副總，後來出任美國國防部長。幾個月以後，克拉菲進入福特總公司擔任幕僚；在總公司工作約一年以後，克拉菲離開福特，成爲位於麻省華特漢（Waltham）著名的電子公司雷神（Raytheon）的副總裁。一九六〇年四月，克拉菲成爲雷神公司的總裁。他在一九六〇年代中期離開雷神，在西岸當起高收費的管理顧問。而福特也爲杜爾提供了一個幕僚職缺，但杜爾在告假出國旅遊、一番考慮後決定退休。他解釋道：「問題在於我與我那些代理商的關係。我曾經向他們保證，公司會長長久久、全力支持愛德索。我覺得現在自己無顏面對他們。」不過，杜爾在退休以後仍然像過去一樣忙碌，一面照看他與親友開的幾家生意，一面還在底特律經營自己的顧問公司。

在愛德索與水星—林肯部門合併前約一個月，愛德索部門的公關負責人華諾克辭職前往紐約，出任國際電話電報公司（International Telephone & Telegraph Corp.）的新聞服務處總監。他在一九六〇年六月離開這個職位，出任通訊顧問（Communications Counselors）的副總，通訊顧問是廣告代理商麥肯世界集團（McCann-Erickson）旗下的公關公司。之後，他重返福特，擔任東岸林肯—水星促銷總管——福特非但沒有貶他，還將他升了官。至於曾被攻訐得體無完膚的愛德索造型師布朗，以福特商務車輛首席造型師的身分在底特律停了一陣，之後前往英國的福特汽車公司，以首席造型師的身分主持康索爾（Consul）、安格利亞（Anglia）、卡車與拖拉機的設計。布朗堅持，他這項新職絕不等於遭福特流放西伯利亞，他在一封發自英格蘭的信中語意堅決地說：「我發現這是一項非常令人滿足的經驗，它也是我在……職涯中採取的最好一步。我們營造了全歐洲首屈一指的造型辦公室與造型團隊。」

身爲半官方軍師的華里斯，經福特慰留，繼續擔任福特的半官方謀士。由於他仍然不喜歡住在底特律或底特律附近，福特准許他搬到紐約，每週只到總公司上班兩天（華里斯有些靦腆地說：「他們似乎再也不在意我在哪裡工作了。」）一九五八年年底，他離開福特，之後終於如願以償成爲一位專職學者與教授。他以康乃狄克州西港（Westport）地區社會變遷爲題撰寫博士論文，在哥倫比亞大學攻讀社會學博士學位。爲了撰寫這篇論文，他還忙著在西港對居民進行問卷調查；同時，他也不忘在曼哈頓格林威治村（Greenwich Village）的社會研究新學院（New School for Social Research）開課，講授「社會行爲的動力」（"The Dynamics of Social Behavior"）。有一天，他在前往西港的一列通勤火車上，臂下挾著一疊問卷，以顯然滿足的神氣說：「我已經淡出商界了！」一九六二年初，他成爲華里斯博士。

一九五〇年代的美國夢

在愛德索案曲終人散之後，這些前愛德索主管對愛德索仍然熱情不減，並不全然因爲他們的經濟生活都還不錯。除了一些繼續留在福特的人，盡可能避而不談以外，他們喜歡討論當年在愛德索的經驗，就像老兵喜歡喋喋不休、熱情地討論當年那場最激烈的戰役一樣。杜爾或許是這群人中最懷古的一位了！他在一九六〇年對一名訪客說：「那是我這輩子活得最有趣的一段時間，我想是因爲我在那段時間工作得最賣力。我們大家都非常賣力，那是一個很好的團隊。願意進入愛德索部門的人，都知道他們此舉不無風險，而我喜歡願意冒險的人。是的，雖然結局不幸，但那是一次美好的經驗，而且我們走的也是正確的路！我在退休前不久，去了一趟歐洲，親眼見到當地的情況——路上只有小型車，但照樣塞車，照樣有停車問題，交通事故也照樣層出不窮。光是想進出那些矮小的計程車而不撞到頭，或是在路經凱旋門時想不被車子撞到，都已經必須煞費苦心。小車這種東西不可能長久持續下去。我不覺得手排換速與有限的性能，能夠讓美國駕駛人持續滿足。鐘擺終究還是要擺回來的。」

像之前許多公關人一樣，華諾克也說自己因爲在愛德索工作太緊張而得了胃潰瘍，這是他第二次得這種病。他說：「但我痊癒了。愛德索部門是支了不起的團隊，我實在很想知道，如果有正確的產品，也選對了時機，不知這組團隊能幹出什麼轟轟烈烈的成就。它可能賣出數以百萬計的產品，它就有這份能耐！這整件事情在我的人生旅程中，占去讓我永難忘懷的兩年時光。那是兩年塑造歷史的時光！愛德索爲你訴說的，難道不是一九五〇年代的美國嗎？懷抱崇高美夢，只是未必都能成眞。」

身爲這支敗軍主帥的克拉菲堅信，他這些前部屬的談話，絕不只是老兵憶舊的浪漫感慨而已。他在不久前曾說：「與他們共事實在與有榮焉，他們把全副心力都投注在工作上。我要的是一支有強烈動機的團隊，而他們就是這樣的團隊。當事情惡化時，或許也有一些愛德索人埋怨當初不該放棄好機會而加入我們，不過如果眞有人這麼抱怨，我完全沒有聽到。他們後來大多數都能做得很好，對此我不感意外。在我們這一行，你不時總會栽跟頭，但只要內心不認輸，總有東山再起的一刻。我很希望有時間能與當年這些老友重聚，與華諾克或其他人重聚，重溫舊日那些幽默事件、那些悲劇事件……。」

姑且不論愛德索這些前主管對愛德索的思古幽情是幽默還是悲情，這是一個頗能發人深省的現象。或許，這一切代表的，只是他們懷念那段聚光燈照射下的日子，那段盛極而衰的暴起暴落；也或許，就像伊莉莎白時代戲劇中經常呈現、但鮮少出現於美國商界的那樣，它代表的是，失敗有時能有某種成功的人永遠無法體會的悲壯感。

3 聯邦所得稅

它的歷史與特性

毫無疑問，許多混得很好也一副聰明相的美國人，近年來做了一些在不了解的人看來縱非荒誕不經、也滑稽可笑的勾當。一些繼承了家財的人在政府五花八門的各種威脅下，極力表示他們樂意購買州政府、市政府公債，而且還在這些公債上投下巨額資金。極高收入與收入不是太高的人如果結婚，大多數選在十二月將近月底時，選在一月間結婚的人最少。一些特別成功的人，特別是在藝術界，由於財務顧問突然緊急地向他們提出建議，要他們在這一年無論情況怎麼樣，都不要再有更多賺錢的大作問世，而他們也遵命照辦，即使接到這項建議的時候，日子才過到五、六月也不例外。演員與其他憑藉個人服務而享有高收入的人，不斷成爲砂石廠、保齡球館、電話答錄服務公司的老闆，爲這些乏味組織的作爲添加某種活力。電影圈的人，彷彿是在遵照一張放棄與重拾、極具規律的行事表辦事一樣，先宣布放棄國籍、加入外國籍，滿了十八個月後又放棄外國籍、重拾本國籍，周而復始，巡迴反覆。石油投資人甘冒遠超正常商業判斷之外的風險，在德州土地上到處開鑿投機油井。搭著飛機、坐著計程車或在餐廳用餐的商人，時不時掏出筆記著東西，問他們記的是什麼，他們會說是「日記」；但事實上，他們這麼做絕對不是在精神生活上效法十七世紀英國日記作家塞繆爾．佩皮斯（Samuel Pepys）或十九世紀以記日記知名的紐約市長菲利普．杭恩（Philip Hone），因爲他們記的盡是流水帳。而且企業老闆與部分所有權人，還會設法與他們的稚齡孩子合夥共享事業所有權；事實上，至少有一件這樣的合夥協議附有一項條件：協議要在一名合夥人出生以後才生效。

當然，無須多說，每個人都知道這所有稀奇古怪的行動，都與聯邦所得稅法各式各樣的條文有關。由於這些行動涉及出生、婚姻、工作、生活方式與地點，它們讓我們得以一窺所得稅法的社會效應規模，但因爲它們只是有錢人的事，從它們身上看不出它們造成的經濟衝擊的廣度。以最近一年一九六四年爲例，每年有幾近六千三百萬美國人必須申報所得稅，許多人認爲所得稅法是直接影響最大多數人的法律，自然不足爲奇。此外，由於所得稅稅收占美國政府毛收入幾近四分之三，許多人將它視爲美國最重要的單一財稅措施，自然也是可以理解。（舉一九六四年六月三十日截止的會計年度爲例，美國政府毛收入總額爲一一二〇億美元，其中個人所得稅約占五四五億美元，公司所得稅占二三三億美元。）

經濟學教授威廉．舒茲（William J. Shultz）與羅威爾．哈里斯（C. Lowell Harriss）在他們

合著的《美國民衆財務》(*American Public Finance*)一書中表示:「在社會大衆的心目中，所得稅就是稅。」作家大衛·貝澤隆(David T. Bazelon)也表示，由於所得稅的經濟效應實在太廣，已經造成兩種大不相同的美國貨幣——稅前的錢與稅後的錢。沒有一家公司能在成立之初，不仔細、認眞地考慮所得稅的問題，因爲不考慮所得稅，公司就連一天也無法營運。無論屬於哪一級的收入層，沒有人能完全將所得稅置之不理，當然有些人因爲沒有遵照所得稅法規定行事，或是財富泡湯、或是名譽泡湯、或是財富與名譽兩者皆泡湯。幾年前，一名美國觀光客在參觀義大利威尼斯聖馬爾谷聖殿宗主教座堂(Basilica of San Marco)時，在教堂爲籌集維修經費而設的奉獻箱上赫然發現一塊銅牌，牌上刻著幾個字:「捐款可以抵免美國所得稅。」美國所得稅勢力範圍之廣，由此可見一斑。

不公平的所得稅

所得稅之所以這麼受到重視，主要基於一項論點:它既不合邏輯，也不公平。或許，針對所得稅最廣、也最嚴重的一項指控是，這項法律在骨子裡幾乎就是一個瞞天大謊:雖然它規定以節節升高的累進稅率課稅，卻又提供一堆輕輕鬆鬆的避稅之道，讓任何人——無論多有錢——都不必根據最高稅率支付所得稅。以一九六〇年爲例，申報年收入在二十萬與五十萬美元之間的美國人，支付所得稅時根據的稅率平均約爲四四%，甚至申報所得超過百萬美元的極少數富人，稅率也遠遠不到五〇%——單一納稅人如果年收入爲四萬兩千美元，應該比照支付的所得稅稅率正是五〇%，而且他也多半必須乖乖繳納。

另一項常聽到的指控是，所得稅是美國伊甸園中的大蛇，爲人提供逃漏稅的誘人機會，導致美國舉國上下每在四月繳稅季節就會沉淪一次。另有一派批判理論說，由於它實在太複雜、難解——所得稅基本法規《一九五四年國稅法》（The Internal Revenue Code of 1954）總共有一千多頁，用作解釋的法庭判例與國稅局規章，更加厚達一萬七千頁——所得稅不僅導致生產砂石的演員、還沒有出生的合夥人這類愚蠢至極的怪事，還因此成爲一條沒有一個公民有能力自行遵守的法律。在這種情勢下，批判人士宣稱導致一種不民主的狀態，因爲只有專業顧問才知道怎麼合法節稅，而只有有錢人才負擔得起高昂的專業顧問費用。

儘管大多數立意公正的相關學者都同意，聯邦所得稅法自公布實施五十年來，對美國已經產生巨大而健康的財富再分配之效，但大體上說，幾乎沒有人贊同這項法規。只要談到所得稅，幾乎眾口一致主張改革。但身爲改革派的我們，大體而言卻是無能爲力，主要原因既在於這整個議題過於複雜，許多人只要一提到它就犯暈，也因爲有一小群靠它獲利的人憑藉特定學識、對它極力支持所致。就像其他任何稅法一樣，美國所得稅法也有一種難以改革的特性；既得利益者可以運用靠避稅攢來的錢保護它，不讓其他人改變它——而且他們也確實這麼做了。這種影響力，再加上國防開支與其他持續高漲的政府成本（就算撇開越戰這類熱戰開支不計）對財政部帶來的巨大壓力，致使兩個強大得像自然政治法則一樣的走勢已經成形：在美國，相對而言，提高稅率與提出節稅辦法比較容易，而降低稅率、去除節稅辦法比較難。

不過，這個情勢到一九六四年似乎有了變化。在這一年，半個這種自然法則受到強大的立法挑戰。首先由甘迺迪總統提出、之後由詹森總統（Lyndon Johnson）推動的這項立法，分兩個階段降低個人基本稅率——將最低稅率從二〇%降到一四%，將最高稅率從九一%降到七〇%——並且將企業稅率從最高五二%降到四八%，美國有史以來最大規模的減稅行動就此出現。但同時，另外半個這種自然法則仍然完好無缺。當然，甘迺迪總統提出的這項稅改方案，也有一些去除避稅辦法的重大規定，但由於反抗聲浪實在太強，在提出之後沒多久，甘迺迪本人已經放棄其中大多數的規定。結果是，這類規定不但幾乎全軍覆沒，新所得稅法事實上還延伸或擴大了一、兩項避稅辦法。

在路易·奧欽克洛斯（Louis Auchincloss）所著的短篇小說《律師的權勢》（*Powers of Attorney*）中，一名律師對另一名律師說：「克利托斯，面對現實吧！我們活在一個稅的時代」，這第二位傳統派的律師儘管不贊同，卻也無言以對。不過，雖然所得稅在美國生活中無所不在，美國小說中以它爲題材的作品卻少得出奇。這或許反映了所得稅這題材欠缺文學優雅，但它也反映美國舉國上下對這個話題的不安：一種我們既已造就了它，就無法將它抹殺的意識；

一種並不完全好、也不完全壞，只是太龐大、太駭人聽聞、道德尺度也太模糊不清，讓人無法想像的存在。也許有人會問，這世上怎麼會有這種事？

二十世紀前的全球稅制發展

只有在許多人賺了許多工資與薪酬的工業國，所得稅才能眞正有效，而直到二十世紀以前，所得稅的歷史相對簡短而單純。古時的稅，例如迫使瑪利亞與約瑟在耶穌誕生以前搬到伯利恆（Bethlehem）的那個稅，千篇一律都是人頭稅，每個人付一樣的稅，而不是所得稅。在大約西元一八〇〇年以前，世上只出現過兩次建立所得稅制的嘗試，一次在十五世紀的佛羅倫斯（Florence），一次在十八世紀的法國。而且整體來說，兩次都是斂財的統治者爲了向臣民榨財而採取的行動。根據最有名的所得稅史學者、已故經濟學家艾德文．塞利格曼（Edwin R. A. Seligman）的說法，佛羅倫斯的那次嘗試由於貪污與行政效率不佳，最後不了了之。至於十八世紀在法國的那次嘗試，套用塞利格曼的說法：「很快就被濫權破壞得體無完膚」，並且淪爲「對底層民衆完全不公、徹底蠻橫的無理要求」，而法國革命之所以如此怒潮澎湃、一發不可收拾，所得稅法引發的民怨無疑扮演了重要角色。法王路易十四在一七一〇年實施的「舊制」（*ancien-régime*）稅，稅率爲十％，後來降了一半，但爲時已晚，革命政權不僅將它廢了，也將課稅的王室給廢了。

在法國革命殷鑑不遠的情況下，英國在一七九八年爲了籌集戰費參與法國革命戰爭，也開始實施所得稅。就幾方面而言，英國這項所得稅堪稱現代所得稅的濫觴，原因之一是，它採用累進稅率，從年收入不到六十英鎊的零（免繳稅），到年收入超過兩百英鎊以上的十％稅率。另一個原因是，它很複雜，總共有一二四條、一五二頁的規定。這項稅法實施後立即遭到全民不滿，各種抨擊它的傳單很快就出現了。其中有一張傳單的製作者說，若從西元二〇〇〇年回顧這項古老的野蠻稅法，就知道抽這稅的人根本就是「無情的傭兵」，「沒有人性的傢伙……無比粗俗，傲慢、狂妄到極點。」而這項新稅法在實施三年之後，由於每年只徵到約六百萬英鎊——主要因爲逃稅的情況過於嚴重，所以在《亞眠和約》（Treaty of Amiens）簽訂後，於一八〇二年廢止。但翌年，由於英國的財務狀況再度吃緊，國會便通過一項新的所得稅法；這項新法遙遙走在時代之先，還包括一項發薪單位預扣稅額的條款。或許正是基於這個理由，儘管新稅法的最高稅率僅有之前那項舊稅的一半，但激起的民怨卻比舊稅更加激烈。一八〇三年七月，倫敦市舉辦了一場抗議大會，幾位代表在會中發表演說，盡情宣洩了英國人對新稅法的怨懟之情。他們說，如果爲了拯救這個國家就必須採取這項措施，他們寧可忍痛放棄這個國家。

不過，雖然一再遭到挫折，甚至經過幾次長時期的徹底廢止，英國所得稅制逐漸茁壯。像其他一切事物一樣，這或許也是一種習慣成自然的事，因爲無論在世界上任何一個國家，所得稅的歷史都有一個共同性：反對聲浪在一開始總是最猛、最強，但隨著一年一年不斷地逝去，所得稅變得愈來愈強，敵對的聲音則愈來愈含混不清。英國在滑鐵盧（Waterloo）戰役獲勝之後一年廢了所得稅，到一八三二年以半推半就的方式恢復所得稅，十年後在前英國首相羅伯特・皮爾（Robert Peel）爵士的全力鼓吹下再次雷厲風行，之後從未再間斷。在十九世紀後半段，英國所得稅基本稅率在五％與不到一％之間不等，直到一九一三年，稅率也只有二・五％，再加上對高收入者另徵的小額附加稅而已。不過，美國這套對高收入者採取極高稅率的辦法，最後也流入英國，到一九六〇年代中期，英國收入最高的人得支付九〇％的所得稅。

世界上其他國家——至少是經濟已開發的國家——也在十九世紀開始向英國學樣，一個一個地建立了所得稅制。革命後的法國很快也開始實施所得稅，不過之後加以廢止，而且一直到十九世紀後半段過了幾年都沒有再實施。不過事實證明，國庫入不敷出的問題難以容忍，於是所得稅恢復實施，成爲法國經濟的一項固定裝備。或許，所得稅不是義大利統一帶來的最甜蜜果實，但它是統一帶來的最初幾項成果之一。後來合併組成德國的幾個邦，在合併以前已經各有各的所得稅制。到一九一一年，世界上實施所得稅的國家，還有奧地利、西班牙、比利時、瑞典、挪威、丹麥、瑞士、荷蘭、希臘、盧森堡、芬蘭、澳洲、紐西蘭、日本與印度。

十九世紀的美國所得稅史

至於美國，今天美國所得稅的金額之巨，以及納稅人乖乖繳稅的態度，都令世界各國的政府豔羨不已；但就所得稅的實施而言，美國相當落後，直到許多年以後才終於有了本國的所得稅法。殖民地時代的美國，確實也有幾個類似所得稅的稅務系統；以羅德島爲例，就曾經規定每個公民必須猜測十名鄰居的財務狀況，包括收入與財產，以作爲政府課稅的根據。不過，這套辦法不僅效率不佳，而且顯然容易遭到有心人士的濫用，所以沒有實施多久就廢止了。

第一個建議實施聯邦所得稅的人，是麥迪遜總統（James Madison）的財政部長亞歷山大·達拉斯（Alexander J. Dallas）。達拉斯在一八一四年宣布開徵所得稅，不過幾個月以後，一八一二年戰爭結束，政府的財務負擔減輕，達拉斯因此遭人罵得狗血淋頭，徵收所得稅的話題也就此煙消雲散，直到美國內戰爆發，南北雙方才都通過所得稅法。在一九〇〇年以前，若不是因爲戰爭，世界上幾乎沒有國家開徵新所得稅。全國性的所得稅直到不是很久以前，大體上仍是一種戰爭與國防的手段。一八六二年六月，由於美國公債債台以每天兩百萬美元的速度不斷高築，引起民眾顧慮，國會勉強通過一項法案，准許政府開徵累進稅率最高十％的所得稅，在同年七月一日，與一項懲罰一夫多妻的法案一起經林肯總統（Abraham Lincoln）

簽署生效。（結果，紐約證交所股市在第二天暴跌，暴跌的原因看來與那項懲罰一夫多妻的法案沒有多少關係。）

馬克・吐溫（Mark Twain）在繳交他生平第一次所得稅之後，在內華達州維吉尼亞市（Virginia City）《領土企業報》（*Territorial Enterprise*）上寫道：「我因爲有收入而被課了稅！這簡直太美妙了！我這輩子從沒像現在這樣，覺得自己竟然這麼重要。」當時，他繳的是一八六四年的所得稅，總計三六・八二美元，其中包括三・一二美元的滯納罰金。儘管像他這樣歡天喜地繳稅的納稅人並不多見，所得稅法一直實施到一八七二年。不過，這項稅法經過一連幾次稅率調降與修正，其中在一八六五年通過的一項修正案認爲，對高收入者課以十%、對收入較低者課以較低稅率的做法，是對財富的不當歧視，並以此爲由廢了累進稅率。美國國庫歲入從一八六三年的兩百萬美元，暴漲到一八六六年的七千三百萬美元，之後開始暴跌。從一八七〇年代初期起，這前後的二十年間，除了偶有一、兩名人民黨（Populist）或社會黨（Socialist）的政客，爲了想從都市財富分一杯羹而主張徵收所得稅以外，美國人沒有什麼所得稅概念。

之後到一八九三年，美國財稅系統過時、老舊，對商人與專業人士課稅過輕的情況已經很明顯，於是克里夫蘭總統（Stephen Grover Cleveland）建議實施所得稅。這項建議遭到嚴厲的批判，俄亥俄州參議員、《謝爾曼反壟斷法案》（The Sherman Antitrust Act）的提案人約翰・

謝爾曼（John Sherman）說，克里夫蘭總統的這項建議是「社會主義、共產主義與魔鬼主義」，而另一位參議員也指責這項建議，說它就像「教授用他們的書本、社會主義者用他們的詭計、無政府主義者用他們的炸彈來攻擊美國一樣。」衆議院一名來自賓州的衆議員還義正辭嚴地說道：

> 所得稅！除了在戰時，沒有一個政府膽敢徵收這麼面目可憎的稅。……無論就道德與物質層面而言，它都有讓人說不出的厭惡。它不屬於一個自由國家。它是一種階級立法。……難道你想獎勵不誠實、鼓勵做僞證嗎？實施這種稅會讓人腐化，它會讓間諜與通風報信的小人大行其道，也會讓一堆官員擁有追根究底的大權。……主席先生，通過這項法案，民主黨就等於簽下殺害自己的格殺令。

根據克里夫蘭總統提出的這項法案，聯邦政府要對年收入四千美元以上的美國人課徵統一稅率二%的所得稅。法案在一八九四年通過，民主黨並沒有因此滅頂，倒是這項立法滅了頂——它還沒有生效就遭到最高法庭的封殺，理由是它違背美國憲法的如下規定：除非依據人口由各州分攤，否則不得徵收「直接」稅（令人感到好奇的是，在內戰期間徵收所得稅時，沒有人提出這個觀點。）於是，所得稅議題又一次遭到埋葬，這次一埋就是十五年。

全面進入課稅的年代

一九〇九年，抵死反對所得稅的共和黨，提出美國憲法第十六條修正案，賦予國會無須與各州分攤的課稅權。共和黨之所以這麼做，原本只是一項政治姿態，因爲它非常相信各州絕不會批准這項修正案。但一位名叫傑洛米．海勒斯坦（Jerome Hellerstein）的稅務專家，口中所謂「美國史上最具諷刺性扭曲的一次政治事件」出現了！讓共和黨氣得捶胸頓足的是，各州在一九一三年批准這項修憲案，那一年稍後，國會通過一項稅率從一%到七%的累進稅率個人所得稅，公司則統一按照淨利的一%來徵收所得稅。這項所得稅，一直伴著我們直到今天。

大體說來，自一九一三年以降，美國所得稅史的特性就是稅率節節高漲，還能經常應時推出一些特殊條款，幫助高收入的人節稅。首次稅率大舉調漲，是出現在第一次世界大戰期間；到一九一八年一次大戰結束時，最低稅率已經高達六%，年收入超過一百萬美元者適用的最高稅率爲七七%，比任何政府曾經徵收的任何所得稅稅率都高得多。但大戰的結束與「復原」帶來了一波逆轉，美國人無分貧富都享受了幾年低稅的日子，稅率開始不斷調低，直到一九二五年。在一九二五這年，美國所得稅的標準稅率從一．五%起跳，絕對最高稅率也只有二五%；更何況，絕大多數工薪階層還可以根據一項規定，根本無須負擔任何所得稅。根據這項規定，個人享有年收入一千五百美元、夫婦享有年收入合計三千五百美元、每撫養一人並享有四百美元的豁免額。

而且還不是只有如此，在政治勢力的推波助瀾下，特殊利益條款也開始在一九二〇年代出現，而且花樣愈來愈多。第一個重要的特殊利益條款於一九二二年通過，確立資本利得享有優惠待遇的原則；也就是說，有史以來第一遭，因投資增值而賺到的錢在打稅時，所適用的稅率比薪資或服務所得所適用的稅率更低。當然，直到今天，情況仍然如此。之後，在一九二六年，美國又爲石油業者大開方便之門，訂定所謂百分比石油耗損津貼，准許產油油井所有人，將油井可供計稅的年收入毛額最多減少二七．五％，而且年復一年如法泡製，就算減免的稅額早已超過開鑿油井原始成本的好幾倍，仍然可以繼續減免。這項特殊利益條款，毫無疑問令一些無法因此獲利的人咬牙切齒，又羨又氣。姑且不論一九二〇年代對美國全民而言是不是黃金時代，對美國納稅人而言，它確實美好之至。

大蕭條與新政（New Deal）帶來高稅率與低免稅額的走勢，並且將聯邦所得稅推上一個眞正不同的紀元——第二次世界大戰紀元。到一九三六年，主要因爲公共開支大幅增加，高所得類別稅率較一九二〇年代末期大約增加了一倍，最高稅率達到七九％；在低所得方面，個人免稅額也不斷降低，就算年收入只有一千兩百美元的人也得支付小額稅金（事實上，在那段期間，大多數產業工人的年收入都不到一千兩百美元。）在一九四四年與一九四五年，個人所得稅率創下歷史高峰——低所得二三%，高所得九四%；另一方面，公司所得稅也從原本一九一三年的一%逐年調高，達到有些公司甚至得按八〇%稅率繳稅的高峰。但二戰期間所得稅史眞正出現的革命性變革，不是高所得高稅率。事實上，在一九四二年，當稅率攀高浪潮即將達到頂峰時，高所得納稅人的一種新避稅手段出現了；或者也可以說，一種舊有的避稅手段擴大了：根據舊有規定，個人持有股票或其他資產必須至少持有十八個月，才能享受資本利得減稅優惠，而新規定將這個期間減少爲六個月。所得稅史在這段期間出現的眞正革命性創新是，隨著產業的薪資調漲，以及工薪階級稅率的大幅增高，使工薪階級有史以來首次成爲政府歲入的重要財源。就這樣突然之間，所得稅成爲一種群衆稅了。

這種情況一直持續，大公司與中型企業的所得稅雖然降到五二%的統一稅率，個人所得稅率在一九四五年至一九六四年間，並沒有多大的變化（也就是說，基本稅率並沒有出現重大變化；一九四六年到一九五〇年間出現過幾次短暫的減稅，幅度相當於比照基本稅率扣減五%到十七%。）直到一九五〇年，稅率一直維持在二〇%到九一%之間；在韓戰期間雖然曾經小幅上揚，但在一九五四年隨戰事平息立即回復原狀。一九五〇年出現又一重要的節稅新招，稱爲「限制股票承購權」（restricted stock option），讓一些企業高級主管將部分薪酬比照資本利得低稅率繳稅。這項在稅率表上看不出來的重大變化，是大戰期間稅務新走勢的持續，繼續加重中低收入階層的稅務負擔。

雖然似乎有些矛盾，但美國所得稅制的演變過程，從主要依賴以低稅率向高收入族群課稅，演進到主要依賴以高稅率向中低收入族群課稅。內戰期間的所得稅只影響一%的人民，毫無疑問是富人稅，一九一三年實施的所得稅情況也一樣。甚至當美國在一九一八年由於第一次世界大戰而財務最吃緊的時候，在總數一億多的人口中，必須繳交所得稅的人也還不到四五〇萬。一九三三年，在陷於大蕭條深淵中的美國，只有三七五萬人繳交所得稅。在一九三九年，七十萬精英納稅人繳交的所得稅，占總人口一億三千萬的美國當年所得稅總收入的九〇%。到一九六〇年，三千兩百萬納稅人——約占全美人口六分之一以上——繳交的稅加總起來，才占當年所得稅總收入的九〇%，而且這九〇%的金額高達驚人的三五五億美元；相形之下，一九三九年的金額只得不到十億美元。

歷史學家塞利格曼曾在一九一一年寫道，世界所得稅史基本上「根據付稅能力的變化而變化。」如果他仍然活著，不知會因爲美國那些年來的經驗有什麼補充。當然，中收入納稅人付的稅遠比過去多得多，原因之一是中收入納稅人的人數比過去多得多。美國社會與經濟結構的變化，與所得稅結構的變化一樣，同樣是影響所得稅的重大因素。不過，就實際運作層面來說，很有可能的是，一九一三年原始版所得稅的徵收標準，比今日的版本更以納稅人的繳稅能力爲基礎。

美國國稅局　羨煞眾人的收稅效率

姑且不論美國所得稅法的缺失如何，它毫無疑問是全球遵行得最好的所得稅，而且現在從東方到西方、從南極到北極，所得稅已經無所不在了。〔過去幾年出現的幾十個新國家，幾乎每一個都已經採用了所得稅制。《外國稅務與貿易簡報》（*Foreign Tax & Trade Briefs*）總編輯華特・戴蒙（Walter H. Diamond）曾經指出，直到一九五五年，他還可以找出大大小小、二十幾個沒有個人所得稅的國家。但是到了一九六五年，他找來找去，只能找到幾個這樣的國家，其中包括兩個英國殖民地，百慕達與巴哈馬；包括兩個小共和國，聖馬利諾（San Marino）與安道爾（Andorra）；還有三個中東產油的國家，馬斯喀特與阿曼蘇丹（Sultanate of Muscat and Oman）、科威特與卡達；另外還有兩個不適合人住的國家，摩納哥與沙烏地阿拉伯，這兩個國家只對境內外僑徵收所得稅，對本國人民不徵收所得稅。就連共產主義國家也徵收所得稅，但對這些國家來說，所得稅僅占全國歲入總額的一小部分。以俄羅斯為例，不同職業適用不同稅率，商店老闆與神職人員同屬高稅率，藝術家與作者屬於中間稅率，勞工與匠人則屬於低稅率。〕

充分證據顯示，美國稅收系統的效率高；舉例來說，在美國，每收一百美元稅款必須支付的行政與執行成本只有約四四美分，比加拿大便宜兩倍有餘，比英國、法國與比利時便宜三倍不止，比其他國家更便宜好幾倍。美國的這種收稅效率，羨煞了許多外國稅吏。一九六一年一月到一九六四年七月間擔任美國國稅局（Internal Revenue Service）局長的摩泰莫・卡普林（Mortimer M. Caplin），在與六個西歐國家稅務負責人會商時，總是聽到他們不斷問道：「你們是怎麼辦到的?難道你們那裡的人喜歡繳稅嗎?」當然，美國人並不喜歡繳稅。不過，卡普林當時回答：「我們經歷過許多歐洲人沒有經歷過的事。」而其中一項這樣的經歷，就是傳統。美國所得稅的源起與發展，不是君主爲了充實私庫而要臣民捐輸，而是民選政府爲謀大衆利益、採取行動而造成的結果。一位旅經世界各地的稅務律師不久前曾經這麼說：「在大多數國家，想認認眞眞地討論所得稅根本不可能，因爲沒人把它眞正當一回事。」在美國，所得稅的申報可是一件大事，部分原因是在美國負責所得稅執行、監督的國稅局，不僅權力大，技巧也一流。

毫無疑問，一八九四年那位賓州國會議員擔心的「一堆官員」已經成眞，而且這堆官員有些還眞的擁有他所擔心的「追根究底的大權」。在一九六五年年初，美國國稅局擁有約六萬名員工，其中包括六千多名稅官與一萬兩千名查稅的探員。這一萬八千人有權對任何人賺進的每一分錢進行追究，加以美國所得稅法罰則嚴厲，在違者重罰的威脅下，說他們擁有追根究底的大權絕不爲過。不過，美國國稅局除了實際課稅以外，還從事許多其他活動，而且其中有些活動顯示，儘管國稅局獨斷獨行，但在運用權力的過程中雖然未必宅心仁厚，卻也公平公正。例如，這些額外活動中包括一項納稅人教育計劃，規模之大，曾讓一名稅官嘆道，國稅局經營一所全世界最大的大學。根據這項計劃，國稅局發行好幾十份的刊物，詳細說明稅法的層層面面。其中有一本每年發行、在一九六五年可以用四〇美分在任何一處地區稅務分局買到的小冊子，有著藍色的封面、叫做《你的聯邦所得稅》（*Your Federal Income Tax*），還由於太受歡迎，結果一些私營出版商將它們翻印，而且以官方政府刊物的名目，以每本一美元或更高的價格，轉售給不明就裡的人來圖利（由於政府刊物沒有版權，出版商這麼做完全合法。）

此外，美國國稅局還在每年十二月舉辦技術問題「研討會」，為即將替個人與公司報稅的「稅務從業人員」，包括會計師與律師等解惑釋疑。國稅局還特別設計了一些免費供應的基本稅務手冊，專供中學索取。據一名國稅局官員說，不久前有一年，全美八五％的中學都向國稅局索取過這種手冊（至於學童是否應該花時間鑽研稅法的問題，國稅局認為不在它權限範圍之內。）此外，國稅局會在每年報稅期限截止前在電視上打廣告，說明報稅提示、提醒人民報稅。而且這許多各式各樣的廣告，絕大多數為的是保護納稅人，以免他們多繳冤枉錢，這是國稅局可以自豪之處。

一九六三年秋季，國稅局在提高課稅效率的過程中又邁出一大步，而且這一步雖就實質而言，幾乎堪稱童話故事《小紅帽》（*Little Red Riding Hood*）中的那匹狼，但國稅局卻能想方設法，把它描述得像故事中那位慈祥的老奶奶、要幫所有納稅人省錢一樣。這一步就是建立一個所謂全國性身分檔案，爲每位納稅人賦予一個帳號，一般就是納稅人的社會安全號碼。之所以建立這個檔案，爲的是徹底杜絕納稅人沒有申報公司股息收入，或是沒有申報銀行帳戶利息或紅利而造成的問題——據信，納稅人這種逃稅行爲每年讓財政部損失好幾億美元。但這還不說，國稅局長卡普林在一九六四年所得稅申報單首頁，還說了一段冠冕堂皇的話：只要在申報單適當欄位塡上這個帳號，「你申報的稅與付出的稅款，一定會立即登錄在你的名下，應有的退稅也會立即爲你登錄補還。」

在建立這個帳號以後，國稅局展開了另一個巨型步驟，打造了一套系統，將大部分稅務稽核作業自動化。這套系統由七個區域性電腦組成，由這七個電腦蒐集、彙整資料，再輸入設在西維吉尼亞州馬汀堡（Martinsburg）的主資料處理中心。馬汀堡這座中心擁有每秒鐘進行二十五萬次比對的電腦運算能力，甚至在還沒有全面運轉以前，就已經有人稱它爲「馬汀堡怪物」（The Martinsburg Monster）。一九六五年，國稅局每年可以完成四百萬到五百萬份申報的全面稽查，還可以查核一切申報的數學性錯誤。在一開始，這類數學查核作業部分透過電腦、部分由人員操作。到一九六七年，資料中心電腦系統全面運作，所有數學查核工作完全由機器進行，讓國稅局可以抽出更多員工對更多申報進行詳細稽核。但根據國稅局在一九六三年授權發表的一篇聲明：「許多納稅人或是忘了之前一年的抵稅額，或是沒有完全運用法律賦予他們的權利，這套電腦系統的能力與記憶可以幫助他們。」簡言之，這套系統是一個友善的怪物。

像梭羅一樣的兩任國稅局長

有人說，國稅局近年來在美國人面前戴了一個令人不快的假好人面具，果眞如此，部分原因是，近年來一直主持國稅局事務的卡普林是一位外向爽朗、長袖善舞的天生政客，而且繼他之後在一九六四年十二月出任局長的薛爾登·柯恩（Sheldon S. Cohen）也受他影響甚深。柯恩是華府一位青年律師，在繼任局長以前，曾隨國稅局資深主管、代理局長伯川·哈定（Bertrand M. Harding）見習六個月。（卡普林在辭去局長職位時退出政圈，至少暫時退出政圈，回到他在華府的律師事務所，擔任主攻商人稅務問題的律師。）卡普林是公認美國國稅局有史以來最好的局長之一，無論怎麼說，他至少比沒多久以前的兩位局長高明得多。這兩位局長的其中一位在卸任不久後，因爲自己逃稅遭到起訴，坐了兩年牢；另一位局長則在卸任後，提出反對一切所得稅的政綱來競選公職——這就像一位棒球主審在全國各地旅行演說，反對棒球運動一樣。

卡普林身材矮小、活力十足，說話說得很快。他生長在紐約市，曾擔任維吉尼亞大學（University of Virginia）法律系教授。他在國稅局長任內厥功甚偉，其中包括廢止國稅局探員查稅績效配額的陋規。除了查稅吹毛求疵的態度之外，他還爲國稅局高層注入一種誠信意識。而且，或許最令人稱奇的是，他不知用了什麼奇招，竟能爲美國帶來一種重視稅務的熱情，至少理論上如此。卡普林不但能收稅，還能以某種風格來收稅——他爲他的收稅風格取了一個名字，叫做「新方向」（New Direction），有些像是甘迺迪總統爲了爭取美國人民支持而提出的口號「新疆界」（New Frontier）的附屬產品。新方向的主要精神就是更加強調教育，讓美國人更自願遵行稅法，而不是全力查緝逃漏稅、處罰故犯。

一九六一年春季，卡普林在向國稅局部屬發表的一篇聲明中寫道：「我們都應該了解，國稅局的工作不是單純的強制性直接執法，我們的目標不是透過額外稅評增添二十億稅款，不是從欠稅帳戶再多收十億美元、起訴幾百個逃漏稅人士。我們最主要的工作，是管理一個巨型自我評估的稅務系統。這個系統透過納稅人自行申報與自願繳付，每年徵收九百多億美元的稅款，並且從直接執法活動中徵收二十或三十億美元。簡言之，我們不能忘了，我們總稅收的九七%來自自我評估或自願遵行，只有三%來自直接執法。我們的首要使命，是鼓勵民眾以達到更有效的自願遵行……『新方向』實際上是一項強調重心的轉變，它是一種非常重要的轉變。」

但或許，由莉莉安・杜里斯（Lillian Doris）編輯的《美國的課稅方式》（*The American Way in Taxation*）一書書衣，最能夠說明「新方向」的眞正精神。這本在一九六三年出版、由卡普林作序的書在書衣上說道：「這是一個令人興奮的故事，主角是全世界規模最大、最有效率的稅務徵收組織——美國國稅局！這本書裡有令人激動的事件，有你死我活的立法惡鬥，有一百年來無私奉獻、為我們國家立下汗馬功勞的公務員。那場為撲殺所得稅而掀起的巨型法律大戰，會讓你看得驚心動魄……國稅局未來的計劃會讓你嘖嘖稱奇。你會了解目前還處於設計階段的巨型電腦，一旦運轉以後將如何影響稅務徵收系統，將如何以新奇不凡的方式，影響眾多美國男女的生活！」這書衣上的文字，活脫就像站在馬戲團表演場外，高聲叫喊拉客的人的說詞一樣。

不過，新方向標榜的「自願遵行」一詞，是否可以適當描述美國稅務徵收系統，尚有待商榷。因為根據美國這個系統，個人所得稅約有四分之三根本就是預扣的；在這個系統下，國稅局與它的馬汀堡怪物潛伏各地追查逃漏稅，犯行者一旦事發，不僅會招致巨額罰款，還要面對一項罪行五年徒刑的牢獄之災。但卡普林對這點似乎毫不擔心，他以源源不絕的幽默，不斷在全國各地與商人、會計師與律師組織開會和餐敘，發表演說讚揚他們過去自願遵行，並鼓勵他們今後更加努力，還向他們保證徵收所得稅能為全民謀福利。

一九六四年所得稅申報書的封面，有一篇卡普林簽字的文章（卡普林說，這是他與他太太合寫的），他在文中說：「我們仍在努力，設法在我們的稅務行政中添加幾分人性。」有一次，他在華府五月花酒店（Mayflower Hotel）出席基瓦尼斯俱樂部（Kiwanis Club）的午餐會，並且發表演說。幾個小時以後，他對一名訪客說：「我這份工作有很多幽默。去年是憲法所得稅修正案通過的第十五週年紀念，但國稅局連一個蛋糕都沒有收到。」這或許可以視爲一種絞刑架式的幽默，只不過照理說，執刑的劊子手不該是幽這一默的人。

繼卡普林出任國稅局長、一直做到一九六八年年中的柯恩，生長在華盛頓。一九五二年，在以全班第一名的成績畢業於喬治華盛頓大學（The George Washington University）法學院之後，柯恩在國稅局做了四年的基層工作，隨即在華府執律師業，七年後成爲著名律師事務所阿諾、佛特斯與波特（Arnold, Fortas & Porter）的夥伴。柯恩於一九六四年年初重返國稅局，擔任首席法律顧問。又過了一年，以三十七歲英年成爲國稅局有史以來最年輕的局長。他有一頭剪得很短的褐髮、一對純眞的大眼與誠懇的態度，使他看起來比實際年齡更小。由於他在首席法律顧問任內的表現，國稅法律事務在實作與理論上都大幅提升。他推動的行政改組廣獲好評，大家認爲國稅局的決策過程因此加速；他要求國稅局在處理與納稅人的訴訟時，法律立場應該一致——例如，在費城詮釋稅法某一要點時所採取的立場，與在奧馬哈(Omaha)面對同一點時所採取的立場不應相互對立——也獲得許多掌聲，認爲這是崇高原則戰勝政府貪欲的表現。

大體而言，柯恩在繼任局長時說的話，意思就是他要延續卡普林的政策，即強調「自願遵行」，在與納稅大衆的關係上力求和諧，至少希望避免衝突或爭議等。不過，與卡普林相形之下，他比較不善交際，比較喜歡獨處與思考。柯恩大多數時間都坐在辦公室裡，把餐會、演說、交際應酬那一套交給部屬進行。他在一九六五年說，卡普林「眞是處理這種事的高手。國稅局能有今天這麼好的公共口碑，全是他大力推動的成果。我們希望在沒有我的推動下，還能夠繼續維持這種好口碑。因爲就算我想推動，反正我也做不好，畢竟我不是這塊料。」

經常有人指控，說國稅局長的權力太大，直到今天仍然有人這樣指控。美國國稅局長無權提議改變稅率，也無權提出新的稅務法案。改變稅率的建議權屬於財政部長，而財政部長未必會在改變稅率的問題上徵詢國稅局長的意見；至於新稅務法案的提案權，當然是國會與總統的權限——不過由於必須涵蓋太多不一樣的情勢，稅法一般而言必須以泛泛用語形諸文字，而國稅局長是唯一有權書寫相關法規、詳細解釋稅法的人（但可以透過訴訟，在法庭上改變這種狀況。）這些法規本身有時不免含糊，在這種情況下，最有資格解釋它們的人，當然非國稅局長莫屬。也因此，國稅局長無論是在辦公室，或是在餐會上說出口的每一句話，都會立即透過各式各樣稅務出版業者，廣告周知全國各地的稅務會計師與律師；而這些會計師與律師，也會收起平日對官員說話半信半疑的態度，將國稅局長的話奉爲聖旨。

基於前述這項理由，有人認爲國稅局長根本就是一人獨裁，但也有許多理論與實務稅務專家不以爲然。紐約大學（New York University）法學院教授、同時也是稅務顧問的傑洛米．

海勒斯坦就說：「國稅局長享有很大的行動權，他的作爲可能影響美國的經濟發展，可能影響個人與公司財富也是事實。不過，如果他不能自由行動，會造成僵化與稅法詮釋方面的必然性，讓像我這樣的稅務從業人員可以輕鬆操控法律，爲客戶圖利。國稅局長正因爲擁有這種行動自由，而具有一種健全的不可預測性。」

卡普林當然沒有明知故犯地濫用他的權力，柯恩也沒有。我曾先後往訪國稅局長辦公室與兩人會晤，發現兩人都像普立茲獎得主小亞瑟・史列辛格（Arthur M. Schlesinger, Jr.）口中的梭羅（Thoreau）一樣，是「生活在高度道德緊張中、有高度智慧的人。」而他們的道德生活之所以緊張，理由不難理解。要人無論自不自願，遵行一種他們並不眞正心悅誠服的法規本來就很難，身爲主事者的國稅局長當然得時刻戰兢。一九五八年，卡普林在出席衆議院歲入委員會時（以稅務證人，而不是以國稅局長的身分），提出一項全面性的稅改方案，建議全面廢止或大幅限制資本利得稅率優惠；建議降低石油與其他礦產的耗損津貼；建議預扣股息與利息所得稅；最後，還建議起草全新的所得稅法，取代導致「困難、複雜與逃稅機會」的一九五四年稅法。卡普林在離職後不久，詳細說明了他理想中的所得稅法；與現行稅法相比，卡普林主張的稅法簡單得出奇，他塡補許多漏洞，廢除大多數個人減免優惠，稅率則從十％起跳，最高五〇％。

以卡普林的個案而論，嚴守高標準道德生活，並不全然是理性分析的結果。在國稅局長任內，他曾說：「有些人對所得稅抱持完全不信任的態度。他們說，基本上那就是『一團糟，根本無可救藥。』對此，我不能苟同。沒錯！許多地方必須妥協，而且以後也將繼續如此，但我拒絕接受一種失敗主義的態度。我們的稅務系統，有一種神祕的特質。無論它從技術觀點而言，可能壞到什麼程度，但由於遵守的程度非常高，它有一種生命力。」或許因爲發現自己的說法有瑕疵，他躊躇了很長一段時間；因爲畢竟在過去，全民遵行一項法律未必就代表智慧或公平。之後他繼續說道：「展望未來，我覺得我們應該可以做得很好。或許一場危機出現，讓我們開始將眼光超越私利之外。五十年後，我們會有很好的稅，對此我很樂觀。」

以柯恩的案例而言，當現行稅法草擬的時候，他在國稅法規起草部門工作，曾經參與草擬作業。或許有人因爲這項事實，而認爲柯恩應該比較支持現行稅法，但實情顯然並非如此。他在一九六五年曾說：「別忘了，我們當時是共和黨當政，而我是個民主黨。在起草法規時，你只是像技術人員一樣工作。事後，你若對這法規有什麼自豪感，這份自豪也來自技術能力。」也因此，談到現行所得稅法，柯恩既不會眉飛色舞，也沒有垂頭喪氣，而且他毫不遲疑地贊同卡普林的說法，認爲現行稅法導致「困難、複雜與逃稅機會」。不過，卡普林相信可以透過簡化找到答案，柯恩卻沒有那麼樂觀。他說：「也許我們可以將稅率壓低，可以去除一些減免優惠，但之後我們或許爲求公平，又得尋找新的減免優惠辦法。我想，複雜的社會需要有複雜的稅法。如果我們實施一項比較簡單的稅法，過不了幾年，它很可能又變得複雜起來。」

美國所得稅法這面鏡子，呈現出什麼影像？

法國作家兼外交官約瑟夫・德・邁斯特（Joseph de Maistre）在一八一一年曾說：「每個國家都有它理當擁有的政府。」由於政府最主要的功能就在於訂定法律，德麥斯特這句話的意義，也就是每一個國家都有它理當擁有的法律。或許有人會說，在靠武力而存在的政府中，這句話只對了一半，但在經由民眾同意而成立的政府中，這句話確實很有說服力。同理類推，如果所得稅是美國法律中最重要的一條單一法規，我們必須擁有我們理當擁有的所得稅法才對。

近年來，有關所得稅法的討論很多，而且主要討論的都是罰則問題，包括虛報商業開支詐取減稅優惠，或是無論存心與否，在申報書中漏報可打稅收入——據估計，這筆金額每年都高達二五〇億美元——還有國稅局官員內部的貪污舞弊；有些當局認爲，這類舞弊的情況相當普遍，至少在大城市中如此。當然，這類非法形式反映的是古往今來、全球各地的人性缺失。不過，法律本身也有某些與特定時間與地點更加密切相關的特性。而且，如果德・邁斯特說的沒錯，這些法律應能反映國家的特有國格；換言之，所得稅法就若干程度而言，應該像國家的一面鏡子一樣。那麼，美國的鏡子中呈現什麼影像？

重複一次，現行所得稅法的基本法源，是《一九五四年國稅法》。國稅法在頒行以後，又經國稅局發布的無數規定加以補充，經法庭做出的無數司法判決加以詮釋，經國會通過的幾項法案加以修正，其中包含美國史上最大規模裁稅的《一九六四年歲入法案》（The Revenue Act of 1964）。《一九五四年國稅法》是一部比《戰爭與和平》（*War and Peace*）還要長的文件，而且整篇文件都是那種讓人看得頭昏眼花、彷彿置身雲端霧裡的艱澀專業用語（或許這也是在所難免吧！）以文件中一個說明「就業」（employment）這個字的典型句子爲例，這個句子從五六四頁接近結尾時開頭，一個句子用了一千多個字來描述，其中有十九個分號、四十二個括號、三個這些括號內的小括號，甚至還有一個不知從何而至、也不知道意在何指的句點，最後才在第五六七頁頂端終於出現一個眞正的句點，宣布全句告終。

讀國稅法的人，必須絞盡腦汁、深入其中有關進出口稅（與房地產稅與其他聯邦關稅）的部分，才能夠終於見到一個可以看得懂、而且有趣的句子——例如，「每個想出口人造奶油的人，應該在每一個桶、罐或其他裝有這項物品的包裝上，用正體明確標示『人造奶油』（Oleomargarine）這個詞彙，大小不得小於半吋。」但在國稅法第二頁上有段文字，儘管根本不構成句子，卻說得相當直截了當、清楚明白：個人所得稅的稅率標準是，可課徵所得不超過兩千美元爲二〇%；超過兩千美元、不到四千美元爲二二%；依此類推，直到可課徵所得超過二十萬美元爲九一%爲止（前文已述，在一九六四年經過修正，稅率調降到最高七○%。）也因此，國稅法一開始就表明對窮人課稅相對較輕、對富人課稅適中、對超級富人課稅近乎充公的原則；根據它的稅率表，它極爲公平。

不過，國稅法並沒有眞正做到它的原則，這點幾乎已經成爲衆所周知、無須贅述的事實。想證明這點，只須翻閱一下國稅局每年發行的《收入統計》（*Statistics of Income*）等類似資料就可以了。根據這些資料，在一九六○年，年收入毛額在四千到五千美元之間的個人，經扣除一切減免與個人免稅額，以夫妻共同申報與一家之主的稅率而計（一般而言，這會比單身納稅人的稅率爲低），支付的所得稅款平均爲申報所得額的約十分之一；收入在一萬至一萬五千美元之間的納稅人，稅款平均爲約七分之一；兩萬五千到五萬美元的人接近四分之一；五萬到十萬美元之間的人，繳納稅款平均爲申報所得額的約三分之一。很顯然，直到這個階段，如稅率表所示，國稅法採取以納稅人繳稅能力爲準的累進稅率；不過，一旦來到收入的最高層，也就是來到理論上應該課稅課得最重的稅級，累進稅率卻戛然而止。以一九六○年爲例，年收入高達十五萬到二十萬、二十萬到五十萬、五十萬到一百萬，以及百萬美元以上的納稅人，繳納的所得稅款平均不到申報收入的五○%。此外，愈是富有的人，大部分財產根本無須申報爲可課稅收入的可能性也愈高——例如，他的一切收入可能來自某些債券，半數收入來自長期資本利得等——事實證明，在收入最多的這個稅級，稅率不升反降。

一九六一年的《收入統計》證實了這點，該年的《收入統計》根據稅級表列出繳稅金額，顯示有七四八七名納稅人申報的毛收入高達二十萬美元以上，但其中淨收入以九一%稅率課稅的只有不到五百人。在整個實施期間，九一%這個稅率一直就是一種安撫民眾的工具，既讓收入較低的社會大眾慶幸自己沒那麼有錢，又讓那些有錢的不受多少傷害。如果你認為這簡直是個笑話，眞正好笑的還在後頭：那些收入比其他任何人都多的人，繳的稅卻比其他任何人都少——那就是，年收入高達百萬美元以上的人，能透過絕對合法的途徑，一毛錢稅款也不必付。根據《收入統計》的資料，一九六〇年全國有三〇六名年收入百萬美元以上的人，其中十一人完全不必付所得稅；一九六一年全國有三九八名年收入百萬美元以上的人，其中十七人完全不必付所得稅。這個簡單的事實證明，所得稅一點也不累進。

充滿漏洞，優惠富人

這部國稅法也因爲這種表象與實際之間的差距如此巨大，廣遭僞善之譏。而之所以出現如此巨型差距，原因就在於那許多琳瑯滿目、標準稅率的例外——這些例外一般叫做特殊利益條款，說得更明白一些，就是「漏洞」（loopholes）。（任何立意公正的人在使用「漏洞」這個詞的時候，都會承認這是一個帶有主觀意識的詞，因爲一個人的「漏洞」可能是另一個人的生命線，而且或許在有些時候，它還會是同一個人的生命線。）原版一九一三年的所得稅法本來沒有漏洞這東西，它們怎麼會成爲法律，以及爲什麼仍然還是法律，是涉及政治或甚至形而上學的問題，但它們的實際運作相對簡單易解。直到目前爲止，最簡單的避稅之道——至少對擁有大量可用資金的人非常簡單——就是投資州政府、市政府、港務局與收費道路公債，這類公債的利息都是明明白白免稅的。由於近年來高等級免稅公債的年息爲三%到五%之間，一個人若能投資一千萬美元買進這類公債，一年就可以收到三十萬到五十萬美元免稅利息，他與他的稅務律師可以完全不必操心。如果這人傻到把這些錢存進銀行做一般性投資，如果年息爲五%，他每年就會有五十萬美元可打稅收入，依照一九六四年的稅率，假設他是單身、沒有其他收入，也不適用任何減免條例，他得付幾近三十六萬七千美元的稅款。州政府與市政府公債免稅自開始實施以來，一直就是美國所得稅法的一部分；它在實施之初原本以憲法爲根據，現在的理由則是州與城市需要這些經費。雖然大多數財政部長不贊成這麼做，但沒有人有能力廢除這類慣例。

或許，所得稅法中最重要的一項特殊利益條款，就是有關資本利得的條款。國會經濟聯席委員會（Joint Economic Committee）在一九六一年發表一篇報告指出：「資本利得的待遇，已經成爲聯邦財稅結構中最驚人的漏洞。」這項資本利得特殊利益條款的內容，基本上就是說，納稅人若是做了資本投資，例如投資房地產、投資一家公司、買股票等，在至少隔了六個月之後賣出，賺取的利益可以享用比一般性收入低得多的稅級；明確地說，納稅人可以按照他的一般稅率減半，或按照一般稅率減少二五％來繳交資本利得所得稅（看哪一種比較有利就選哪一種）。對於那些高收入、必須根據高稅率繳稅的人而言，這項條款的意義很明顯：他必須設法盡可能把收入轉變為資本利得。就這樣，設法把一般性收入轉變為資本利得的遊戲，就成為十幾、二十年來的美國全民運動。而且想打贏這遊戲往往也不難，在一九六〇年代中期一個晚間電視節目中，主持人大衛・蘇斯金（David Susskind）問六位百萬富翁來賓，會不會將稅率視為在美國發財致富的一大障礙。這六位來賓在聽到這個問題之後一片啞然，彷彿他們從沒想過這個問題一樣。隔了很長一段時間以後，才有一位來賓用一種大人向小孩解釋問題時使用的語氣，提到資本利得條款，還說他不認為稅是什麼問題。那天晚上的節目中，便再也沒有出現過高稅率的問題。

資本利得條款雖然在一些方面與某些公債免稅的條款很像，為的都是造福有錢人，但在其他方面它與公債免稅條款不一樣。就目前來說，它是這兩大漏洞中方便之門開得最大的條款；事實上，它稱得上是一切漏洞之母。舉例來說，或許有人認為，納稅人必須先擁有資本，之後才能賺取資本利得，但是有人找出一個辦法，讓人在還沒有資本以前先取得資本利得。這個辦法在一九五〇年通過立法程序，成為法律，就是「股票選擇權條款」（stock-option provision）。根據這項條款，公司授予它的主管選擇權，讓主管有權在一定期限（如五年）內，用給予選擇權當天的公開市場股價（或接近這個股價的價格），在任何時間購買公司的股票。

之後，當公司股價飛漲時，主管可以運用選擇權以舊價格購買公司股票，然後在公開市場以新價格賣出圖利，只要在這整個過程中沒有不當的遲疑，賺得的價差在繳稅時還可以享用資本利得的優惠稅率。從主管的觀點而言，股票選擇權之妙就在於一旦股價高漲，他的選擇權本身也成爲一種有價值的商品，他可以用選擇權爲質借得現金，用這些現金憑選擇權買進、賣出公司股票，用賺得的錢償還債務，並且擁有無須投入任何資本就賺得的資本利得。從公司的觀點而言，股票選擇權之妙就在於公司可以用稅率相對較低的錢，作爲償付主管的部分薪酬。當然，如果公司的股價走低，或者就是漲不起來，這一切心機都屬枉然，而這種情況確實也曾發生。不過，即使出現這種情況，主管仍然有機會免費賭一次股市輪盤，賭輸了幾乎沒有損失，賭贏了可以大賺一筆，而所得稅法對其他族群可沒有這麼優待。

所得稅法給予資本利得優惠待遇的做法，似乎宣示了兩個非常可疑的概念：非工作賺取的收入，比工作賺取的收入更值得獎勵；有錢投資的人，比沒有錢投資的人更應享受優惠。幾乎沒有人認爲資本利得優惠待遇的做法在公平原則上可以講得通，討論這個問題的人，一般都會同意海勒斯坦的下列看法：「從社會學的觀點而言，對資產增值的獲利嚴加課稅、對個人服務的收入從輕課稅的做法非常有道理。」也因此，主張給予資本利得優惠待遇的人有其他理由，而其中一個理由是，根據一項很有分量的經濟理論，資本利得應該完全免繳所得稅。這項理論說，工資與股息或投資利息，都是資本之樹結出的果實，因此都是可課稅的收入，但資本利得代表這棵樹的本身，因此根本不是收入。有些國家在稅法中明訂這項差別，特別是英國，原則上直到一九六四年才開始對資本利得課稅。還有另一個理由，純粹就實用觀點出發，認爲爲了鼓勵人拿出資金冒險，所得稅法有必要給予資本利得優惠待遇。（同樣地，主張股票選擇權的人也說，公司需要用這個辦法吸引、留住主管人才。）最後，大多數稅改派雖然認爲應該比照其他收入，在完全一樣的基礎上對資本利得課稅，但幾乎所有稅務當局都同意，這麼做涉及難以克服的技術難題。

屬於富有與高薪這類型納稅人，還有其他各種節稅管道可資運用，其中包括企業養老金計劃，像股票選擇權一樣，這種養老金計劃也能幫助主管節稅；也包括表面上以慈善與教育目的而設的免稅基金會，美國現有一萬五千多個這類基金會，幫助捐助人節稅，只是其中有些基金會似乎不見有什麼慈善與教育活動；此外，還包括個人控股公司，讓一些透過寫作與演藝一類個人服務賺到大錢的人，把自己視爲公司一樣運作，以減輕稅負。不過，在所得稅法的種種漏洞中，最廣受批判的，或許就是對石油業者的百分比石油耗損津貼。根據所得稅法，所謂「耗損」（depletion）指的是無可取代的天然資源的不斷枯竭，但在石油業者的所得申報書中，「耗損」卻爲一般所謂的「貶值」罩上一層神奇的光輝。製造商可以用機器設備老舊貶值爲由來主張減稅，但減稅金額不得超過這部機器的原始成本；也就是說，一旦這部機器理論上已經不再有使用價值，就不能再要求減稅。但基於一些無法解釋的理由，個別或公司的石油投資人在申報產油油井的所得時，卻能無限期主張百分比耗損津貼，即使已經透過這種方式將油井原始成本回收了好幾倍，仍能繼續要求津貼。

石油耗損津貼是每年二七．五％，最高不得超過石油投資人淨收入的一半——其他天然資源投資人也享有規模較小的津貼，例如鈾爲二三％，煤爲十％，牡蠣與蚌類爲五％。特別是在結合其他避稅辦法之後，這項津貼對石油投資人的可課稅收入效果至爲驚人；例如，一名石油投資人最近五年淨收入爲一千四百三十幾萬美元，他付了八萬美元的所得稅，稅率僅有○．六％。百分比石油耗損津貼一直爲人詬病，固然不足爲奇，但保護這項津貼的人使出渾身解數爲它辯護，也同樣不足爲奇。甚至連甘迺迪總統在一九六一年與一九六三年建議的稅改方案（一般認爲這兩項方案合在一起，是歷任美國總統所提內容最廣泛的稅改方案），都無法稍越雷池、廢止這項津貼。一般而言，主張百分比石油耗損津貼的理由是鑽油風險很高，爲了酬庸石油投資人、確保全國石油供應無缺，繼續維持這項津貼有其必要。但許多人認爲，這個理由等於是說「耗損津貼是聯邦對石油業者一種必要而且合宜的補助」，不過這說法是自掘墳墓，因爲補助個別產業根本不是所得稅該管範圍。

所得稅法鼓勵商務行爲？

《一九六四年歲入法案》雖然沒有採取任何杜絕這些漏洞的行動，不過它確實做了一些事，讓這些漏洞沒那麼有用，例如它大幅降低高收入納稅人的基本稅率，讓他們懶得再去尋找沒那麼方便、沒那麼有效的避稅之道。至於有沒有拉近、保證些什麼與實際做到些什麼之間的差距，新稅法代表的是一種偶一爲之的改革。（想完全杜絕所得稅逃漏稅的漏洞，辦法之一就是廢除所得稅。）然而，與國稅法展現的那種詭辯大不相同的是，一九六四年的新法案具有某些可以辨識、而且令人不安的特別規定，這些特別規定沿用至今沒有改變，而且今後很可能更難以改變。其中一項規定涉及的，就是企業老闆（爲自己的商務旅行）或員工（爲雇主旅行，但商務開支沒有獲得退款）的旅行與娛樂開支能否減稅的問題。以近年來的情況而論，這類型減免額至少每年有五十到一百億美元，使聯邦歲入減少十到二十億美元。這項「旅行與娛樂」（travel-and-entertainment）的問題（一般叫做T&E問題）由來已久，有關當局曾多次嘗試解決，但一直未果。

T&E問題史的一個關鍵點，出現在一九三〇年。法庭在那年判決，身爲演員與歌曲作者的喬治・柯恩（George M. Cohan）——同樣也適用於其他任何人——儘管提不出任何付款證據，甚至提不出一個詳細帳目，但根據合理估計，仍然有權因商務開支享有減稅。這項一般稱爲「柯恩判決」（the Cohan rule）的規定一直沿用了三十幾年，每年春天，總有成千商人引用這項判決要求減稅，就像回教徒朝拜麥加一樣，已經成爲一種例行公事。在這許多年間，商務開支的減稅估計像藤蔓一樣，金額愈來愈高、也愈來愈誇張，於是柯恩判決與

T&E的一些彈性規定便遭到稅改人士的不斷抨擊。國會先後於一九五一年與一九五九年提出法案，主張實際上或全面廢止柯恩判決，但都沒有通過。在一次這樣的國會攻防辯論中，反對改革的人說，通過T&E改革會讓肯德基大賽馬（Kentucky Derby）辦不成。甘迺迪總統也曾在一九六一年提出法案，不僅主張廢除柯恩判決，還要把商務旅行每天可以申報的餐飲開支減稅額減少到四至七美元之間，讓美國生活中的減稅時代畫上句點。但這類基本性社會改革都沒有出現，商人、飯店、餐廳，以及夜總會業者立即聲嘶力竭、極力抗爭，甘迺迪的許多建議很快就放棄了。但無論如何，國會於一九六二年通過、經一九六三年國稅局發布一套法規正式生效的一連串國稅法修正案，最後還是廢了柯恩判決，並且大體上規定，商務減稅無論金額多小，即使提不出確實收據，至少也得有足以佐證的紀錄。

但只須草草讀過一遍，就不難發現改革後的T&E法規不能完全展現立法旨意，而且事實上，新法規還給人一種荒謬與不文的感覺。根據新法規，想申報旅行費用抵稅，首先得證明旅行主要是爲了商務，而不是爲了玩樂，而且旅行必須是「離家遠行」；也就是說，僅僅通勤不能算是離家遠行。這項「離家遠行」的規定，於是引出「家」在哪裡的問題，從而導致「稅務家」（tax home）的概念。一名商人，無論有多少鄉間別墅、有多少打獵小屋，或者有多少分支辦公室，如果想要申報旅行開支減稅，就必須離開「稅務家」；所謂「稅務家」是一個大範圍的地區，而不是特定建築物，換句話說，它是商人主要的就業地點。也因爲這項規定，夫婦兩人若是在兩個不同城市通勤上下班，會有不同的「稅務家」。不過，所幸所得稅法仍然承認他們是夫妻，仍然讓他們享有一般夫妻的稅務優惠。儘管稅務婚姻的情況已經出現，稅務離婚仍是未來的事。

至於娛樂問題，影響深遠的柯恩判決既已不復存在，國稅局那些法規起草人員不得不做出幾近於神學的細膩區分，結果就是針對一天二十四小時無分晝夜、與各類人等談生意的習慣——那些流行多年的習慣——訂定津貼金額。舉例來說，商人招待業務夥件上夜總會、劇院或音樂會的支出可以申報抵稅，但條件是必須在這些娛樂活動進行之前、進行期間，或進行之後進行「大量的實質商務討論」（一堆商人若在音樂會演出時，在現場七嘴八舌地討價還價，會是什麼景象，眞讓人不敢想像。）另一方面，一名商人若在「安靜的商業場合」——例如沒有現場表演的餐廳——招待另一名商人，只要約會具有商業目的，就算用餐期間只是略談了一下商務，甚至對商務隻字不提，仍然可以申報減稅。

大體而言，場合愈吵雜、愈混亂、愈讓人分神，愈要有商務討論；規定中特別將雞尾酒會納入吵雜、讓人分神的類別，因此必須在雞尾酒會舉行之前、舉行期間，或舉行之後進行相當的實質商務討論，才能申報抵稅。另一方面，商人若在自己家裡宴請商業夥件，就算期間不談商務，仍然可以據以申報減稅。不過，拉瑟稅務研究所（J. K. Lasser Tax Institute）在它發表的暢銷手冊《你的所得稅》（*Your Income Tax*）中指出，在這種案例中，你必須「要有所準備，必要時可以證明你的動機……屬於商業而不屬社交性質。」換言之，爲了保障起見，想辦法談些商務絕對錯不了。海勒斯坦寫道：「從那以後，稅務顧問會毫不遲疑地呼籲客戶，要客戶只要逮到機會就談商務，並且要他們告誡自己的太座，若想保有過慣了的生活方式，就不要有怨言。」

一九六三年過後的所得稅法規，不鼓勵誇張的娛樂活動，但誠如拉瑟的手冊中所指（或許說這話時還有些喜形於色）：「國會沒有特別訂定一條法規，禁止鋪張、誇大的娛樂。」事實上，國會還明白規定，商人可以用一個「娛樂設施」，例如遊艇、狩獵木屋、游泳池、保齡球館，或在一架飛機上款待客戶，並據以申報貶值與營運開支抵稅，但條件是他在使用這項設施的時間必須有一半以上用於商務。商業清算公司（Commerce Clearing House, Inc.）定期發表許多刊物，爲稅務顧問提供指導，其中有一份稱爲《一九六三年開支帳戶》（*Expense Accounts 1963*）的手冊，舉了如下一個例子說明國會的這項規定：

> 一艘遊艇……爲款待客戶而保養。二五%的時間用於休閒……由於這艘遊艇有七五%的時間用於商務，它的主要用途在於推動納稅人的商務，七五%的保養維修開支……是可以減免的娛樂設施開支。如果這艘遊艇只有四〇%的時間用於商務，它不可以申報減免。

至於遊艇用於商務與休閒的時間怎麼區分，手冊中並沒有詳述。猜想，當遊艇停在乾船塢，或駛在水中但船上只有船組人員的時候，既不屬商務、也不屬休閒時間。不過，或許有人會說，船主有時只須看著他的遊艇停在那裡、隨波擺動，就能欣慰不已。準此而言，必須是他與他的賓客都在船上的時間，才能算是商務用途時間。或許，如果他想遵行這項法規，最有效的辦法就是在遊艇左舷與右舷各裝一個馬表，一個專門記錄商務航行時間，另一個只在休閒用途時啓動。或許一次社交之旅因西風大起而提前一小時返港，或許九月間一場風暴延誤了一次商務之旅最後一站的行程，結果讓這一年的商業用途時間超過關鍵性的五〇%。船主一定會祈求有這樣的好風好雨，因爲若能超過這五〇%的關卡而獲得所得稅減免，他這一年的稅後收入很可能增加一倍。簡單說，這項法規根本是荒唐。

有些專家認爲，T&E規定的改變，代表美國社會的一種利得，因爲在過去柯恩判決的泛泛條款下，不少納稅人不免小小虛報一些帳目、少繳一點稅，但在新規定下，他們或許既沒這個膽，也沒這個心了。不過，這種守法方式帶來的好處，可能因美國人生活品質的降低而得不償失。所得稅法從來沒有任何一部分條款像這樣極力迫使社交商業化，也從來沒有任何一部分條款像這樣明確地懲罰業餘精神，而根據理查德·霍夫施塔特（Richard Hofstadter）所著的《美式生活的反知識主義》（*Anti-Intellectualism in American Life*）一書，業餘精神正是美國開國先父們的特性。或許這一切種種，造成的最大危害在於，遵行法律條文的字面規定，針對技術上屬於商務性但實質上屬於社交性的活動提出申報、要求減稅，一個人可能眼睜睜看著自己貶低自己的人生。有人或許會說，如果美國開國先父們今天仍然活著，會不屑將社交與商務、將業餘與專業混為一談。除非是絕對明顯的商務開支，否則他們絕不會申報要求抵稅。但根據現行稅法，問題是他們能不能負擔得起如此重得驚人的稅，甚至是應不應該要他們做這種是公是私的選擇。

以慈善為名的逃稅行為

有人認為，所得稅法歧視知識性工作，主要證據在於，納稅人可以針對一切消耗性實體資產申報貶值，也可以針對天然資源申報耗損，但藝術家與發明家卻不能因心理或想像力耗損而要求減免稅務——儘管腦力疲乏對這類人士晚年的作品與收入，往往有非常明顯的影響。（還有人說，職業運動員也遭到歧視，因為他們不能根據所得稅法以身體耗損為由要求稅務減免。）美國作家聯盟（Authors League of America）這類組織並進一步指出，所得稅法對作家與其他靠創意謀生的人不公平，因為這類人士由於工作特性與行銷經濟，年收入往往起伏甚大，也因此總是在成果豐碩的一年被課以重稅，在成果貧乏的年分卻窮得無以為繼。針對這個問題，國會在一九六四年通過一項法案，規定藝術家、發明家一類人士，若在某一年突然獲得大筆收入，可以將這些收入分四年均攤，以避免重稅。

但所得稅法如果反知識，它很可能只是一種無心之過，而且無疑只是偶一爲之而已。由於爲慈善基金會提供免稅優惠，它每年釋出好幾百萬美元爲從事各種研究計劃的學者，提供旅費與生活開支——如果不是這種優惠待遇，這些錢大部分會進國庫。此外，由於所得稅法訂有增值資產贈予的特別條款，無論出自有心亦或無意，往往不僅能使畫家與雕塑家高價賣出作品，還能讓數以千計的作品從私人收藏流入公共圖書館。這項過程的運作，如今已是家喻戶曉的事實，無須贅述：將藝術品捐贈博物館的收藏家，可以用捐贈這件藝術品時的市價抵扣所得稅，而且無須就藝術品購入後增值的部分支付任何資本利得稅。如果增值的幅度很大，而收藏家的稅級又非常高，他甚至可以因此而賺一筆。這些條款，不僅能讓一些博物館面對來自四面八方的藝術贈品而忙得不亦樂乎，還能讓古早以前、沒有所得稅時代那種有錢人玩藝品的風氣再次流行起來。近年來，一些高稅級人士開始流行系列收藏，他們或許先收藏後印象派作品，幾年後開始收藏中國玉器，然後是現代美國畫作等。在每一個階段終了，收藏人將所有收藏品釋出，算上如果不這麼做必須支付的稅，他事實上可以不費分文地收藏這些藝品。

高收入的人無須多少成本，就能以藝術品、金錢，或其他資產形式做慈善捐助，是所得稅法最奇怪的一種成果。在每年大約五十億美元個人所得稅抵扣金額中，目前爲止最大的一項是來自收入極高人士的增值資產。用一個簡單例子可以說明這其間的道理：一個稅級爲二

○%的納稅人，如果捐助一千美元現金，付出的淨成本爲八百美元。但一個屬於最高六○%稅級的納稅人，如果捐助同樣金額的現金，付出的淨成本爲四百美元。如果同一位高稅級納稅人，捐的是他早先以兩百美元購入、現在市價一千美元的股票，他付出的淨成本只有兩百美元。美國之所以出現年收入百萬美元的人根本不繳所得稅的現象，主要就因爲所得稅法極力鼓勵大規模慈善捐助。根據所得稅法一項最明確的條款，一個納稅人，若是所得稅與捐助金額加起來，等於他的可課稅收入的九○%以上，而且過去十年中有八年的情況都是如此，則他可以在本年申報所得稅時，不理會減免額的一般限制，完全不必繳稅。

就這樣，所得稅法條款常能讓人進行金融操控，僞裝成慈善而逃稅。因此，經常有人指控，從道德角度而言，所得稅法的腦袋根本是漿糊做的，甚至比這還不如，而且這些條款還能讓其他人的腦袋也漿糊化。舉例來說，近年來一些大規模的籌款行動，就一方面要求人們行善，一方面竭力說明捐款的稅務優惠。一本內容很周詳、叫做《節更多稅……一種建設性做法》（*Greater Tax Savings... A Constructive Approach*）的手冊，就是一個很好的例子。普林斯頓大學（Princeton University）在一次大規模籌款行動中，就使用這本手冊（哈佛、耶魯與其他許多大學，也使用縱非完全一樣、也大體類似的手冊。）這本手冊在序言中以崇高的語氣說：「領導的責任很大，特別是在今天這個時代，政治家、科學家與經濟學家必須做決定，而且這些決定幾乎必將影響今後好幾代人，情況尤其如此。」

該手冊繼續指出：「這本手冊的主要宗旨，就是呼籲所有有意捐助的人士，更加嚴謹地思考用什麼方式捐贈的問題……捐助人可以透過許多方式，只須負擔相對低廉的成本，就能捐出重大贈禮。有意捐助的人士應該了解這些機會，這一點很重要。」手冊在之後幾頁開始詳細解釋，如何捐贈增值證券、工業用資產、租約、權利金、珠寶、古董、股票選擇權、住宅、人壽險、倉儲項目，並且透過運用信託（「信託的做法非常廣泛」）以節稅。手冊中還提出一種做法，表示增值證券的所有人，不但不需要割捨任何東西，還很可能希望把這些證券以原先承購時的價碼「賣」給普林斯頓求現；不假思索看來，這是一次商業交易，但手冊中精確指出，在所得稅法的眼中，證券所有人將高市價證券以低價賣給普林斯頓的行爲代表純粹的慈善，也因此賣得的錢可以完全抵稅。手冊在最後一段指出：「儘管我們極力強調精密稅務規劃的重要性，卻絕不希望慈善施捨的思考與精神，將因此淪爲稅務考慮的附屬。」確實，慈善施捨不應該、或不需要如此；經過如此巧妙的運用操作，慈善的皮囊早已減到不能再減，或是完全掏空，它的精神自然可以無拘無束、自由飛翔了。

過於複雜，集結出一支稅務顧問大軍

所得稅法最重大的一個特性——我們也因此來到這場特性大搜索的最後一站——就是它的複雜性。所得稅法帶來的好些影響最深遠的社會效應，就是這種複雜性造成的結果；正因爲它實在太複雜，許多納稅人如果想以合法方式將稅額減到最低限，就必須向專業人士求助。而由於第一流的稅務顧問奇貨可居，索費甚高，有錢人因此又比窮人多了一項優勢，所得稅法在實際行動上比它的規定更加背離民主了。（此外，所得稅顧問費本身也可以抵稅，這項事實表示，愈來愈富有的人，又多了一項可以用愈來愈低的成本取得的東西。）當然，國稅局也有各式各樣的免費計劃，爲納稅人提供稅務教育與支援，這些計劃的內容很廣泛、用心也很良善，但與優秀、獨立的稅務專家所提供的收費服務相比，仍然相去甚遠。或許，這是因爲國稅局的第一要務是徵稅，而一個主管徵稅的官署卻忙著教人節稅，顯然涉及利益衝突。以一九六〇年全美個人所得稅營收總額爲例，約有半數來自經通膨調整後毛收入九千美元以下的納稅人，但造成這項事實的原因不完全來自所得稅法的條款，低收入納稅人無力聘請專業顧問來教他們怎麼節稅也是部分原因。

人數衆多的稅務顧問大軍——他們在這行有個名稱，叫做稅務執業師——是所得稅法因過於複雜而造成的一種奇怪而令人困擾的副作用。這支顧問大軍規模究竟有多大不得而知，但也有一些蛛絲馬跡可尋。根據最近一次計算，美國大約有八萬名這類執業師，他們大多數是律師、會計師與前國稅局員工，領有財政部的執照，可以正式執行稅務顧問業務，可以以稅務顧問的身分與國稅局打交道。此外，還有爲數不詳、沒有執照、往往也不夠格的業者，收費替納稅人報稅（每個人依法都可以替他人報稅）。至於在稅務顧問這一行，縱然算不上貴族、也絕對稱得上是富豪的律師，大概在全美也找不出一個能執業一整年而不關心稅務的律師，而且一年一年過去，全面投入稅務的律師人數也愈來愈多。美國律師協會（American Bar Association）的稅務部門有成員約九千人，幾乎清一色都是稅務律師。在典型的紐約市大律師事務所，每五名律師就有一名是專職的稅務律師；培養衆多稅務律師的紐約大學法學院財稅系，規模比一般法學院整個院所還大。

一般認爲，由於投入避稅這門領域的，不乏美國現有最優秀的法律精英，對國家資源而言是一大浪費，而許多著名稅務律師對這種說法也欣然接受。他們似乎樂此不疲地證實兩件事：首先，他們的心理能力確實出類拔萃；其次，這些能力確實也在細枝末節上消磨殆盡。一名這樣的律師不久前曾這麼解釋：「在美國，直到一八九〇年以前，最大的東西是房地產法。之後是公司法的時代，現在法學出現許多專業，其中最重要的就是稅務。我很樂意承認我做的工作，沒有多少社會價值。畢竟，當我們討論稅法的時候，談的是什麼？個別人或一家公司應該怎麼付出應該付出的稅，以支持政府——充其量就是這個問題罷了。好吧！那我就來談談我爲什麼要做稅務這個問題。首先，這是一種迷人的智慧遊戲。它與訴訟並列，或許是目前法律實務領域中，最有挑戰性的一門分枝了。其次，儘管就某種意義而言，它是一種專門知識，但就另一種意義而言它並不是。它切入每一處法學領域。今天你可能爲好萊塢一名製片工作，明天你服務的對象是一個房地產大亨，接下來是一位公司主管。第三，做稅務很賺錢。」

不公平，但暫時無法可取代

表面假平等，骨子裡玩寡頭壟斷，恣意妄爲的複雜，異想天開的歧視，推理似是而非，用字吹毛求疵，敗壞慈善，打擊事理，賣弄專業，浪擲人才，大力支援有錢的老闆，卻把重擔加在升斗小民身上，對藝術家與學者也時好時壞——如果這些都是美國所得稅法反映在國家鏡子裡的影像，鏡子裡頭當然也有一些好東西。這世上確實沒有一部能讓每個人都滿意的所得稅法，或許也沒有一部既公正、又能讓每個人都開心的所得稅法。路易．艾森斯坦（Louis Eisenstein）在他的著作《稅的意識型態》（*The Ideologies of Taxation*）中指出：「人們會卯足了勁，讓他人替他們付費，稅就是在這種過程中產生的一種不斷變化的產品。」除了那些明目張膽的特殊利益條款以外，美國所得稅法似乎是一部立意誠正的文件，目的在於以盡可能公平的方式，在前所未有的複雜社會中，課徵金額之高、前所未見的稅，它的立意在於鼓舞國家經濟，在於推動社會公益。在有智慧、有良知的主事者經營下（近年來的情形就是這樣），美國所得稅法很可能是全世界最公平的所得稅法。

不過，訂定一部令人不滿意的法律，然後想辦法透過好的行政管理以補償缺失，很顯然是一種荒誕的程序。一個比較有邏輯的辦法是廢了所得稅，提出這類主張的主要是激進的右派人士，在他們眼中，任何所得稅不是社會主義就是共產主義，他們認爲聯邦政府只須停止花錢就行了。某些經濟學家也主張廢除所得稅，不過他們提出的是一種理論性構想，而不是一種實際可能性。他們認爲，現行所得稅課得的稅款，至少有相當部分可以透過其他途徑徵收，比方說，附加價值稅就是這樣一種另類途徑。根據附加價值稅，政府按照製造業者、批發商與零售商的商品買進與賣出價差，對這些業者打稅。主張採取這種途徑的人認爲，與企業所得稅相形之下，附加價值稅更能將稅負平均分攤於生產流程，而且還能讓政府早一點收到稅。

法國與德國等幾個國家已經實施附加價值稅，不過只是作爲所得稅的輔助，並沒有取代所得稅。在美國，實施聯邦附加價值稅的可能性，充其量也只能說是遙遠而已。此外，還有人建議增加課稅標的，以減輕所得稅稅負，並使用統一稅率，創造一種相當於聯邦銷售稅的東西；有人建議增加使用者稅，如在聯邦擁有的橋梁與休閒設施徵收使用稅；也有人主張通過立法，像殖民時期直到一八九五年那段期間一樣，發行聯邦彩券。聯邦政府曾經憑藉這種發行彩券的做法，資助建立哈佛大學（Harvard University）、打獨立戰爭，還用這些錢來建設許多學校、橋梁、運河與道路。但這所有的建議都有一個明顯的劣勢：它們只管收稅，卻幾乎完全不能顧及納稅人的納稅能力。基於這個理由或其他一些理由，它們在可預見的未來，立法通過的可能性都很小。

一些理論家還有一項特別熱中的建議，就是實施一種叫做開支稅（expenditure tax）的東西，針對個人年度開支總額，而不是收入總額來徵稅。主張這種做法的人認爲（都是稀有經濟論的死忠派），開支稅有簡單的基本特質、有鼓勵節約的好處，而且它課徵的是個人從經濟取出些什麼、而不是放進經濟些什麼，也因此比所得稅更公平；此外，它還能爲政府帶來一種特別方便的管控工具，讓政府可以保持國家經濟穩定發展。不過，反對開支稅的人說，這麼做事實上一點也不簡單，而且想逃稅太容易了；結果會使有錢人更有錢，也無疑變得更吝嗇。再者，這麼做等於懲罰開支，會造成經濟萎縮。無論怎麼說，主張與反對這種做法的人都承認，以美國目前的政治情勢而言，開支稅並不可行。一九四二年，時任美國財政部長的小亨利・摩根索（Henry Morgenthau, Jr.）曾一本正經地建議，主張美國實施開支稅。一九五一年，劍橋大學（University of Cambridge）經濟學家尼古拉斯・卡爾多（Nicholas Kaldor）也曾向英國政府提出類似建議，但這兩項建議都沒有要求廢止所得稅，而且這兩項建議都幾乎遭到一致否決。一位主張開支稅的人士不久前表示：「想起來，開支稅眞是美極了！它能避免所得稅的幾乎一切漏洞疏失。但它只是一場夢。」在西方世界，它確實是一場美夢；世界上只有印度與錫蘭兩個國家實施開支稅。

改革的難題

在看不到實際可行的代用稅制的情況下，所得稅似乎仍將持續下去。想擁有較好的稅制，似乎也只能從所得稅的改革著手。由於美國所得稅法的一項主要缺點在於它過於複雜，改革大可從這點著手。財政部長摩根索曾在一九四三年設立委員會，研究這個問題，之後不斷有人嘗試簡化所得稅，而且不時也取得一些小小成功。舉例來說，在甘迺迪政府主政期間，曾實施報稅規則簡化，希望條列扣抵項目、但稅務狀況相對簡單的納稅人，還可以用簡化版的申報書報稅。不過，這些顯然只是打游擊一樣的小勝。想在改革戰場上取得較全面的勝利，必須克服一項主要障礙，那就是所得稅法之所以這麼複雜，爲的往往只是謀求對全民一體的公平，想去除這些複雜而不犧牲公平性，顯然非常困難。

舉例來說，家庭補助特殊條款的演變，就是這種求公平往往能直接導致複雜的最清楚說明。直到一九四八年，美國有些州訂有夫妻共同財產法（community property laws），有些州沒有這類法律。住在訂有這類法律的州的夫婦，因爲這類法律而享有一項稅務優惠：這些夫婦可以將兩人收入總額均分，進行所得稅申報，即使其中一人的收入可能甚高，另一人可能根本沒有收入也不受影響。爲了匡正這項明顯不公，聯邦所得稅法進行修訂，讓所有夫婦都享有這項收入均分的特權。但這麼做，卻構成對單身、沒有撫養眷屬者的歧視。就算不談這種歧視（直到今天，所得稅法仍然沒有爲單身者提供類似優惠，也沒有人對這項歧視提出挑戰），所得稅法對一項不公進行修訂，卻造成另一項不公，於是對這另一項不公進行修訂，結果又造成更新的一項不公——就這樣，雞生蛋、蛋生雞，在眞正的解方出爐前，所得稅法又必須針對沒有結婚、但負有家庭責任的人士，以及在上班時將孩子交付托兒所的職業婦女，還有鰥夫寡婦等特定問題一一提出修訂。而且每一項修訂，都使所得稅法更加複雜。

漏洞則是另一個問題。在漏洞的案例中，所得稅法的複雜爲的不是求公平、而是求不公，而且它們的持續存在構成一個令人難解的矛盾；在美國的系統中，法律照理說是大多數民衆訂定的，明目張膽犧牲大多數人的權益、爲極少數人牟利的稅法，似乎代表一種民權原則的濫用——它是一種保護百萬富豪的反歧視方案。新稅法想成爲法律，要經過一段冗長的過程——財政部或其他一些當局得先提出建議案，建議案通過衆議院歲入委員會，之後通過衆議院全體院會，再提交參議院財政委員會，之後通過參議院全體院會，然後由兩院聯席委員會提出妥協方案，再次送交衆議院與參議院通過，最後經總統簽字生效。在這項冗長過程的每一階段，法案都有可能遭到封殺或遭到擱置。不過，儘管民衆有足夠的機會抗議特殊利益條款，所得稅法現在面對的民衆壓力，卻是贊成特殊利益條款之聲尤甚於反對之聲。

菲利普．史特恩（Philip M. Stern）在討論稅法漏洞的著作《財政部大突襲》（*The Great Treasury Raid*）中指出，根據他的看法，所得稅法改革面對幾股重大阻力，其中包括反改革遊說團體的技巧、勢力與組織；政府內部贊成改革勢力的分散與政治無能；社會大眾的漠不關心——民眾沒有用寫信給國會議員或其他方式，來表現他們對稅改的熱忱，或許這主要是因爲稅改議題技術性色彩過於濃厚，民眾既然無法了解，當然也就沒有人表示什麼意見。就這項意義而言，聯邦所得稅法的複雜，對它產生一種刀槍不入的保護效果。就這樣，負責徵收聯邦財稅的財政部，儘管工作性質使然、天生傾向改革，卻往往只能與伊利諾州的保羅·道格拉斯（Paul H. Douglas）、田納西州的艾伯特·高爾（Albert Gore）、明尼蘇達州的尤金·麥卡錫（Eugene J. McCarthy）等幾位改革派國會參議員孤伶伶地站在一邊，望「改」興嘆了。

樂觀派相信，總有一天會出現「危機點」，使享有特殊優惠的群體超越一己私利，把眼光放向遠處，使其他國人都能克服消極，使所得稅比今日更能爲美國謀福祉。但那天何時到來——如果眞有這麼一天的話——樂觀派並沒有特別說明。不過，他們心目中理想的所得稅法像什麼樣子，並不是祕密。許多改革派夢想有一天能夠實現的理想所得稅法，是一種簡短而且簡單的稅法，稅率相對較低，而且只有極少數的例外。根據這種主要結構特性看來，這套理想的所得稅法與一九一三年的所得稅法，也就是美國在承平時期實施的第一部所得稅法非常類似。如此說來，如果我們今天無法達成的理想某天終於能夠實現，所得稅法等於是在極盡折騰以後，終於又回到起步的原點。

4 合理的時間

德州海灣硫磺公司的內部人

對證券交易商而言，無論是久久以後可能出現的公衆事件，或是即將到來的商業發展，甚至是政治人物的健康等隱私資訊，永遠是珍貴的商品；有些評論員甚至因此認爲，在股票市場，交易這類資訊的重要性不下於交易股票。市場爲資訊賦予的金錢價值，往往可以用資訊造成的股價變化精確衡量，這些資訊幾乎就像其他商品一樣，可以隨時變現；事實上，交易商確實會彼此交換資訊，它幾乎就是一種錢。

直到不是很久以前，有幸擁有這類資訊的人能不能利用它獲取私利的問題，大體上一直無人追究。納森・羅斯柴爾德（Nathan Rothschild）由於搶先一步知道威靈頓公爵在滑鐵盧戰役取勝，並善用這項資訊炒作市場而能大發利市，爲羅斯柴爾德家族在英格蘭的基業奠下基礎，而且也沒有因此引起皇家調查委員會或憤怒民衆的抗議。幾乎就在同時，在大西洋的彼岸，毛皮商人約翰・雅各・阿斯托（John Jacob Astor）也因爲搶先一步取得《根特條約》

（Treaty of Ghent）的消息（美英於一八一四年簽署《根特條約》，結束兩國於一八一二年發起的戰爭），並未受到任何阻撓，而發了一大筆財。在內戰過後的美國，投資大眾仍像過去一樣，乖乖接受圈內人有權憑藉特權知識做買賣，只要能夠跟在這些圈內人後面拾些小惠，就感到滿足了！〔老牌圈內人丹尼爾・德魯（Daniel Drew）做得更狠，就連這點小惠也不肯施捨給投資大眾，故意在公共場合散播他的投資計劃備忘錄，其中記了許多誤導投資人的資訊。〕

美國人在十九世紀賺得的大多數財富，即使不完全來自這類內線買賣，也是靠這類做法滾大的。如果這類交易早在十九世紀就能有效禁止，我們今天的社會與經濟秩序會出現多大差異，雖或思之無益，卻是一個爲人帶來無限遐思的議題。直到一九一〇年，才有人公開質疑公司的高級主管、董事與員工可不可以買賣自己公司的股票；直到一九二〇年代，社會大眾才開始認爲，這類人士進出股市的做法與做牌耍詐無異，讓他們買賣股票太不公平。直到一九三四年，美國國會才通過法案以重建公平原則。根據這項名爲《證券交易法》（Securities Exchange Act）的法案，公司內部人士在短線買賣自己公司股票的過程中，無論取得什麼利益，都必須還給公司。之後，證交法在一九四二年納入一項「10B-5」的條款，進一步規定任何股票交易人不得運用任何手段詐欺，不得「對一項重要事實做不實聲明，或……故意略過一項重要事實不做聲明。」

由於略過重要事實不做聲明，是運用內部資訊圖利的要件，證交法——雖然沒有禁止圈內人買他們自己的股票，只要圈內人在買進以後持有六個月再出售圖利，證交法也沒有禁止他們保有這些獲利——卻似乎已將做牌手法打爲非法。不過，在實際運作上，直到不久以前，一九四二年的這些規定幾乎形同具文。根據證交法而設的聯邦執法機構證券交易委員會（Securities and Exchange Commission），只在極少數的幾個案例中運用這些法規，而且這些案例的違法情事都非常明顯，就算沒有證交法，用普通法照樣可以懲罰犯行。之所以出現這種執法鬆散的現象，有一些很顯然的理由，其中一個理由是，許多人認爲讓公司主管享有靠公司內部機密圖利的特權，是一種攏絡企業主管、讓他們爲公司賣力的必要誘因。還有一些權威人士認爲，圈內人在市場興風作浪，對公平買賣的精神雖是一種冒犯，但對交易的順暢與秩序卻是一項必要。此外，還有人認爲，大多數的股票交易人，無論就技術標準而言是不是圈內人，都保留、藏有某種內部資訊，或者至少希望或認定自己擁有內部資訊，也因此公平運用 10B-5 條款會搞得華爾街天下大亂。

華爾街內線交易的經典案例

就這樣，前後二十年間，證券交易委員會大體上只是將這些法規束之高閣，刻意不對華爾街一處最不堪一擊的罩門採取行動。但之後，在經過三、兩次試探以後，證交會重手出擊了！而它出手的這個場合，是針對德州海灣硫磺公司（Texas Gulf Sulphur Company）與十三個人（都是該公司的董事或員工）所提出的一場民事訴訟。這場官司由紐約市佛利廣場（Foley Square）的美國地區法院受理，從一九六六年五月九日進行到到六月二十一日，沒有陪審團。在審判期間，主審法官杜德利．邦沙（Dudley J. Bonsal）語氣平和地說：「我想，我們都同意一點：我們是在耕耘一片未耕之地。」或許，這場訴訟不僅耕耘，還在一片未耕之地播了種。亨利．曼尼（Henry G. Manne）在不久前出版的《內線交易與股票市場》（*Insider Trading and the Stock Market*）一書中指出，這場訴訟用幾乎稱得上經典的方式，展現了整個內線交易的問題，還說它的判決「可能在今後許多年對這個領域的法律有決定性的影響。」

導致證交會這項行動的事件，發生在一九五九年三月。當時，總公司設在紐約市的德州海灣公司（全球頂尖硫磺生產業者），開始在加拿大盾地（Canadian Shield）進行空中地質探勘。加拿大盾地是位在加拿大東部至北部的一片廣袤、不毛的無人荒野，在記憶可及的過去，曾經有很多金礦。不過，德州海灣的這些探勘人員，找的既不是硫磺、也不是黃金，他們找的是硫化物——硫與鋅、銅這類有用的礦物經化學作用而產生的堆積物。當時，硫磺的市價一路走低，德州海灣這麼做的目的，在於發掘其他有開採價值的礦脈，以推動多角化的經營，減少對硫磺的依賴。這項空中探勘斷斷續續地進行了兩年，在探勘期間，探勘飛機上的地質掃描儀器，不時出現一種奇怪的顫動，顯示底下的土地裡面藏有會導電的東西。出現這種現象是地質學者所謂「異象」（anomalies）的地區，由探勘人員仔細記錄、繪製成圖，加總起來約發現幾千處異象。不過，儘管大多數的硫化物會導電，石墨等其他許多東西也會導電。石墨是一種人稱「愚人金」（fool's gold）的黃鐵礦，一點價值也沒有；甚至水也會導電。知道這道理的人當然也都知道，「異象」要成爲一座可以開採的礦，中間還有很長的路要走。

但無論如何，德州海灣公司的探勘人員在這些異象中，找出幾百處他們認爲值得進行地面調查的區域，其中最有前景的一個區域，在探勘圖上標示爲 Kidd-55。這個地區約有一平方哩，是一處沼澤，林木稀疏，幾乎沒有突出地面的岩石，位於加拿大安大略省蒂明斯（Timmins, Ontario）以北約十五哩。蒂明斯是一處舊金礦城，位於多倫多西北約三五〇哩。由於 Kidd-55 是私人擁有的土地，德州海灣的第一個問題，就是取得這塊地的所有權，至少必須取得足夠的所有權，以便進行地面的探勘作業。不過，一家大公司想在一處大家都知道它想開礦的地區取得一片地，顯然得大費周章，最後德州海灣到一九六三年六月終於取得許可，可以在 Kidd-55 的東北角進行鑽探。同年十月二十九日與三十日，德州海灣一位名叫理查·克雷登（Richard H. Clayton）的工程師，在東北角進行地面電磁探勘，對探勘的結果很是滿意。於是，公司將一座鑽井運到當地，在十一月八日展開第一次測試性鑽洞作業。

Kidd-55 的作業持續了幾天，過程或許令人不適，但充滿興奮激情。主持這項作業的人，是德州海灣的青年地質專家肯尼斯·達克（Kenneth Darke）。達克性格豪放、愛抽雪茄，不像一個公司主管，倒像一名傳統的礦場監工。鑽洞作業進行了三天，將一個直徑一．二五吋的圓柱形筒子打入地下，取出 Kidd-55 地下岩石組成物的樣本。然後，達克不用任何儀器，只用自己的一雙眼睛，以及他對各種礦脈自然堆積狀態的知識，對取出的礦脈脈心樣本一吋一吋、一呎一呎地細加研究。

到十一月十日週日傍晚，在鑽井已經打入地下一五〇呎時，達克打電話到康乃狄克州史丹福（Stamford），給他住在當地的頂頭上司、德州海灣首席地質專家華特．郝利克（Walter Holyk）報信。（他從蒂明斯打出這通電話，因爲 Kidd-55 鑽井現場沒有電信設施。）郝利克後來說，達克當時的語氣很「興奮」。顯然在聽完達克的報告之後，郝利克也非常興奮，因爲他也立即採取行動，在那個週日夜晚造成一場公司大地震。他在當天晚上打電話，給住在附近格林威治城（Greenwich）的德州海灣副總李察．摩里森（Richard D. Mollison）；摩里森也在同一天晚上打電話給他住在附近萊伊城（Rye）的老闆查爾斯．佛加提（Charles F. Fogarty），報告達克的鑽探成果。佛加提是德州海灣的執行副總，也是公司的第二號人物。第二天，透過同樣的指揮管道——達克到郝利克，郝利克到摩里森，再到佛加提——後續報告也陸續傳來。於是，郝利克、摩里森與佛加提都決定親自前往 Kidd-55，去一探究竟。

郝利克在十一月十二日第一個趕到蒂明斯，住進邦艾爾汽車旅館（Bon Air Motel），乘坐吉普車與沼地拖拉機，在鑽洞作業完成以前，及時來到 Kidd-55 現場，幫達克以目視方式評估、記錄圓筒內的地質成分。此時，蒂明斯原本在十一月中旬尚且稱過得去的天氣已經急轉而下，套用郝利克的話，當時的天氣事實上「相當惡劣」。郝利克是加拿大人、四十來歲，是麻省理工學院（Massachusetts Institute of Technology）的地質學博士。郝利克後來說：「天很冷、風很大，一會是雪，一會是雨……我們最擔心的是個人安適問題，而不是從地下挖出來的這些樣本。達克寫著紀錄，我在觀察脈心樣本，設法評估它的礦物質內容。」在這樣的天候下在室外工作已經夠難，更何況有些從地下採出來的樣本包覆在泥土與油漬中，必須先用汽油洗清，才能對它的內容進行猜測。儘管面對這重重阻攔，郝利克還是完成了他的評估，而這項評估的結果，至少可以用「驚人」來形容。郝利克估計，在總長度約六百呎的脈心樣本中，銅的平均含量高達一・一五％，鋅的平均含量高達八・六四％。一名專精礦業的加拿大股票經紀人之後說，這麼長的脈心樣本中能有這樣的礦物內容：「就算再會做夢的人也想像不到。」

提早知道消息，搶先購入股票

不過，在這個階段，德州海灣還沒有取得一座穩操勝券的礦；因爲礦脈太長、太窄、沒有商業開採價值的機率一直存在，而且一個弄得不巧，鑽井還有「直垂」——像長劍入鞘一般，直直插入礦脈——的可能性。德州海灣需要在地表幾個不同的地點鑿幾個孔，從不同的角度深入地下，以確定這處礦脈的形狀。但要進行這樣的探勘，他們需要先取得 Kidd-55 其他四分之三土地的所有權。取得土地所有權就算辦得到，也要花很多時間；不過，公司可以在這段期間採取一些行動，而德州海灣也照做了。鑽井從測試洞現場移走；洞口周遭的土地遍植了樹苗，以恢復當地自然狀態舊觀。該公司還在距離這座試驗井相當遠、一處預定找不到任何礦藏的地方，大肆張揚地鑿了第二口試驗井，結果果然什麼也沒有挖到。許多年以來，採礦業者若是認爲自己挖到一處礦藏豐富的好礦，就會採取一些掩人耳目的措施，以防止競爭對手蜂擁而至。德州海灣除了根據這套慣例，採取這些措施以外，公司總裁克勞德．史蒂芬斯（Claude O. Stephens）還下令除了探勘團隊的工作人員以外，不得將探到什麼東西的有關資訊告訴任何人，就連公司的內部人員也不例外。十一月底，這些出土的礦心分段送往鹽湖城聯合化驗處（Union Assay Office）進行科學分析。當然，德州海灣也同時伸出觸角，暗中展開行動，收購 Kidd-55 的其他土地。

同時間，該公司還採取了一些與蒂明斯北方這些事件或有關、或無關的措施。佛加提在十一月十二日買了三百股德州海灣的股票；到十五日，他加碼買進七百股，十九日又買進五百股，在十一月二十六日再買進兩百股。克雷登在十五日買進兩百股，摩里森也在同一天買進一百股；郝利克的妻子則在二十九日買進五十股，之後在十二月十日又買進一百股。不過，事態發展證明，與德州海灣某些高級主管與員工，甚至與他們的友人之後大舉搶購公司股票相比，這些購買不過算得上一場先聲罷了。十二月中旬，鹽湖城的脈心檢驗報告傳回公司，證明郝利克在現場做成的粗略評估驚人準確：銅與鋅的含量與他說的幾乎完全一樣，採得的每一噸礦藏樣本中還藏有三．九四盎司的銀，作爲附帶紅利。十二月底，達克往訪華府與附近地區，向他認識的一個女孩與這女孩的母親提出建議，要她們購買德州海灣的股票；這對母女在日後審判中成爲「線報接受人」，她們又將達克的建議告知另外兩個人，這兩個人也順理成章，成爲日後審判中的「線報次接受人」。

在十二月三十日至翌年二月十七日間，達克的「線報接受人」與「次接受人」總共買進兩千一百股德州海灣股票，還用券商所謂「買權」（call）的辦法又買了一千五百股。所謂買權是一種選擇權，買家以一般而言接近市價的固定價，在約定期限內的任何時間買進一定分量的某種股票。大多數上市股票的買權，一般都由專精這支股票的交易商經手。買家支付通常相對適中的價格購買買權；如果買進買權以後，股票在約定期間內上揚，買家可以輕鬆將這些價差轉換爲幾乎是淨利入袋；如果買進以後股票沒有漲，或者甚至是下跌，買家只須像賭馬的人撕掉一張賭輪的彩券一樣，撕掉買權了事，損失的只是購買買權的成本而已。也因此，買權爲股市作賭提供了一條最廉價的途徑，而它也是一條將內部資訊兌現的最便利途徑。

回到蒂明斯以後，由於寒冬與 Kidd-55 的土地權問題，達克不能做什麼地質研究工作，但他似乎忙得不亦樂乎。他與當地一名不是德州海灣公司員工的男子合夥，在蒂明斯附近插樁標地。二月間，他告訴郝利克，在一個冰冷的冬夜，一名熟人在蒂明斯一間酒吧對他說，聽說德州海灣在附近挖到一處好礦，他（這名熟人）準備去插樁標地，發一筆財。郝利克事後憶道，在聽到這個消息以後他嚇壞了，於是要達克改變過去像避瘟疫一樣避開 Kidd-55 的政策：「逕自進入……這個地區，盡可能插樁，能取多少地就取多少地。」郝利克還囑咐達克，要達克「設法把這名熟人弄走，讓他搭一趟免費直升機或什麼的，只要讓他不礙事就行了。」達克似乎也遵照辦理了。此外，在一九六四年的前三個月間，達克又買了三百股德州海灣股票，另外買了三千股買權，他的「線報接受人」名單也多了幾個人，其中一人是他的兄弟。在這段期間，郝利克與克雷登在財務上沒這麼積極，但他們也確實購進不少德州海灣的股票，特別是郝利克，就與他的妻子以買權的方式買進許多德州海灣股票。郝利克夫婦過去連聽都沒聽過的買權，之後在德州海灣圈內蔚為風潮。

確定挖到寶礦，算出市場價值

春天的腳步終於近了，德州海灣的購地行動也在這時畫下勝利句點。到三月二十七日，德州海灣或透過明確的所有權，或透過採礦權，除了兩塊地以外，已經取得一切必要土地，可以在 Kidd-55 其他三個地區進行作業。這兩塊地的地主之一是柯蒂斯出版公司（Curtis

Publishing Company），德州海灣必須將獲利撥出十%作爲權利金支付地主。達克與他的「接受人」與「次接受人」在三月三十日與三十一日，又進行了最後一波搶購（在兩天內購進六百股與五千一百股買權），之後鑽探作業在仍然冰封的 Kidd-55 凍原恢復，這次達克與郝利克兩人都在現場坐鎮。新鑿的這口井——第三口井，卻是實際運作的第二口井，因爲前一年十一月開的一口井，是用來掩人耳目的假井——與第一口井有相當距離，而且爲了加速探礦的夾叉過程，下井的角度與第一口井保持斜角。

郝利克在觀察、記錄出土的脈心時，由於實在太冷，幾乎握不住手中的鉛筆；但在出土一百呎過後，圓柱形樣本開始出現的好跡象，想必讓他內心一片溫暖。他在四月一日用電話向佛加提提出第一個進度報告，這項報告於是成爲往返蒂明斯與 Kidd-55 之間的一項極端累人的例行公事。鑽井人員雖然一直留在工地現場，但地質專家爲了讓身在紐約的老闆們掌握進度，必須經常前往蒂明斯打電話。蒂明斯與 Kidd-55 工地雖然僅僅相隔十五哩，但沿途積雪時而深達七呎，單程往往就需要三個半到四個小時的辛苦跋涉。一個又一個的新鑽孔，在不同地點、沿著不同異象、從不同角度入土開鑿。在一開始，由於缺乏水源，必須用水的鑽探作業一次只有一口井可以運作。土地凍如堅石，上面還積著厚厚的雪，必須費盡工夫、從位於 Kidd-55 半哩外一處冰封的水塘中破冰抽水，才能夠維持運作。第三個鑽孔於四月七日完成，同一座鑽井立即展開第四個鑽孔開挖；第二天，缺水的問題略見紓解，第二座鑽井開挖第五個鑽孔。兩天以後，在四月十日那天，第三座鑽井也加入鑽孔陣容。大體而言，在四月分的最初幾天，這整個事件的要旨就在於「忙個不停」；在這段期間，他們搶購德州海灣股票買權的行動似乎也停頓下來。

鑽探作業一點一滴地譜出一個巨型礦藏的輪廓；第三個鑽孔證明，第一口井並不像原先有人擔心的那樣，屬於那種「直垂」的井；第四個鑽孔確認礦脈深度令人滿意，諸如此類。在某個時間點上——那個時間點究竟在什麼時間，之後成爲一項爭議——德州海灣知道它已經挖到一處可以開採、前景十分可期的礦。在有了這種認識以後，它的作業重心從鑽井工作人員與地質專家轉移到幕僚與金融人員，這些人員後來成爲證交會不同意的主要對象。在蒂明斯，四月八日一整天與九日大部分的時間，大雪下個不停，就連那些地質專家也無法離開城裡前往 Kidd-55 工地。

到九日傍晚，他們在歷經七個半小時令人寒毛倒豎、驚心動魄的艱辛跋涉之後，終於來到工地，同行人士中還包括前一天抵達蒂明斯的德州海灣副總摩里森。摩里森在鑽探工地停留了一個晚上，在第二天接近中午時分離開——據他事後解釋，選在這時離開，是因爲 Kidd-55 現場爲室外工作人員準備的午餐太豐盛，對他這樣坐慣辦公桌的人來說不太合適。但他在離開以前，下令鑽一個碾磨測試孔（mill test hole）。碾磨測試孔可以生產相對較大的脈心樣本，以決定礦質是否適合例行碾磨處理流程。在正常情況下，業者會在確信已經擁有一座可以開採的礦以後，才會動手開鑿碾磨測試孔。德州海灣似乎也基於這項慣例，決定進行碾磨測試孔鑽孔；證交會的兩名礦務專家，後來在辯方專家的反對下，堅持摩里森在下這道命令的時候，德州海灣已經根據既有資訊，算出 Kidd-55 的礦藏擁有至少兩億美元的毛鑑定價值。

說法前後反覆，最後終於證實

加拿大發現大礦藏的傳言，此時已經傳遍大街小巷；回顧起來，奇的是這整個事情竟能在這麼長一段時間保持相對寧靜。〔多倫多一名券商後來在法庭上作證指出：「我看到有鑽探工人丟下鑽探機，盡快聯絡一家券商……或者拿起電話打到多倫多。」這券商說，在這類電話過後，有一段時間，多倫多市券商雲集的金融街貝街（Bay Street）的號子能不能招徠顧客，就看這券商與那名通風報信的鑽探工人私交有多深了，情況就像在賽馬場上有人誇稱他與騎師或與那匹馬的交情有多深、以事招徠一樣。〕多倫多一家對礦業股很有影響力的周刊《北國礦工周刊》（*The Northern Miner*）在四月九日報導：「坊間盛傳德州海灣公司正在 Kidd 忙得團團亂轉。據說，有好幾口井已經開始運作。」同一天，多倫多《每日星報》（*Daily Star*）也說，蒂明斯「興奮得鼓著大眼」，還說「在每一處街角、每一間理髮店，大家談的話題都離不開德州海灣這幾個字。」

德州海灣紐約總公司的詢問電話響個不停，工作人員只是相應不理。四月十日，德州海灣總裁史蒂芬斯對滿天飛舞的傳言漸感不安，於是找他最信賴的一位夥伴求助。此人是德州海灣資深董事湯瑪斯·拉蒙（Thomas S. Lamont），原是第二代摩根夥伴，在摩根保證信託公司（Morgan Guaranty Trust Company）歷任、現任多項要職，長久以來，在華爾街提到他的大名稱得上無人不知。史蒂芬斯把蒂明斯以北發生的事告知拉蒙（拉蒙是第一次聽到這個消息），並且向拉蒙明白表示，他本人並不認爲事實值得鼓著大眼，但不知拉蒙認爲是否應該對這些誇張的報導採取行動。拉蒙答道，只要這些報導還在加拿大新聞媒體流傳：「我想，你可能也只有認了。」但拉蒙又說，如果這些報導出現在美國報紙上，德州海灣應該發表聲明把話說清楚，以免造成股市無謂的震盪。

第二天，四月十一日週六，這些報導傳到美國報紙，而且立即造成轟動。《紐約時報》與《前鋒論壇報》（*Herald Tribune*）都刊出德州海灣發現新礦藏的報導，《前鋒論壇報》更在頭版刊出報導，說這是「六十多年前加拿大發現金礦以來，最大的一次礦藏發現。」在讀到這些報導以後，此時史蒂芬斯的眼睛或許也鼓了起來，於是告訴佛加提，要他準備一份可以在週一見報的新聞稿。佛加提遂在另幾名公司主管的合作下，利用週末擬妥了新聞稿。

另一方面，Kidd-55的事情進展不但沒有停下來，根據日後證詞，在週六與週日兩天，愈來愈多滿載銅與鋅的脈心樣本出土，這個礦的鑑定價值幾乎每小時不斷上漲。但在週五夜晚過後，佛加提沒有再與蒂明斯通話，所以他與同事在週日下午向新聞界發出的新聞稿，根據的並不是最新資訊。無論是基於何種原因，在這篇聲明中，看不出任何德州海灣認爲它挖到新康斯托大礦（Comstock Lode）的意思——十九世紀在美國西部挖到的銀礦，是美國史上最重要的礦藏發現。聲明中說，相關報導過於誇大、不可採信，而且只承認最近在「蒂明斯附近一處資產」的鑽探導致「初步跡象顯示，需要進行更多鑽探才能適當評估前景。」聲明進一步指出：「目前已經進行的鑽探並不完整。」之後，彷彿爲了不讓人另做他想，聲明又反覆強調了一次：「目前已經完成的工作，還不足以達成具體結論。」

這篇聲明週一上午出現在報端時，對民眾心理顯然影響甚大。因爲如果沒有這篇聲明的「闢謠」，在《紐約時報》與《前鋒論壇報》先前報導的推波助瀾下，德州海灣的股價理應在週一開盤以後大漲，但事實並非如此。在前一年十一月徘徊在每股十七或十八美元的德州海灣股價，幾個月以來已經漲到三十美元左右。週一在紐約證交所以三十二美元開盤——較週五收盤價漲了將近兩點——但隨即一路走低，在當天收市時跌到三〇・八七五，之後兩天股價繼續探底，在週三一度跌到二八・八七五。很顯然，投資人與交易商採信了德州海灣週日這篇聲明的說法。

不過，在這同樣三天，加拿大境內與紐約總部的那些德州海灣人員，情緒似乎很不一樣。在那篇刻意低調的聲明見報的十三日週一當天，Kidd-55 現場的碾磨測試孔竣工，三個常規測試孔的鑽探工作也在繼續進行，摩里森、郝利克與達克還帶著《北國礦工周刊》的一名記者在工地四處參訪，做著簡報。回顧起來，他們告訴這名記者的話明白顯示，無論德州海灣這篇聲明的撰稿人在週日當天抱持什麼看法，Kidd-55 的工作人員在週一這天知道他們挖到一個礦，而且是一個大礦。不過，其他人並不知道這個消息，至少沒有從 Kidd-55 工作人員那裡獲得這個消息——直到週四上午新一期《北國礦工周刊》出現在訂戶郵箱與報攤為止。

週二傍晚，摩里森與郝利克飛往蒙特婁，出席加拿大礦業與冶金協會（Canadian Institute of Mining and Metallurgy）年會。這項會議有數百名礦業與投資界重要人士與會，在抵達會場所在的伊莉莎白女王飯店（Queen Elizabeth Hotel）時，摩里森與郝利克訝然發現自己竟像是電影明星一樣，成為眾人矚目的對象。會場上顯然已經傳了一整天德州海灣發現大礦的消息，每個與會人都想搶先知道第一手重要訊息。事實上，會場還架了許多電視攝影機，為的正是採訪這些來自蒂明斯的大員。但摩里森與郝利克未獲公司授權發表任何談話，看到這種陣仗，立即轉身逃離伊莉莎白女王飯店，在蒙特婁機場一家汽車旅館過了一夜。第二天，十五日週三，在事先安排下，他們與安大略省礦業部長與副部長一同搭機，從蒙特婁飛到多倫多，沿途摩里森與郝利克向礦業部長簡報 Kidd-55 的情勢。

這位部長說，他準備盡早發表一篇公開聲明，澄清這件事。之後，在摩里森的協助下，他草擬了這樣一篇聲明。根據摩里森保留的一份拷貝，這篇聲明這樣寫著：「根據手邊現有資訊……這家公司很有信心地讓我宣布，德州海灣硫磺公司已經鑿得一處鋅、銅與銀含量都相當高、可以開採的礦，公司計劃進一步開發，盡可能投產。」根據摩里森與郝利克當時的了解，這位部長將在當天晚上十一點在多倫多透過電台與電視發表這篇聲明，這樣在第二天一早，當《北國礦工周刊》的報導公開時，德州海灣的好消息已經早幾小時成爲公共財了。但基於從未透露的理由，這位部長並沒有在當天晚上發表這篇聲明。

在公園大道兩百號的德州海灣總公司，空氣中也瀰漫著一片山雨欲來的緊張。週四上午，公司正好要舉行例行性的董事會月會。週一那天，住在德州休士頓（Houston）、不知道 Kidd-55 這回事的董事法蘭西斯．考提斯（Francis G. Coates）打電話給史蒂芬斯，問自己有沒有過來開會的必要。史蒂芬斯對他說，他應該來開會，但並沒有說明理由。愈來愈多的好消息從鑽探現場傳來，到週三那天，德州海灣的高級主管們決定時機已至，應該在週四上午董事會過後舉行記者會，發布新的新聞稿。於是，史蒂芬斯、佛加提與公司新聞祕書大衛．克勞福（David M. Crawford）在當天下午擬妥這篇聲明。

這一次的聲明以最新資訊爲本，而且用字遣詞不再有那些重疊反覆與模稜兩可。聲明表示：「德州海灣硫磺公司已經在蒂明斯地區採到一座含鋅、銅與銀的大礦……七個鑽孔現已基本上完成，據判斷，這個礦體至少有八百呎長、三百呎寬，垂直縱深超過八百呎。這是一項重大發現。初步資料顯示，礦石貯藏超過兩千五百萬噸。」爲了解釋這篇聲明何以與三天前那篇舊聲明的內容差異這麼大，新聲明中還說三天來出現「相當多的新資料」。而且礦石貯藏超過兩千五百萬噸的礦，價值不是一週以前估計的那個兩億美元之數，而是那個數的許多倍——沒有人可以否定這一點。

在紐約的這一天雖然忙碌異常，但工程師克雷登與公司新聞祕書克勞福，仍然抽出時間打電話給他們的經紀人，爲自己購進一些德州海灣的股票——克雷登買了兩百股，克勞福買了三百股。之後，克勞福覺得自己做得還不夠，在公園巷飯店（Park Lane Hotel）度過顯然輾轉反側的一夜以後，在第二天一早八點鐘剛過就打第二通電話，叫醒他的經紀，要經紀加碼三百股。

官方消息發布，股價一路走揚

週四上午，蒂明斯挖到大礦的第一波具體新聞，迅速傳遍北美投資界。在上午七點與八點之間，多倫多的郵差與報攤開始發行載有那篇 Kidd-55 現場報導的《北國礦工周刊》。撰寫這篇報導的記者在報導中用了許多礦業術語，但也用任何人都看得懂的語言說這是「一項了不起的探勘勝利」，說新的礦是「一個大型新鋅—銅—銀礦」。大約在同一時間，《北國礦工周刊》開始送到邊界南方、底特律與水牛城（Buffalo）的訂戶手中，九點到十點之間有幾百份《北國礦工周刊》送到紐約市。不過，在它送到以前，有關這一期周刊內容的電話報導，已經從多倫多先傳到紐約市。到九點十五分左右，德州海灣確實挖到大礦的消息，已經成爲紐約券商的熱門話題。

第十六街券商赫頓公司（E. F. Hutton & Company）的一名客戶經理後來抱怨說，他的那些經紀人當天早上抓著電話猛談德州海灣的事，害得他沒有辦法與客戶聯絡。不過，他還是擠出時間與兩名夫婦檔客戶打了一通電話，並且爲這對夫婦現買現賣德州海灣股票，賺了一個短線——精確地說，在不到一個小時內，賺了一萬零五百美元。（法官杜德利・邦沙在聽到這件事時說：「很顯然，我們都入錯了行！」已故的德國指揮家威蘭・華格納（Wieland Wagner）也曾在另一場合中說：「我就直截了當地說，華爾街眞是英名永垂不朽。」）在證券交易所本身，券商那天一早聚在午餐俱樂部（Luncheon Club）吃早餐，一邊吃著土司加蛋，一邊談著德州海灣。

在公園大道兩百號總公司舉行的董事會於九點展開，董事們都見到那篇不久就要向記者發布的新聞稿。史蒂芬斯、佛加提、郝利克與摩里森，以及探勘團隊的代表在會中輪流發言，討論在蒂明斯的發現。史蒂芬斯還說，安大略省礦業部長已經在前一天晚間在多倫多公開宣布這個消息（儘管史蒂芬斯無意做假，這話當然說得不實；事實上，這位部長在史蒂芬斯說這話的幾乎同一時間，在多倫多的安大略省議會記者聯誼會上宣布這件事。）董事會於上午十點左右結束，一群記者——總共二十二人，代表美國各大綜合性與財經性報紙與雜誌——湧入會議室，等著召開記者會，德州海灣的董事們都留在座位上。史蒂芬斯將新的聲明副本發送給每一名記者，然後遵照一項奇怪的慣例，開始大聲唸這篇聲明。當他唸的時候，幾名記者開始開溜（拉蒙事後說：「他們開始溜出會議室」），去外面打電話給報館或雜誌社，報告這個重大新聞。在記者會後的一些後續活動——德州海灣爲記者們播放蒂明斯附近鄉間的彩色幻燈片，還辦了一個出土礦心的展示會，由郝利克在現場解說——等到整個會議在十點十五分左右結束時，留在現場的記者已經寥寥無幾。當然，這並不代表這次記者會辦得很失敗；事實上，正好相反——這世上，愈是有人提早開溜，愈是說明活動辦得成功的，或許只有記者會了。

在之後半個小時中，考提斯與拉蒙這兩位德州海灣董事的行動，造成證交會訴狀中最引起爭議的部分，由於這項爭議現在已經納入法律，至少在今後三十年中，有意進行股票內線交易的人很可能都會對兩人的這些行動進行研究，以了解自己該怎麼做才能安全無恙，或者至少不致搞得身敗名裂。這項爭議的要點在於時機，特別是考提斯與拉蒙爲影響道瓊新聞社發布德州海灣新聞，而採取的行動時機。道瓊新聞社是投資人都知道的現場新聞社，在美國，幾乎所有投資辦事處都是它的訂戶，也因爲它的名聲實在太響，有些投資圈認定，一條新聞通過道瓊寬帶打字機打出來的時間，就是這條新聞公開的時間。

在一九六四年四月十六日這天上午，道瓊新聞社的一名記者不僅出席了德州海灣的記者會，還是提早溜出會場、打電話回新聞社報訊的記者之一。根據這名記者的記憶，他在十點十分與十點十五分之間打了這通電話。在正常的情況下，像這麼重要的新聞稿，在記者報進新聞社以後不出兩、三分鐘，從東岸到西岸的道瓊電傳打字機都會開始打這條新聞。但事實上，德州海灣這條新聞直到十點五十四分才出現在字帶上，令人費解地整整延誤了四十分鐘。就像那位礦業部長的聲明神奇變卦一樣，這條寬帶新聞的神祕延誤也以無關緊要爲由，沒有人進行追究。證據法則的迷人之處，似乎就在於它們往往留下一些讓人想像的空間。

德州人考提斯是第一個採取爭議行動的德州海灣董事，而他當時怎麼也想不到自己做的竟是一件具有重要歷史意義的事。或是在記者會舉行前不久，或是在記者會剛結束之後，他走到董事會隔壁的一間辦公室，借了一部電話打給他的女婿、在休士頓當股市券商的福瑞德・海密斯格（H. Fred Haemisegger）。考提斯事後說，當時他告訴海密斯格有關德州海灣公司發現大礦的事，又說他是等到「公開聲明」宣布以後才打這通電話，因爲他「老得不想與證交會惹麻煩」。之後，他用四支他擔任信託人的家庭信託基金買了兩千股德州海灣股票，不過他本人不是受益人。當時已經在證交所展開交易約二十分鐘的德州海灣股票，價格約在三十美元左右，交易情況雖然非常熱絡，但還談不上有進無出的大牛市格局，不過價格正在迅速走升。海密斯格憑著眼明手快，在這神祕延誤了四十分鐘的新聞終於出現在寬帶電傳打字機上以前的一段時間，以三一到三一．六二五美元間的價位，爲考提斯買到兩千股股票。

拉蒙的手法與德州人不同，他守著華爾街投機人的傳統，行動果決而優雅，甚至透著一股不慌不忙的安詳。在記者會結束時，他沒有離開董事會會議室，在裡頭停了大約二十分鐘，而且幾乎沒有做任何事。他在事後說：「我在屋內走來走去……聽其他人閒聊，與人聊幾句，拍拍他們的背。」之後，在十點三十九分或十點四十分，他走進附近一間辦公室，打電話給他在摩根保證信託公司的同事與友人隆斯屈．辛頓（Longstreet Hinton）。辛頓是摩根保證信託公司執行副總兼信託部負責人，在那週的早些時候，辛頓曾經問拉蒙，既然身爲德州海灣的董事，能不能就新聞報導所述德州海灣挖到礦的事透露一二，拉蒙當時回答他不能這麼做。根據拉蒙日後追述，他在記者會後打電話告訴辛頓「有關德州海灣的新聞，已經或即將從電傳打字機上傳出，他會感到興趣。」辛頓當時問：「是好消息嗎？」拉蒙答道是「相當好」或「非常好」的消息。（兩人都記不清拉蒙當時回答的是「相當好」還是「非常好」，不過那不要緊，因爲在紐約銀行家之間，「相當好」就是「非常好」。）

無論怎麼說，拉蒙雖然建議辛頓注意道瓊的電傳新聞，而且辛頓的辦公室外二十呎處，就擺著一部不斷打出道瓊新聞字帶的電傳打字機，但辛頓並沒有花時間走到打字機前檢閱字帶上的新聞，他立刻打電話給銀行的交易部，索取德州海灣的報價。取得報價後，他用拿索醫院（Nassau Hospital）——他是這家醫院的財務總管——帳戶下單，買進三千股德州海灣股票。這一切在拉蒙離開記者會現場後，不到兩分鐘內全部完成。這張買單從銀行轉到證交所，並且執行——早在辛頓如果去寬帶新聞上找資料，在看到任何有關德州海灣的消息以前，拿索醫院已經買進三千股德州海灣股票。不過，辛頓沒有在寬帶新聞上找資料，他在忙其他的事。在下完拿索醫院的買單以後，他走進摩根保證年金事務負責人的辦公室，建議這位負責人爲信託基金買進一些德州海灣股票。不到半個小時，摩根保證信託爲年金與利益共享帳戶買了七千股德州海灣股票，其中兩千股在記者會聲明經寬帶發布以前買進，其餘在聲明發布中、或在發布後幾分鐘內完成。又隔了一個小時多一點，在十二點三十三分，拉蒙也爲自己與他的家人買了三千股德州海灣。此時，德州海灣的股票已經氣勢如虹，買進價爲三四．五美元。之後，德州海灣股票漲勢一直持續了許多天、許多月、許多年。那天下午，德州海灣的收盤價爲三六．三七五美元，在那個月，它漲到五八．三七五美元。到一九六六年年底，商業生產終於在 Kidd-55 展開，預期這座巨型新礦產銅量將達加拿大全年總產量的十分之一，產鋅量將達加拿大全年總產量的四分之一，德州海灣的股票也漲破一百美元大關。任何在一九六三年十一月十二日，與一九六四年四月十六日上午（甚至在當天午餐時間）之間買進德州海灣股票的人，都至少賺了三倍。

是保守行事，還是刻意欺騙大眾？

或許，德州海灣審案最引人矚目的地方——除了這件事竟會鬧上法庭的事實以外——是出現在邦沙法官前那些被告的形形色色。在他們之中，有目光如炬的探礦專家，如克雷登（他是典型的英國威爾斯人，有卡迪夫大學（University of Cardiff）的礦務學位）；有像佛加提與史蒂芬斯這樣神氣活現的企業主管；有像考提斯這樣的德州投機老手；還有像拉蒙這樣的金融大亨。（達克在一九六四年四月後不久辭去德州海灣的工作，成爲一名私人投資人，但這未必表示他已經無須替人工作就能生活。他以身爲加拿大人、不受美國法院傳票管轄爲由而拒絕出庭，證交會爲此大表不滿，但被告律師則語帶輕蔑地堅持，證交會骨子裡因爲達克不肯出庭而暗自慶幸，因爲原告可以把他描繪成惡魔梅菲斯托費勒斯（Mephistopheles）。）

證交會在商議之後，原告律師小法蘭克．肯納莫（Frank E. Kennamer, Jr.）表示，要「讓這些被告的犯行公諸於世，面對社會大衆的譴責」，並要求法庭下達永久禁制令，禁止在一九六三年十一月八日至一九六四年四月十五日買進德州海灣股票或買權的佛加提、摩里森、克雷登、郝利克、達克、克勞福，以及其他幾名公司內部人士「從事任何……可以用來詐騙或欺騙任何其他證券買賣人的行爲。」證交會還進一步要求主審法官下令——這項要求在內線交易的領域上是一項全新突破——被告應該將他們用內線交易買進股票與買權所詐得的錢財，償還遭到他們欺詐的人。證交會並且提出指控說，德州海灣四月十二日發表的那篇悲觀聲明是存心詐欺，並且因此要求法庭以德州海灣「對一項重要事實做不實聲明，或……故意略過一項重要事實不做聲明」爲由進行制裁。但除了公司臉面無光以外，這些制裁要求有一個事實上的難題：如果法庭准許這些要求，任何在第一次新聞發布與第二次新聞發布之間，將德州海灣股票賣給任何人的任何股東，都可以控告德州海灣要求賠償；由於在這段期間內，這些轉手的股票何止幾百萬股，要追究起來實際窒礙難行。

除了法律性的技術問題以外，被告律師爲早期內線購股辯護的主要理由是，十一月第一口鑽孔釋出的資訊，並不能說明公司已經確定挖到一個值得開採的礦，一切都還只是一場賭博。爲了佐證這項說法，德州海灣還找來一群平台鑽探專家，向法官一一提出證供，說明最初幾口鑽孔的成果如何反覆難測。其中有些人甚至說，對德州海灣而言，第一口鑽孔很可能不是資產，而是負債。在那一年冬天買德州海灣股票或買權的人都堅持，他們這麼做與鑽孔幾乎或根本沒有關係，當時他們只是覺得德州海灣是個好公司、值得投資而已。克雷登則說，他之所以突然買進許多股票，是因爲他剛與一位有錢的妻子結婚。證交會也找來一堆自己的礦務專家在法官面前作證，說第一批出土的樣本已經說明，該公司極可能已經挖到一座藏量甚豐的礦，所以了解內情的人當時已經擁有重要事實。

在審判結束後發表的簡報中，證交會有一段有趣的描述：「被告辯稱，在證據確鑿、公司毫無疑問已經挖到一座好礦以前，他們可以不受約束地隨意購股，這等於是說，賭馬的人雖然知道某匹馬在賽前用了非法興奮藥品卻仍然下注，還說這麼做並無不公一樣，因爲用了興奮藥的馬有可能暴斃。」想當然耳，辯方律師自是對這樣的比喻不予搭理。至於四月十二日那篇措詞不樂觀的記者會聲明，證交會提出的主要指控是，儘管當時 Kidd-55、蒂明斯與紐約之間的通訊狀況相對良好，負責鑽探作業的佛加提卻根據幾乎是四十八小時以前的老資料發表聲明：「對於他這種奇怪的行爲，最寬厚的解釋就是，佛加提博士根本不關心自己是否根據老舊、過時的資料，向德州海灣的股東與社會大衆發表一篇讓人沮喪的聲明。」辯方律師則將資訊老舊的問題撇在一邊，說當日聲明「根據史蒂芬斯、佛加提、摩里森、郝利克與克雷登的看法，精確說明鑽孔的狀況……這一切顯然是一個判斷的問題。」辯方律師並且指出，德州海灣當時處於一種很困難、很敏感的情勢，因爲如果當時發表一篇措詞樂觀的聲明，而事後證明過於一廂情願，它同樣可能因此被控詐欺。

對於從第一口鑽孔取得的資訊算不算「重要事實」的問題，主審法官邦沙認爲，在這樣的事例中，所謂「重要事實」必須從嚴定義。他指出，所謂「重要事實」涉及公共政策：「在我們的自由企業系統下，有一點很重要，那就是我們應該鼓勵公司董事、高級主管與員工等圈內人，讓他們擁有他們公司的證券。這種來自股票所有權的誘因，對公司與股東雙方都有利。」根據這種從嚴定義的觀點，邦沙判定，直到四月九日傍晚、三個鑽孔確定礦脈三度空間狀況以前，所謂「重要事實」並不存在，圈內人在這個時間點以前，就算是根據鑽孔結果購買德州海灣股票，充其量也只是一場冒險、合法的賭博，是「憑藉知識的猜測」。（一名不同意邦沙這項見解的報紙專欄作家，之後撰文指出，被告在做這些猜測時，憑藉的知識也未免太精確了，簡直可以取得最高榮譽獎。）至於有關達克的部分，法官認爲，達克的「線報接受人」與「次接受人」在三月最後幾天搶進股票，似乎極可能是因爲達克告訴他們 Kidd-55 即將恢復鑽孔。但根據邦沙法官的邏輯，就算事情果眞如此，所謂「重要事實」在那時仍然並不存在，所以當然也不可能根據「重要事實」採取行動，或將它轉告他人。

法官因此判決，在四月九日以前，所有「憑藉知識做猜測的人」，包括購買股票或買權，或向線報接受人提供建議的人，被控的罪狀都不成立。至於克雷登與克勞福，直到四月十五日還那麼不明智地購股，情況則不一樣。法官認爲，兩人沒有任何欺騙或詐欺的證據，但他們在購股以前，已經充分了解公司挖到一座大礦，而且即將在翌日發表聲明；簡單地說，他們已經握有「重要事實」。因此，法官判決兩人違反 10B–5 法規，在適當時間內不得再有這種犯行，並且應該將他們在四月十五日買到的股，償還當時賣股給他們的人——當然，前提是必須先找到這些當事人。然而，股市交易如此變化複雜，想找出任何一筆特定交易的交易對象眞是談何容易。我們這個時代的法律，人性到幾乎不切實際（或許日後仍將如此）；在它眼中，公司是人，股票交易所是位於街角、買賣雙方面對面討價還價的小市集，電腦根本不存在。

至於四月十二日那篇記者會聲明，法官認爲，回顧起來，那篇聲明的內容確實「陰暗」而且「不完整」，但它的立意在於更正當時看起來過於誇張的傳言。因此法官判定，證交會不能證明發表那篇聲明是虛假、誤導或欺騙犯行，所謂德州海灣故意混淆股東與社會大衆的指控不成立。

經過多少時間，才不算是內線消息？

直到這一刻爲止，證交會除了取得兩勝以外，已經全軍盡沒。至於放下鑽探工具、趕到電話機旁找號子的鑽探工人，至少只要他鑽的是第一口鑽孔，也能大致全身而退。不過，這所有的辯論攻防過程，還有一個尚待解決、對股東、券商與全國經濟都有極重大影響的問題。這個問題就是考提斯與拉蒙在四月十六日那天的活動，而它之所以重要，就在於它涉及根據法律眼光，一項資訊究竟在什麼時候才不再屬於內部資訊、成爲公共資訊。這個問題從來沒有像現在這樣面對檢驗，也因此，在甚至更精確的案例出現以前，德州海灣這項判例，一定會成爲這項議題的法律指標。

證交會的基本立場是，考提斯的買股，以及拉蒙在電話中給辛頓的那句措詞謹愼的線報，由於是在道瓊寬帶新聞社宣布挖到寶礦的消息之前進行的，所以是使用內部資訊的非法行爲。證交會的律師一再表示，道瓊這項宣布是「官方」宣布，但事實是，儘管道瓊或許巴不得情況果眞如此，道瓊發布的新聞除了習慣上受到重視以外，並沒有任何官方地位。不過，證交會還有更進一步的指控。它說，就算這兩位董事在道瓊的「官方」聲明發表之後才採取這些行動，如果不能間隔一段相當時間，讓沒有機會參加記者會，或讓當時身邊沒有寬帶打字機、未能及時見到這條新聞的人有足夠時間吸收這項訊息，這些行動仍屬不當而違法。但辯方律師的看法則大不相同，認爲無論兩位董事的這些行動，出現在寬帶新聞發表之前或之後，他們都無罪，不應受到懲罰。律師們指出，行動如果出現在寬帶新聞發表之前，考提斯與拉蒙也有足夠理由相信新聞已經公開，因爲史蒂芬斯曾在董事會中說，安大略省礦業部長已經在前一天晚上發布這項新聞，因此考提斯與拉蒙並沒有錯。律師們繼續說道，如果行動出現在寬帶新聞發表之後，有鑑於那天一早出現在券商辦事處的交頭接耳，以及證交所的興奮緊張，透過耳濡目染與《北國礦工周刊》的大肆宣揚，早在寬帶新聞發表以前，或在引起爭議的電話接通以前的相當一段時間，這條新聞事實上已經公開。拉蒙的律師說，拉蒙並沒有建議辛頓購買德州海灣的股票，他只是建議辛頓看一下寬帶新聞社打出的字帶，這樣的建議何罪之有?至於辛頓之後怎麼做，完全是辛頓自己的決定。

總歸而言，雙方律師不僅在有無違反規定的問題上無法達成協議，就連規定究竟是什麼的問題都爭執不下。事實上，一位被告律師就曾說，證交會是在要求法庭寫下新法規，然後用這些法規追溯被告責任。而原告律師則說，他只是要求法庭依照昆斯伯利侯爵（Marquis of Queensberry）公平競爭的規則精神，從寬解釋10B–5舊法規。在審判接近尾聲時，拉蒙的律師提出一個出人意外的呈堂證物，造成法庭上一場騷動：那是一面精心製作的大型美國地圖，上面插了許多色彩繽紛的小旗，有藍色、紅色、綠色、金色，還有銀色；律師說，每一面小旗代表德州海灣的新聞，在拉蒙打電話以前或在寬帶新聞社宣布以前，已經傳出的一個地點。經過進一步的查詢，才發現除了其中八個地點以外，小旗代表的都是美林證券在全美各地的分支辦事處，德州海灣的新聞透過這些辦事處的內部線路在十點二十九分傳出。這項發現，雖然讓這面地圖的法律效力大打折扣，對主審法官的美學印象卻顯然絲毫無損。邦沙法官看著這面地圖，讚嘆地說：「它眞美，不是嗎？」在場證交會的律師氣得懊惱不已，當一位得意洋洋的被告律師注意到工作人員疏漏，忘了在地圖上兩處地點插旗，而向法官指出，事實上這面地圖應該還有更多旗子時，仍然笑容滿面的邦沙法官搖搖頭說，依他之見，再多的旗子也沒什麼用了，因爲所有已知的顏色都已經用上了。

拉蒙始終沉住氣，直到打電話給辛頓幾乎兩個小時以後，才在十二點三十三分爲自己與家人買進股票，但證交會對此並不買帳。證交會在這個問題上採取最前衛的立場，要求主審法官做出一項大邁步、邁進未來法律叢林的判決。根據證交會之後發表的簡報：「證交會的立場是，就算公司資訊已經透過新聞媒體發布，圈內人仍然應該迴避證券交易，直到合理的時間過後，才可以進行類似活動。在這段合理的時間內，證券界、股東，以及投資大衆可以評估發展，做出考慮周詳的投資決定……圈內人至少必須等到這些資訊已經傳到一般投資人身邊，讓這些注意市場動向的投資人有機會考慮採取因應行動才行。」證交會說，以德州海灣這件個案爲例，寬帶新聞發布之後，只隔一小時又三十九分鐘就採取行動，顯然不足以爲投資大衆提供這種合理的時間，德州海灣股價全面大舉上揚在當時連個影子都沒有的事實就是明證。也因此，拉蒙在十二點三十三分購股之舉違反證交法。

既然如此，根據證交會的看法，怎麼樣才算「合理的時間」？證交會律師肯納莫在他的辯論總結中說，所謂合理的時間必須根據內線交易性質：「因案件不同而互異。」舉例來說，有關降息的傳言，就算是最笨的投資人也只須花非常短的時間就能了解；至於像德州海灣這樣既不常見、又不易解的新聞，或許需要好幾天，甚或更長的時間。肯納莫說：「想訂定一套僵硬的法規，適用於所有這類情勢，幾乎是不可能達成的任務。」也因此，根據證交會的標準，想購買自己公司股票的圈內人，想知道自己等的時間是否已經夠長，唯一的辦法就是上法庭請法官做決定。

從嚴解釋，指控經判決不成立

拉蒙的律師，以哈薩德．吉里斯派（S. Hazard Gillespie）爲首，也像製作那面地圖一樣，卯足了勁在這個立場上大作文章。吉里斯派說，證交會先說考提斯打電話給海密斯格、拉蒙打電話給辛頓都是錯的，因為打電話的時間都在寬帶新聞發布之前；之後證交會又說，拉蒙後來買股也錯了，因為他買股的時間出現在寬帶新聞發布之後，但不夠後。如果這些顯然相反的行動方向都錯了，怎麼做才算對？證交會似乎是希望法規能遵照它的需求而訂，或者，它似乎是希望法庭能為它的需求訂定法規。吉里斯派以更正式的措詞指出，證交會「是在要求法庭寫……一套司法審判規則，然後追溯到拉蒙先生身上，讓拉蒙先生因為進行他合理認定完全恰當的行為，而遭到詐欺判處。」

邦沙法官也同意，證交會這樣的邏輯不通情理；此外，證交會認定寬帶新聞發布時間為消息公開時間的說法，也同樣於理不通。他採用從嚴解釋的觀點說，基於判決先例，新聞在記者會上宣布、新聞稿交到記者手中的時間，就是新聞公開的時間，儘管圈外人——事實上，幾乎包括任何人——要隔一段時間之後才能知道新聞內容也不例外。顯然，對於這項判決造成的影響感到有些不安，邦沙法官又補充了一句：「或許誠如證交會所說，應該訂定更有效的法規，禁止圈內人在新聞宣布之後、但在民眾吸收新聞內容以前，據而採取行動。」但他不認為這類法規應該由他來訂，也不認為拉蒙在十二點三十三分下單買股是否已經等得夠久的問題，應該由他來做決定。邦沙說，如果這樣的決定由法官來做：「只會導致不確定。一件個案的判決，不應控制擁有不同事實的另一件個案的判決。沒有一個圈內人能知道自己等的時間是否已經夠長……如果眞要訂定一個固定的等待期，最適當的訂定當局應該是證交會。」沒有人願意做那隻替貓繫鈴鐺的老鼠，對考提斯與拉蒙的指控經判決不成立。

上訴翻案，美國證交會獲得著名勝利

想當然耳，證交會對這所有的判決都表示不服，並且提出上訴，而唯一被控違反證交法罪名成立的克雷登與克勞福兩人也提出上訴。證交會在上訴狀中不厭其煩地一一檢討證據，並且向審理上訴的巡迴上訴法庭表示，邦沙法官對這些證據的詮釋有誤。至於克雷登與克勞福兩人的辯護狀，則強調判決理論對兩人可能構成的不利效應。舉例來說，根據這項理論，是否每一名證券分析師，在盡力深入特定公司搜尋蛛絲馬跡、向客戶提出建議、要客戶購買這家公司的股票時，也要因爲盡忠職守而犯下不當傳遞內線消息的罪行？這會不會「抑止公司內部人士的投資，阻礙公司流往投資人的情報訊息？」

或許會。但無論怎麼說，一九六八年八月，美國第二巡迴上訴法庭發布判決，除了維持原判決中有關克雷登與克勞福兩人的判決以外，幾乎扭轉了邦沙法官的每一項判決。上訴法庭認定，十一月鑽的那第一個孔，已經提供了挖到大礦的「重要事實」，也因此，佛加提、摩里森、達克、郝利克，以及所有其他在那一年冬天購買德州海灣股票或買權的圈內人都違法。上訴法庭並且認定，四月十二日那篇令人喪氣的記者會聲明含混不清，或有誤導之嫌；

考提斯在四月十六日記者會過後立刻下單購股，既不合適也屬不法。只有拉蒙（在邦沙的判決宣布後不久，拉蒙去世），與德州海灣的經理約翰・穆瑞（John Murray）獲得免訴。

這項判決是美國證交會的一次著名勝利，華爾街的第一個反應是大聲抗議，說這麼做會導致大混亂。在進一步向最高法庭上訴以前，它至少爲我們帶來一項有趣的實驗。從今以後，在華爾街進行股市交易不能再做牌了！這還是世界史上頭一遭。

5 全錄，全錄，全錄，全錄

當世上第一部油印機（mimeograph machine）——第一部實用於辦公用途的機械式文件複寫機——於一八八七年問世時，推出這種機器的迪克公司（A. B. Dick Company）並沒有在美國引爆一場熱潮。事實上正好相反，在芝加哥創辦這家公司的迪克先生，碰上一個難以克服的行銷問題。原本經營伐木的迪克，由於每天用手抄寫報價、寫得厭煩透頂，本想自行發明一部油印機，最後他從油印機發明人湯瑪斯・愛迪生（Thomas Alva Edison）手中取得製造權，開始生產油印機。他的孫子小馬修斯・迪克（C. Matthews Dick, Jr.）說，當時「大家不想為辦公室文件複製許多拷貝。」迪克公司現在生產各式各樣辦公室影印與複印機，還包括滾筒油印機。目前在公司擔任副總的小馬修斯・迪克說：「最先使用這項東西的，大體上是教會、學校與童子軍這類非商業組織。想招徠公司與專業人士，祖父與他的同事必須費盡周章。當年辦公室運作型態早有定規，要人用機器複製文件，是一種打破這種定規、讓人遲疑的新觀念。畢竟，在一八八七年，打字機上市不過剛滿十年，使用並不普遍，複寫紙的使用情況也一樣。一位商人或律師若需要拷貝五份文件，他會找書記用手抄寫。許多人會問祖父：『爲什麼我要做一大堆拷貝，堆得到處都是？這麼做只會把辦公室搞得凌亂不堪，只會惹來一些偷窺，還浪費了好些紙張。』」

在另一個層面上，老迪克還面對了一個或許與名聲有關的問題。幾個世紀以來，文件圖表的拷貝，一直給人一種大致不佳的印象。英文裡當作名詞與動詞使用的「拷貝」（copy）這個單字，有許多負面意涵。《牛津英語字典》（*The Oxford English Dictionary*）明白指出，在過去幾百年間，「拷貝」這個單字帶有一種欺騙的氛圍。事實上，從十六世紀末直到二十世紀初維多利亞女王時代，「拷貝」與「僞造」（counterfeit）幾乎是同義詞。〔古早以前，「拷貝」做名詞使用時，原本有一種「充分」（plenty）或「富足」（abundance）的正面意義，到了十七世紀中葉，這類用法已經逐漸式微，只有形容詞形式的「copious」（豐富、大量的），仍有這類正面意義。〕

十七世紀法國箴言作家拉羅什富科（La Rochefoucauld）於一六六五年在他的《箴言集》（*Maxims*）中寫道：「只有能將劣質原始文件的缺陷展現的拷貝，才是好拷貝。」維多利亞女王時代的英國藝評家約翰．拉斯金（John Ruskin），也曾在一八五七年斬釘截鐵地說：「永遠都別買複製畫。」而且根據他這項警告，不買複製品不是因爲這麼做等同欺騙，而是會自貶身價。再者，書面文件的拷貝也往往啓人疑慮。十七世紀英國哲學家約翰・洛克（John Locke）在一六九○年寫道：「一項文件紀錄經過公證的拷貝，儘管可以視爲有效證物，拷貝的拷貝卻永遠無法充分佐證……不能作爲呈堂證供。」大約在同時間，印刷業崛起導致「foul copy」一詞的出現，意思是「充滿訂正修改的草稿」。維多利亞女王時代還流行一句話，說一個人或一件物，是他人或他物的「pale copy」，也就是「劣質拷貝」。

工業化造成大量複印需求

不斷工業化造成的實際需求，無疑是這類態度在二十世紀出現逆轉的主因。無論怎麼說，辦公室文件的複製需求，開始非常迅速地成長。（或許，似乎讓人感到矛盾的是，這項成長與電話的崛起同時出現，但也許這種現象並不矛盾。一切證據顯示，人與人之間的溝通，不論使用什麼溝通工具，都不會僅僅因爲已經完成溝通目的而打住，它總是會讓人覺得更需要溝通。）一八九○年以後，打字機與複寫紙開始普及，滾筒油印也在一九○○年過後不久，成爲辦公室的標準作業程序。迪克公司在一九○三年理直氣壯地表示：「沒有愛迪生油印機（Edison Mimeograph）的辦公室，不是設備齊全的辦公室。」美國的辦公室在這一年已經擁有約十五萬台油印機；這個數量到一九一○年可能突破二十萬，到一九四○年高達近五十萬。

一九三〇與一九四〇年代，膠印機（offset printing press）問世，由於複製的產品比滾筒油印機精美得多，遂成功取代了油印機，成爲大多數大型辦公室的標準裝備。不過，就像油印機一樣，膠印機在展開複製工作以前，也必須先製作一張特定主版頁（master page），而主版頁的製作不僅成本較高、也比較費時。也因此，唯有在需要製作相當數量拷貝的情況下，使用膠印機才合算。套用辦公室裝備術語而言，膠印機與油印機是「複寫機」（duplicator）而不是「複印機」（copier），而所謂「複寫」與「複印」之間的界線，一般以十到二十份拷貝之間作爲區分。有效又省錢的複印機，花了極長一段時間才姍姍來遲。無須製作主版頁的各式影印裝備，在一九一〇年左右開始問世，其中最有名的是佛特斯泰（Photostat）影印機，直到今天情況仍然如此。不過，由於成本高昂、製作速度緩慢，而且操作不易，它們的用途大體上局限於建築、工程構圖與法律文件的複製。直到一九五〇年過後，拷貝一封商業書信或一頁打字稿的唯一實用機器，仍然是一台滾筒上裝了複寫紙的打字機。

一九五〇年代是辦公室機械化複印作業的草創期間。在短短一段時間，市面上突然出現一堆各式各樣、能夠複製大多數辦公室文件的裝置。這些裝置不需要使用主版頁，而且每製作一份拷貝頂多只需要一分鐘，成本也只有幾分美元。這些裝置運用的技術各不相同，比方說，明尼蘇達礦業製造公司（Minnesota Mining & Manufacturing）生產的熱感複印機（Thermo-Fax），於一九五〇年問世，使用熱感應複寫紙；美國影印（American Photocopy）於一九五二年推出的岱爾美自動黑白複印機（Dial-A-Matic Autostat），以一般攝影術的改良版爲基礎提供複印功能；伊士曼柯達（Eastman Kodak）於一九五三年推出的維利費（Verifax）三合一多功能複印機，使用一種稱爲染料轉印法（dye transfer）的技術，諸如此類。但與迪克先生的油印機不同的是，這些產品幾乎立即都有了現成市場，一方面固然是因爲市場確有需求，另一方面也是因爲這些產品與它們的功能，能讓使用者產生一種強而有力的心理迷戀——現在看來，情況似乎果眞如此。在社會學者永遠指爲「廣衆」（mass）的社會，將一件獨一無二的東西複製成數量衆多的東西，總是一種令人難以抗拒的概念。

不過，這所有草創初期的複印機，都有嚴重得讓人卻步、揮之不去的缺陷。舉例來說，岱爾美與維利費難以操作，而且複印出的文件是濕的，需要晾乾；明尼蘇達礦業製造公司的熱感複印機若熱度過高，複印出來的文件會變黑；此外，這三種複印機都必須使用製造廠提供、經過特殊處理的紙張。要將「文件複印」這種難以抗拒的概念綻放爲一種爭相效尤的狂潮，還需要一項科技突破，而這項科技突破於一九五〇年代將結束時，隨著一種新機器的問世而出現了。這種新機器運用一種叫做「靜電複印」（xerography）的新原則，能夠使用一般紙張製作乾的、高品質的永久性複印文件，而且操作也簡便得多。

這種新機器一經推出，效果立即燎原。主要由於靜電複印技術的運用，據估全美境內每年製作的複印文件（不是複寫）的件數，從一九五〇年代中期的約兩千萬份，爆漲到一九六四年的九十五億份，再到一九六六年的一百四十億份——這還不包括歐洲、亞洲與拉丁美洲境內數以億計的複印文件。不僅如此，教育人員對印製教材、商人對通訊文件的態度，也出現很大的改變。前衛思想家開始對靜電複印技術讚不絕口，說它是一項革命，重要性媲美車輪的發明。只要投幣就能操作的複印機，開始在賣糖果的小店與美容院出現。狂潮——沒有十七世紀突然爆發在荷蘭的鬱金香狂潮那麼狂，但影響力大概比鬱金香深遠得多——已經全面展開。

一九六〇年代美國最輝煌的商業成功

造成這場大突破的公司，當然正是紐約州羅徹斯特市（Rochester）的全錄公司（Xerox Corporation）。這幾十億、幾百億複印文件使用的機器，大部分都是全錄的產品，因此全錄也成為一九六〇年代最輝煌的商業成功。一九五九年，當時稱為哈洛伊德全錄（Haloid Xerox, Inc.）的這家公司，推出第一部自動靜電複印辦公室複印機，創下三千三百萬美元的銷售業績。一九六一年，它的銷售業績為六千六百萬美元，到一九六三年高達一億七千六百萬，到一九六六年超過五億美元。當時，該公司的執行長喬瑟夫·威爾森（Joseph C. Wilson）指出，如果業績繼續這樣成長下去（也許，對每個人來說都幸運的是，這種事不大可能發生），二十年後全錄的業績將比美國的國內生產毛額還要大。

在《財星》（*Fortune*）雜誌一九六一年全美五百大企業還榜上無名的全錄，在一九六四年排名第二二七，在一九六七年攀升到第一二六名。《財星》雜誌的排名以年度銷售額爲估算基礎，若以某些其他標準來算，全錄的排名遠比第一七一名高得多。舉例來說，在一九六六年初，以淨利而論，它排名全美約第六十三位，若根據銷售利潤比，它可能名列第九。若以股票市值而言，全錄這家新秀的排名約爲全美第十五位，比美國鋼鐵、克萊斯勒、寶鹼（Procter & Gamble）與美國無線電公司（R. C. A.）這些老牌大廠還要高。投資大衆對全錄的熱情追捧，讓它成爲一九六〇年代股市的「葛康達」（Golconda），那是一座印度古都，曾以出產巨型鑽石而聞名。任何人若在一九五九年年底買進全錄股票抱著不放，直到一九六七年初再脫手，會發現自己的投資賺了六十六倍。任何人若能超級洞燭機先，能在一九五五年就買進哈洛伊德的股票，他的原始投資會幾近於奇蹟也似，成長一八〇倍。全錄的成功，造就了一批所謂的「全錄百萬富翁」，自也不足爲奇。這批富翁共有七百人，大多數住在羅徹斯特地區，或者來自這個地區。

就像哈洛伊德公司創辦人之一的老喬瑟夫．威爾森，是前文所述那位在一九四六年至一九六八年間擔任全錄公司老闆的小喬瑟夫．威爾森的祖父一樣，一九〇六年在羅徹斯特成立的哈洛伊德公司，也是全錄公司的祖父級前身。哈洛伊德公司製造攝影感光紙，就像所有攝影業者一樣，尤其是那些位在羅徹斯特的公司，它生活在近鄰伊士曼柯達的巨型身影下。但即使是在這種陰影的壓制下，哈洛伊德仍能以還不錯的成績撐過大蕭條。不過，在第二次世界大戰剛結束的那幾年，競爭與勞工成本雙雙增加，迫使該公司搜尋新產品，該公司旗下的科學家當時發現，俄亥俄州哥倫布城（Columbus）非營利工業研究組織巴特爾紀念研究所（Battelle Memorial Institute）正在研究的一種複印程序似乎很有可爲。

說到這裡，故事得拉回一九三八年，地點在紐約市皇后區艾斯特利亞（Astoria）一間酒吧樓上的廚房。當時三十二歲、名不見經傳的發明人契斯特・卡爾森（Chester F. Carlson），就用這間廚房充做實驗室來進行研究。卡爾森的父親是祖籍瑞典的理髮師，卡爾森在從加州理工學院（California Institute of Technology）物理系畢業以後，便進入P・R・馬洛里公司（P. R. Mallory & Co.）設在紐約的專利部門工作，馬洛里公司是印第安納波利斯（Indianapolis）一家電氣與電子零組件製造業者。爲了追求名利與獨立，卡爾森將公餘之暇全力投入辦公室複印機的發明工作，還聘了一位名叫奧圖・康奈（Otto Kornei）的德國難民物理學者做幫手。一九三八年十月二十二日，在用了一堆笨重的裝備、造了陣陣煙霧與臭氣之後，他們的實驗有了成果，能夠將「10－22－38 艾斯特利亞」這幾個不起眼的字，從一張紙傳到另一張紙上。

這項被卡爾森稱爲「電子攝影」（electrophotography）的程序，有五個基本步驟：在紙張上充上靜電（例如用毛皮磨擦紙面），以增加紙面的感光度；將這個紙面置於一頁寫了字的文件前，形成一種靜電形象；在紙面撒上一種只會黏附在充電地區的粉，形成潛在形象；將這形象轉移到一種紙上；最後，加熱以固定形象。這些步驟的每一步本身，與其他技術都有相當關係，算不上新，但結合在一起卻產生前所未見的效果——事實上，正因爲它過於新奇，當年那些商業鉅子與重量級人士，在隔了很久以後，才逐漸發現這套新技術的潛能。卡爾森利用他在紐約市區馬洛里公司專利部門學得的知識，立即建了一套複雜的專利網絡保護這項發明，並且展開兜售——康奈不久後便離開了、另有高就，就此永遠離開電子攝影這一行。之後五年間，卡爾森一面在馬洛里工作，一面透過一種新形式向國內各大辦公室裝備公司提供這項程序的專利權，以拓展他的第二產業，但每一次都被打了回票。最後，在一九四四年，卡爾森說服巴特爾紀念研究所針對他這項程序展開進一步研發，並且言定新程序一旦出售或以授權方式出讓，權利金的四分之三歸巴特爾研究所所有。

於是，靜電複印術就這樣問世。書歸正傳，到一九四六年，巴特爾研究所對卡爾森這項程序的研究，已經引起哈洛伊德公司好幾個人的注意，其中包括即將接掌公司的小喬瑟夫·威爾森。威爾森與他新結交的一位友人索爾·利諾維茲（Sol M. Linowitz）談起這件事。利諾維茲剛從海軍退役不久，是一位聰明、有活力、關心公共事務的青年律師。當時，他忙著在羅徹斯特籌備一家新電台，準備播放自由派觀點，與當地甘奈特（Gannett）報系的保守派言論打對台。哈洛伊德公司雖有自己的律師，但威爾森對利諾維茲的能力激賞不已，於是請利諾維茲替哈洛伊德「專案」負責巴特爾這個案子。利諾維茲後來說：「我們前往哥倫布城，看研究人員用貓皮磨擦一片金屬。」經過多次參訪，雙方達成協議，哈洛伊德同意與巴特爾一起進行研發、分攤研發成本，從而取得卡爾森這項程序的使用權，卡爾森與巴特爾則可以取得權利金。其他一切似乎都因這項協議應運而生。一九四八年，在爲卡爾森這項程序尋找新名稱的過程中，一名巴特爾的研究人員找上俄亥俄州立大學（The Ohio State University）一位古典文學教授，兩人將兩個古希臘文字結合在一起，造出「xerography」這個字，直譯爲「乾的書寫」（dry writing）。

另一方面，巴特爾與哈洛伊德的小型科學家研究團隊，在這項程序的研發過程中，碰上一個又一個令人困惑、始料未及的技術難題。曾有一段時間，由於哈洛伊德的研究人員實在心灰意冷，想乾脆把靜電複印技術專利權賣給ＩＢＭ。但這念頭最後取消了，研究工作繼續進行，成本也逐日升高，哈洛伊德對這項程序的承諾，也逐漸成爲一種「不成功就成仁」的要務。一九五五年，新協議簽訂。根據這項新協議，哈洛伊德擁有卡爾森的全部專利，負擔研發計劃的全部成本。爲了支付這些成本，哈洛伊德發行巨額股票給巴特爾，巴特爾則將其中一小部分交給卡爾森。這項計劃的研發成本極爲驚人；在一九四七年與一九六〇年間，哈洛伊德在靜電複印技術上花了大約七千五百萬美元，這個金額大約相當於它在同期間例行營業額的兩倍。爲了補足差額，哈洛伊德一面舉債，一面發行普通股籌資，賣給那些好心人士、那些敢於冒險，或那些生成慧眼能夠預知未來的人。部分也因爲不忍眼見本地公司陷於困境，羅徹斯特大學（University of Rochester）也買了哈洛伊德巨額籌資基金，這些股票的買進價格由於之後除權，約爲每股〇・五美元。羅徹斯特大學一位官員還憂心忡忡地警告威爾森：「如果兩、三年以後，我們爲了停損，不得不出脫手中的哈洛伊德股票，請不要生我們的氣。」威爾森向他保證，絕不生氣。

爲了支持公司度過難關，威爾森與公司其他幾位主管，在領取薪酬時，除了小部分現金以外，大部分領的是公司股票。有幾位主管甚至拿出自己的積蓄，將房子抵押來支持公司。（在這些主管中，最值得一提的是利諾維茲。事實證明，他與哈洛伊德的合作一點也不是專案關係；他成爲威爾森的左右手，負責公司至關緊要的專利事務，負責組織與指導公司的國際加盟業務，後來還做了一任公司董事長。）一九五八年，儘管使用靜電複印技術的重大產品還沒有上市，公司經過仔細考慮，改名爲哈洛伊德全錄。公司使用的註冊商標，是哈洛伊德早幾年已經採用的「XeroX」——威爾森也承認，當年採用這個商標，完完全全就是模仿伊士曼柯達的商標「Kodak」。最後，「XeroX」商標中那個大寫字母「X」沒多久就降了一級，成爲小寫的「x」，因爲大家都懶得下工夫將最後那個字母改成大寫。不過，這個像「Kodak」一樣，幾乎是標準迴文（順著唸與倒著唸都一樣）的商標一直沒有變。威爾森說，公司許多顧問曾經極力反對「XeroX」或「Xerox」這個商標，他們擔心民眾不知道該怎麼唸這個字，也擔心民眾可能認爲它代表一種防凍劑，更擔心這個商標會讓重視財務的人想到一個非常喪氣的字：「zero」（零）。

然後到一九六〇年，大爆炸出現，突然一切事情完全反轉。過去擔心商標名字取得不好，現在公司擔心的是這名字太好了，因爲無論在談話、在印刷文件中，「to xerox」（去複印）這個新動詞開始頻繁出現。頻繁的程度甚至已經威脅到公司的專利權益，迫使全錄展開一項精心策劃的行動，以制止這種濫用情事。（（一九六一年，哈洛伊德全錄公司索性把名字改爲簡單的全錄公司（Xerox Corporation。）全錄的主管過去爲自己與家人的前途擔心，現在他們擔心自己會被一些親友們罵得狗血淋頭，因爲當公司前景堪虞、股票只值〇．二美元一股的時候，這些主管曾經力勸親友們「不要買」公司的股票。簡言之，只要擁有一堆全錄股票的人，包括那些領股票不領現金、爲公司省錢的主管，也包括羅徹斯特大學與巴特爾紀念研究所那些好心人，都成了富翁，或者富上加富。與全錄訂了好幾次約、得到許多股票的卡爾森，在一九六八年擁有的全錄股票市值好幾百萬美元，並因此成爲全美第六十六名最有錢的人（根據《財星》雜誌的排名）。

社會企業先驅

這就是全錄發跡的簡史，它有一種老式的、甚至是十九世紀的味道：發明家形單影隻地在簡陋的實驗室中奮鬥，小小的家庭式公司，草創初期的挫敗，對專利系統的依賴，用古典希臘文找商標名，最後高奏凱歌、彰顯自由企業系統。不過，全錄的故事還有另一層意義；它不僅重視身爲一家企業對股東、員工與顧客的責任，還進一步強調對社會整體的責任。就這一層意義而言，它不僅與大多數十九世紀的公司大不相同，事實上還走在二十世紀公司風氣之先。威爾森曾說：「訂定崇高目標，擁有幾乎不可能達到的抱負，讓人充滿有志竟成的信心——這些事像損益表一樣重要，或許還更重要。」其他的全錄主管也經常極力強調所謂的「全錄精神」，說這不是一種達到目的的手段，而是人類爲了謀求本身福祉而強調「人性價値」的事。大公司像這樣使用美麗詞藻、語出驚人的狀況所在多有，所以全錄的主管說這樣的話，當然也一樣啓人疑竇，而且有鑒於該公司獲利之豐，這些說法聽來甚至讓人刺耳。但有證據顯示，全錄這些話並不是說著好聽的。

在一九六五年，該公司捐了一六三萬二五四八美元給教育與慈善機構，一九六六年也捐了二二四萬六千美元；在這兩年中，獲利最大的都是羅徹斯特大學與羅徹斯特公益金（Rochester Community Chest），而且在這兩年，該公司的捐款還相當於稅前淨利約一．五％。與大多數其他大公司投入慈善的經費相比，這個百分比要高得多。舉例來說，美國無線電公司與AT&T都以樂善好施著名，但美國無線電公司在一九六五年捐助的善款總額，只占同年稅前收益約○．七％，而AT&T的捐助比重也比一％少得多。爲了宣示它對社會公益的堅持，全錄並在一九六六年投入「一％計劃」，即一般所稱的「克利夫蘭計劃」（Cleveland

Plan），這是成立於克利夫蘭的一項專案，參加專案的地方企業同意，除了其他慈善捐助以外，每年以稅前營收的一%捐助地方教育機構，也因此只要全錄的營收持續增加，羅徹斯特大學與當地其他教育機構，面對未來都能有所保障。

在其他問題上，全錄也願意爲了與獲利無關的理由而冒險。威爾森在一九六四年一篇演說中表示：「公司不能拒絕在大衆關切的重大議題上採取立場。」這種說法在商場上簡直就是異端邪說，因爲在公共議題上採取立場，幾乎等於是在自絕於反對這些立場的客戶與潛在客戶。當時全錄採取的主要公共立場就是支持聯合國，也因此開罪了反對聯合國的人。一九六四年初，全錄決定以一整年的廣告預算四百萬美元，爲一系列探討聯合國的電視網節目背書，這些節目在播出時不帶廣告，也不播任何全錄公司的標誌，只在每一個節目的開始與結尾附上一段聲明，說明這是全錄付費的節目。

那一年七月與八月，在全錄宣布這項支持聯合國的決定之後約三個月，反對這系列節目的信件彷彿雪片飛來，要求全錄撤手。這些信件總計約達一萬五千封，有的以溫言好語相勸，有的口氣強硬，形同開罵。其中許多信說，聯合國是用來剝奪美國人憲法權益的工具，聯合國憲章部分是由美國共產黨草擬的。還有幾封來自公司負責人的信，更揚言除非取消這個系列節目，否則他們的辦公室將不使用全錄的機器。只有少數幾封信的發信人提到激進右派反共組織約翰·伯奇協會（John Birch Society），而且沒有一個人表明自己是這個協會的一員。不過，相關證據顯示，這項信件攻勢是該協會精心策劃的行動，它不久前曾發表刊物，呼籲會員寫信給全錄，抗議這項聯合國系列節目，還說發動潮水一般的信件攻勢，曾使一家大型航空公司從飛機上除下聯合國標誌。

之後全錄展開調查，經過分析後發現，這一萬五千封信出自約四千人手筆，進一步證明這是一次有系統的行動。但無論怎麼說，全錄主管與董事並沒有被這些信件說服，也沒有被它們嚇到。聯合國系列節目於一九六五年出現在美國廣播公司（American Broadcasting Company, ABC）電視網，而且廣獲好評。威爾森後來說，這個節目與不理會抗議、堅持播出的決定，雖然爲全錄樹立了一些敵人，但因此交到的友人要多得太多。許多觀察家認爲，從威爾森就這件事發表的多項公開聲明判斷，威爾森不僅具有優異的商業判斷能力，還有一種甚爲罕見的商業浪漫色彩。

市場漸趨飽和，開始多角化經營

一九六六年秋季，全錄開始遭到推出靜電複印技術以來的第一波背運。此時，辦公室複印機這一行有四十幾家業者，其中許多業者在全錄的授權下生產靜電複印裝置。〔全錄唯一不肯授權的，是一種叫做硒鼓（selenium drum）的技術，它能讓全錄的複印機在一般紙張上進行複印。所有與全錄競爭的產品，都仍然必須使用經過處理的特殊紙張。〕全錄一直享有搶先進入新市場的業者所享有的那種優勢，也就是能夠收取高價。財經周刊《巴倫》（*Barron's*）在八月間指出：「就像所有科技發展必須面對的宿命一樣，這項曾經風光一時的發明，可能很快就會成爲一種不足爲奇的司空見慣之事。」標榜低價的新業者成群湧進複印市場；一家公司在五月間一封致股東的信中預料，不久會有十美元或二十美元一台的「玩具」複印機上市（一九六八年眞有這麼一種玩具複印機上市，售價約三十美元），甚至有人說，有一天，商家會爲了促銷紙張而免費贈送複印機，就像業者爲了促銷刀片而贈送刮鬍刀一樣。

全錄了解自己的這些專利壟斷總有一天要成爲公共財，幾年來也不斷購併主要包括出版與教育等其他領域的公司，以拓展營運觸角。舉例來說，它在一九六二年收購大學微縮膠片公司（University Microfilms）、一座未發行手稿的微縮膠片圖書館、絕版書、博士論文、期刊與報紙。在一九六五年，它開始購進另外兩家公司：一是美國教育出版公司（American Education Publications），全美最大的中小學教育期刊出版公司；另一是基本系統（Basic Systems），一家教學器材製造業者。不過，這些行動未能扭轉市場對全錄的成見，全錄的股價開始重挫。在一九六六年六月底，它的股價還有二六七．七五美元，到十月初只剩下一三一．六二五美元，公司市值腰斬還不止。從十月三日到十月七日單一交易週內，全錄跌了四二．五點；特別是在十月六日這一天，紐約證交所不得不將全錄股票的交易暫停五小時，因爲這一天有價值大約兩千五百萬美元的全錄股票求售，但一張買單也沒有。

九一四：史上第一部最成功，也最有個性的複印機

我發現，公司在經歷挫折時的表現最值得注意，於是選了一九六六年秋季這段期間，對全錄與它的員工進行觀察——我想做這件事，已經想了約有一年。一開始，我先熟悉它的產品——到了一九六六年，全錄的複印機系列與相關產品已經琳瑯滿目。舉例來說，有一種與辦公桌一般大小的九一四型複印機，無論什麼頁面，包括印刷、手稿、打字稿或畫圖等，都能製成黑白複印，但頁面大小不得超過九×十四吋，每複印一份需要約六秒鐘；八一三型的體積小得多，可以擺在辦公桌上，基本上就是一種九一四的縮小版（套用全錄技術人員的話說，就是「放了氣的九一四」）；二四〇〇型是一種高速複印機，與現代廚房的爐灶一般大小，每分鐘可以複印四十份，一小時能複印兩千四百份；複印流（Copyflo）機型能將微縮膠片放大爲書本一樣大小的一般頁面，然後複印；LDX能將文件透過電話線、微波無線電或同軸電纜傳輸；還有由美格福斯（Magnavox）設計、製造，但由全錄經銷的電傳傳眞機（Telecopier），它有點像是LDX的初級版，只是一個小盒子，使用者只須把小盒子裝在一般電話機上，就能迅速將一張照片傳給另一位也在電話機上裝了這種小盒子的使用者，因此甚獲外行人的青睞（不過傳的時候，發出的噪音也著實不小。）然而，對全錄及它的客戶來說，

在這所有的裝置中，第一種劃時代性的自動靜電複印機九一四仍是最重要的產品。

有人認爲，九一四是有史以來最成功的商業產品，但這項說法既不能證實也無法否認，其中一個原因是全錄不發表公司個別產品的確切營利數字。不過，全錄確實曾經表示，在一九六五年，九一四占全錄總營收約六二%，而全錄在這一年的總營收爲兩億四千三百萬美元。在一九六六年，一部九一四的售價爲兩萬七千五百美元，也可以用二十五美元的月租，外加至少四十九美元的複印費用（每複印一頁〇．〇四美元）來租一部九一四。這樣的收費經過精心安排，讓租用比買划算，因爲最後總結起來，全錄靠出租所賺的錢比賣機器所賺的錢還多。

漆成象牙白色的九一四，重達六百五十磅，看起來很像一個摩登的L型金屬辦公桌。需要複印的東西——可以是一張紙、一本打開的書本的跨頁，或甚至是手錶或獎章這類小型立體物件——只要面朝下、擺在平滑表面的玻璃窗上，再按一個鈕，九秒鐘以後，複製出的頁面就會跑進一個文件盤裡，一個類似「發文籃」的地方。就技術角度而言，由於九一四過於複雜（全錄有些推銷員說，它比汽車還複雜），所以很容易出毛病，因此全錄養了一批爲數幾千人、理論上可以隨傳隨到的修護大軍。

九一四最常見的毛病是複印紙夾紙，全錄替這個毛病取了一個很有畫面感的名字叫做「mispuff」（噴氣定位錯誤），因爲每張紙都要先經機器內部「puff」（噴出）的氣提升到定位，才能進行複印，一旦「puff」的過程「miss」（出了差錯），機器就無法運作。有時噴氣定位錯誤的情況嚴重，紙張接觸到機器內的高熱零組件，機器還會因此冒出令人害怕的白煙。全錄建議，如果遇到這類狀況，頂多只須使用附在機器旁的小型滅火器就可以了，因爲如果不予理會，火會自行熄滅，不會造成什麼傷害。但如果拿一桶水澆向九一四，卻可能將也許會致命的電伏傳到它的金屬表面上。除了故障問題以外，九一四還需要負責操作的作業員細心關照，這些作業員幾乎都是女性。〔早期負責打字機（typewriter）操作的女性，本身就叫做「typewriter」，好在沒有人把操作全錄複印機（Xerox）的女性也叫做「xeroxes」。〕

九一四的複印紙與稱做「toner」（調色粉）的黑色靜電粉必須定期更新，而它最重要的零組件——那個硒鼓，必須用一種不會造成刮痕的特製棉布定期清拭，而且得經常上臘保養。我曾經與一部九一四及它的作業員共處了幾個下午，見證了我生平僅見、一位女性與一件辦公室裝備之間最親密的關係。操作打字機或電話接線總機的女性，對她使用的裝備不會有興趣，因爲這些裝備沒什麼神奇之處；操作電腦的女性，對電腦也只會感到厭煩而已，因爲電腦讓她完全無法理解。但九一四有獨特的動物屬性：妳必須餵它，必須奉承它；它有時讓人膽戰心驚，但有時也很溫良馴服；它可能突如其來地幹一些壞事，但一般而言，妳對它好，它也會對妳好。我觀察的這位作業員對我說：「一開始，我很怕它。全錄的人說：『如果妳怕它，它就不會好好工作。』這話說得眞不錯，它是個好東西。我現在喜歡它了。」

複印的多種用途，以及可能爭議

我和全錄的一些銷售代表談過話，知道他們不斷想著運用公司產品的新點子，卻一再發現民衆想出的點子領先他們太多。其中一個稀奇的點子，還能讓新娘如願以償、得到她的婚禮禮物。這一招是這麼用的：準新娘寫一份最想要的禮物清單，交給一家百貨公司，百貨公司把這份清單送到它的新娘登記櫃台，櫃台裡裝了一部全錄複印機。新娘的友人經通風報信來到這個櫃台，領到一份清單拷貝。接著，這友人在百貨公司選購完畢，劃去拷貝單上他已經備妥的禮物，再把拷貝單交還給櫃台。於是，櫃台修訂清單，準備新娘下一位友人前來購物。看來，希臘神話中專司婚姻的海曼神（Hymen），魅力眞是勢不可當！

另一方面，紐奧良與其他許多地方的警察局，在爲送進拘留所的人犯開立私人物品清單時，也不再費時耗力地打字了。他們把人犯的錢包、手錶、鑰匙之類的隨身小東西擺在九一四的掃描玻璃窗上，只需要幾秒鐘，一張照相影本收據就完成了！醫院用靜電複印機器來複印心電圖與實驗室報告，券商也可以更快將一些熱門消息通報給客戶。事實上，任何人只要想得出利用複印機的新點子，都可以隨便走進一家設有投幣式複印機的雪茄菸店或文具店，做他想做的事。（有趣的是，全錄生產了兩種規格的投幣型九一四，一種投幣單位爲一角美元硬幣，另一種爲二十五分美元硬幣，供購買或租用這些機器的店家選用。）

不過，複印也遭到濫用，而且情況顯然嚴重；最明顯的一種濫用現象，就是過度複印。這種現象在官僚體系中尤其普遍——明明只需要複印一份就夠了，卻想複印兩份或更多，根本無須複印也想複印一份等。一度用來代表官僚浪費的「in triplicate」（製作三份）這個詞，實在過於輕描淡寫，不足以說明情況的嚴重。只需要按一下按鈕，機器就會展開一連串行動，乾淨俐落地將複印成果放進文件匣——這一切都讓人有一種飄飄欲仙之感，初次使用複印機的人也總是想將什麼都複印。此外，一旦使用過一次複印機，很容易讓人上癮。或許，這種複印成癮的毛病最危險的地方，不在於檔案愈建愈多、反而埋葬了重要資料，而在於對原始文件的一種逐漸萌生的負面態度——許多人開始認爲，一份文件除非經過複印，或者本身是一份複印文件，否則不是重要文件。

靜電複印術帶來的一個比較立即性的問題是，它帶來一種違反著作權法的極大誘惑。全美各地所有大型公立與大學圖書館——以及許多中學圖書館——此時都已經設有複印機，教師和學生如果需要從一本書裡找幾首詩、從一本選集裡找某篇短篇小說，或是從一本學術期刊當中找一篇論文的話，只需要從圖書館的書架上取下這本書，再拿到圖書館的複印室複印就好，需要幾份就用全錄複印機複製幾份。這麼做的結果，當然影響到作者與出版商的收益。這種著作權侵權情況究竟有多嚴重，並無法律紀錄可尋，或許只因爲出版商與作者不知道有這種侵權情事；更何況，這些辦教育的人本身往往也不知道他們這麼做有任何不法。

幾年前，一個教育家委員會向全美各地教師發出通告，說明教師們有權或無權複印哪些材料。通告發出之後，教育家向出版商要求複印許可的事例大幅增加。此次事件間接顯示，在靜電複印術普及之後，許多人已經犯下著作權侵權情事而不自知。此外，還有一些更具體的證據，也可以說明當時的狀況；舉例來說，新墨西哥大學（University of New Mexico）圖書館系所一名職員在一九六五年公開指出，圖書館預算有九〇%花在員工薪酬、電話、複印與電傳之類的事務，花在書籍與雜誌上的錢只占十%。

在某種程度上，圖書館也想自行負起著作權的保護工作。以紐約公共圖書館（New York Public Library）主館的影印服務爲例（每週都要處理約一千五百件圖書館資料複印申請），就曾經發出通告，要求複印的人「有著作權保護的材料，只能在『合理使用』的限度內複印；所謂『合理使用』的意思就是，複印數量與類型大體而言只限於摘要節錄，屬於法有先例、不構成侵權行爲者。」通告中並且指出：「一切因複印，以及之後因使用複印文件而可能產生的問題，應由複印申請人負全責。」紐約公共圖書館在這篇聲明的第一段，似乎表示它願意負起著作權保護工作，但在第二段卻把這項責任推得一乾二淨。這種模稜兩可，或許可以反映當時圖書館複印機使用者廣泛的不安感。

不過，一旦出了圖書館門外，這種不安往往也不見蹤影。一般而言非常守法的商人，似乎將著作權侵權行爲當成隨意穿越馬路一樣，不以爲意。我聽說有這麼一回事：一位作家在應邀出席一場商界領導人研討會時，駭然發現自己最近出版的一本書裡有一章遭到複印，拷貝的副本散發給與會者，作爲研討會的討論基礎。這位作家於是提出抗議，但主事的商人不僅大感驚訝，甚至覺得這位作家傷了他們，因爲他們覺得複印他的文章，正表示他們對他的重視，所以這位作家應該感到高興才是。不過當然，這行徑就好像一個賊在偷了一位女士的珠寶以後，還在這位女士面前展示這件珠寶，稱讚它有多美一樣。

著作權保衛戰

有論者認爲，目前爲止發生的這些事，只是一種圖象革命的第一階段。加拿大哲人馬歇爾．麥克魯漢（Marshall McLuhan）在《美國學者》（*The American Scholar*）季刊一九六六年的春季刊中寫道：「靜電複印術正爲出版世界帶來一場恐怖統治，因爲它意味著每位讀者都可以既是作者也是發行人。在靜電複印術的支配下，著作與閱讀都成爲生產導向……靜電複印術是對印刷術世界的電氣入侵，它代表一場出現在這個老領域的全面革命。」儘管麥克魯漢時而反覆（他曾經承認：「我每天都在改變主意」），但此話言之成理。雜誌上也出現各式各樣的文章，預言書籍有一天將走進歷史，未來的圖書館會是一種像怪獸般的電腦，能夠透過電子與靜電複印科技儲存、檢索書本的內容。在這樣的圖書館裡，「書籍」只是一個個細小的「一版」電腦膠卷晶片。雖然每個人都同意，這樣一種圖書館在短期內還不可能出現，但一些謹慎的出版商沒隔多久，已經有了未雨綢繆的反應。〔從一九六六年的年底起，哈考特——布雷斯與世界圖書公司（Harcourt, Brace & World）出版的所有圖書，將版權頁上行之多年的「版權所有」那一行老字，加注了一段唸起來令人有點害怕的文字：「版權所有。這本刊物的任何一部分，不得以任何形式或以任何手段，無論是電子或機械，包括影印、記錄或任何資訊儲存與檢索系統……進行重製或傳輸。」而其他出版商也立即跟進。〕

一九六〇年代末期，全錄旗下的大學微縮膠片公司，也採取了版權保護措施。大學微縮膠片當時爲顧客提供放大絕版書微縮膠片、印製成精美平裝書的服務，每頁收費〇．〇四美元；如果是複製有版權的書，公司會根據複製份數提供作者版稅。然而，幾乎任何人都能以低於市價的成本、自己複製一本書，已經不再是幾年以後的夢想，而是既已成眞的事實。業餘出版人只須準備一台小型膠印機，而且能夠使用全錄複印機就行了。靜電複印術一項次要、但仍然重要的特性，是它能夠製作膠印使用的主版頁，而且製作時間與成本比過去少得多。據美國作家聯盟的顧問厄文．卡普（Irwin Karp）指出，在一九六七年，將這兩項技術結合在一起使用，只需要幾分鐘時間就能以一頁〇．〇〇八美元的成本「發行」（裝訂費另計）一版五十本印刷書籍；如果一版的數量更大，成本也就更低。一位教師如果想將市價每本三．七五美元、共六十四頁的詩集複印五十本，發給班上五十名學生，只要決心不理會版權法，也可以用每本略多於〇．五美元的低成本做到這件事。

作家與出版商都同意，這種新科技帶來的危險在於，一旦書本走入歷史，作家與出版商、最後連寫作本身也將走入歷史。普林斯頓大學出版社（Princeton University Press）社長小赫伯特・貝利（Herbert S. Bailey, Jr.），在《週六評論》（*Saturday Review*）中寫道，他的一位學者友人已經取消訂閱一切學術期刊，每天只是泡在公共圖書館裡掃描這些期刊的內容，找出有意閱讀的文章進行複印。貝利說：「如果所有學者都這麼做，這世上將沒有學術性雜誌。」自一九六〇年代中期起，美國國會已經開始考慮修訂著作權法，而這是自一九〇九年以來的頭一遭。在聽證會進行期間，一個代表美國全國教育協會（National Education Association）與一群其他教育團體的委員會，強而有力地指出，美國如果要讓教育跟上國家成長的腳步，就必須針對學術性用途，將現有著作權法與「合理使用」法則自由化。毫不令人意外，作家與出版商當然反對這種自由化，他們堅持現有著作權法已經對他們的生計形成傷害，日後隨著靜電複印技術的進一步發展，對他們生計的危害只會變本加厲。國會眾議院司法委員會在一九六七年通過的一項法案，明文宣示「合理使用」法則，而且不提教育性複印豁免，似乎是代表作家與出版商的一項勝利。不過，直到一九六八年年底，這場鬥爭的最後勝負仍然未定。麥克魯漢深信，維持既有著作權保護的一切形式都是走回頭路的思考，必將失敗無疑。至少他在寫下列這篇刊在《美國學者》的論文時，如此深信。他在論文中表示：「除了運用科技手段，想保護自己、不受科技之害是不可能的。一旦你運用某一階段的科技創造了一種新環境，就必須運用下一階段的科技才能創造一種反環境。」但作家一般不擅長科技，而且很可能在反環境中也發達不起來。

爲了應付公司產品打開的「潘朵拉盒子」（Pandora's box），面對這些爭議，全錄的作爲似乎頗能謹守威爾森訂定的崇高理念。儘管就商業利益角度而言，全錄理應鼓勵人們複印，複印得愈多愈好，至少也不會勸人少複印；但事實是，全錄花費相當工夫向全錄複印機使用者說明他們的法律責任。舉例來說，每一部新機器在交到客戶手上時都會附上一塊紙牌，明列一長串不能複印的東西，其中包括紙幣、政府債券、郵票、護照與「非經著作權所有人允許的任何形式或類型的著作權材料。」（至於有多少這種紙牌被使用者丟進垃圾桶，則是另一個問題。）此外，在著作權法修訂爭奪戰中夾在中間的全錄，始終能夠抗拒乘機大發利市的誘惑，擔任樹立社會責任感的表率——至少就作家與出版商的觀點而言是這樣的。

相形之下，複印業者大體上或保持中立，或倒向教育家這一邊。在一九六三年的一項著作權法修正案研討會中，一名業界發言人甚至辯稱，學者使用機器複印，不過是將親手複寫加以簡便延伸罷了，而親手複寫傳統上都是公認合法的。不過，全錄並沒有這麼做。一九六五年九月，威爾森寫信給衆議院司法委員會，毫無遮掩地反對新法律提供任何類型的複印免責權。當然，在評估這種似乎是唐吉訶德式立場的過程中，我們應該不忘全錄既是一家複印機製造公司，也是一家出版公司；事實上，旗下擁有大學微縮膠片公司與美國教育出版公司的全錄，是全美最大的幾家出版公司之一。我從我的研究發現，傳統出版業者面對這家未來色彩濃厚的巨廠，難免有些迷惑徬徨；因爲對他們來說，全錄不僅對他們熟悉的世界構成一項天外飛來的威脅，也是他們充滿熱情的同業與競爭對手。

實地參訪全錄，拜會公司大老

在對全錄的一些產品有了一些認識，對這些產品造成的社會衝擊做了一番思考之後，我前往羅徹斯特，一則累積與這家公司的第一手經驗，一則了解全錄的員工如何因應他們的物質面與道德面問題。在我前往羅徹斯特的時候，物質面問題顯然是當務之急，因爲當時全錄股價一週跌了四二．五點的慘劇記憶猶新。在前往羅徹斯特的飛機上，我讀著一份全錄最新的股東委託書複印文件，上面記著全錄每一位董事在一九六六年二月持有的股票。爲了打發時間，我算了一下幾位董事如果沒有出脫手中持股，在十月那個災情慘重的一週的帳面損失。舉例來說，董事長威爾森在二月持有十五萬四〇二六普通股，所以他在那週虧了六五四萬六一〇五美元。利諾維茲持有三萬五一六六股，虧損一四九萬四五五五美元。負責研發的執行副總約翰．德紹（John H. Dessauer）持有七萬三八四五股，所以應該損失了美金三一三萬八四一二．五元。就算是全錄的主管，這樣的損失也絕對不輕。既然如此，我在進入他們的公司以後，見到的會不會是一片愁雲慘霧，或至少是訝異、震驚？

全錄的主管辦公室位在羅徹斯特城中塔（Midtown Tower）的高樓層，底樓是室內購物中心城中廣場（Midtown Plaza）。（那一年稍後，全錄把總公司搬進對街的全錄廣場，廣場上有一棟三十層辦公樓、一座供民衆與公司使用的禮堂，還有一座大溜冰場。）在上樓前往全錄的辦公室以前，我在購物中心逛了兩圈，發現它有各式各樣的商店、一座咖啡廳、一些精品店、撞球場、種了一些樹、還有休閒座椅——儘管這裡氣氛極其平和而富足，但就像一些室外購物中心的休閒座椅一樣，也坐了一些流浪漢。這裡的樹由於缺乏陽光與空氣，顯得有些有氣無力，那些流浪漢看起來倒是滿有精神的。

搭乘電梯上樓以後，我見到事先約好的一位全錄公關，並且立即問他公司對這次股價暴跌一事的反應。他答道：「喔！沒有人太在意這件事。在高爾夫俱樂部，你會聽到許多有關它的輕描淡寫的談話。某人會對另一個人說：『今天你請喝酒，我的全錄昨天又虧了八萬塊。』威爾森對證交所那天被迫停止全錄交易的事，確實感到有些受傷，但除此之外，他的態度一直很從容。事實上，在不久前的一次聚會中，由於股票大跌，許多人圍著他，問他這是怎麼回事。威爾森當時回答：『嗯，你們知道，機會兩次來敲門，可是非常罕見的喔！』至於在辦公室裡，幾乎聽不到有人提這件事。」事實上，在進了全錄的辦公室以後，我眞的沒聽到有關這件事的談話，而且事實證明他們這麼鎮定果然有理，因爲才不過一個月多一點點以後，全錄股票大漲，不僅全面收復失地，不出幾個月以後還創下新高。

那天上午，我拜會了三位全錄科技專家，聽他們談起早年研發靜電複印術的故事。第一位與我會面的是德紹博士，就是一週前虧了三百萬美元的那一位。不過，我發現他的神色非常自在從容——我細想一下，這也合情合理，因爲就算虧了這麼多，他手中的全錄股票仍然值九百五十萬美元以上。（幾個月以後，他的股票算一算價值不下兩千萬。）德紹博士在德國出生，是公司元老，自一九三八年起就主持公司的研發與工程部門，並且兼任副董事長。一九四五年，德紹在一份技術刊物中看到一篇有關卡爾森新發明的文章，於是第一個建議喬瑟夫．威爾森注意這件事。我在他的辦公室牆壁上看到一張辦公室員工寫給他的賀卡，上面稱他是「魔法師」，我覺得他是一位笑容可掬、看起來很年輕的人，說話帶有一種剛剛可以通過魔法師鑑定考的口音。

德紹博士說：「你想聽我談一談往事，是嗎？嗯，它很刺激、很美好，但它同時也可怕得要命。有時我或多或少覺得自己就要發瘋了，是眞的發瘋。錢一直就是個大問題。公司的運氣還算好，還有一些進帳，但也在危險邊緣。我們團隊的每一位成員，都在這項專案上下了大注。我連房子都抵押了，全身財產只剩下我的人壽保險。我已經賭上一切身家，沒有退路。我當時的感覺是，如果做垮了，威爾森與我都是商場敗將，但就我而言，我還多了一項科技敗將的罪名，這輩子沒有人還會給我工作。我也許得放棄科學，去做賣保險之類的工作了！」

德紹博士眼望天花板，以一種遙想當年的語氣說：「在那段早期歲月，幾乎沒有人對前途樂觀。我們自己很多人都曾經進來對我說，這鬼東西永遠做不成！最大的問題是，事實證明，靜電在高濕度環境中無法運作。幾乎所有專家都這麼說：『你永遠不可能在紐奧良搞複印。』而且就算眞能做出複印機，行銷人員認爲我們面對的潛在市場，充其量也不過只有幾千部複印機。有些顧問還對我們說，我們進行這項專案，根本就是腦子有問題。嗯，不過，你知道，結果一切都很圓滿——就連在紐奧良，九一四也運作得很好，而且市場很大。之後是桌上型的八一三，我再次賭上全部身家，堅持一種有些專家認爲太脆弱的設計。」我問德紹，他是不是還在進行賭上身家的新研究，如果是，這項研究是不是像靜電複印一樣刺激？他回答：「你這兩個問題的答案都是『是』，不過想進一步探討，就是專業知識的範疇了。」

科技突破，總是多少有點瞎打誤撞

我見到的第二位全錄主管是哈洛德．克拉克博士（Harold E. Clark）。在德紹監督下直接負責靜電複印研發專案的他，對我說了許多當年卡爾森的發明怎麼整型、蛻變，終於成爲一件商業產品的細節過程。克拉克博士是矮個子，說起話來很有專業風範。他原是物理學教授，在一九四九年加入哈洛伊德。他說：「契斯特．卡爾森很像一位生物形態學家。」或許因爲看到我面帶茫然，他淺笑了笑，繼續說道：「其實我也不知道『生物形態學家』究竟代表什麼，我想它的意思就是把一件事物與另一件事物合在一起，產生一件新事物。無論怎麼說，契斯特就是這樣的人。靜電複印在過去的科學研究工作中，絲毫沒有任何基礎。契斯特把一大堆稀奇古怪的現象擺在一起，每個現象本身都艱澀難解，而且都是過去沒有人思考、連一點邊都沾不上的問題。結果就是攝影術本身問世以來，影像科技最大的突破。這還不說，他是在沒有任何有利的科學氣氛中做到的。你知道，科技史上出現過幾十件同步發現的先例，但像契斯特這樣的發現，根本就是絕無僅有。就像我第一次聽說一樣，直到現在，想到他的這些發現，仍然讓我稱奇不已。就一件發明來說，它非常了不起！唯一的問題是，就一件產品來說，它一點也不好。」

克拉克博士又笑了笑，繼續解釋說，轉捩點出現在巴特爾紀念研究所，而且就像科技突破的傳統一樣，多少是在瞎打誤撞的情況下產生的。主要問題出在卡爾森塗上一層硫的感光表面，它在經過幾次複印之後品質就會流失，不再有用。單純憑一種直覺，在沒有任何科學理論佐證的情況下，巴特爾的研究人員在感光表面加了少量硒。這是一種非金屬性元素，過去主要用在電阻器，也是一種使玻璃變紅的色素。硒與硫混合的表面，比純硫表面的效果好了一些，於是巴特爾研究員又加了一些硒。結果效果進一步改善，他們就這樣逐步增加硒的百分比，直到整個感光表面只有硒、沒有硫爲止。這最後一種的表面效果最好，就這樣，他們用倒推的方式發現，硒——而且也只有硒——能讓靜電複印技術運作。

克拉克博士面帶沉思地說：「想想看，就是像地球近一百種元素之一的硒，這樣簡單的東西，這樣普通的東西就是關鍵。一旦發現它的效益，我們離成功已經不遠；不過，我們當時還不知道。我們到今天還擁有用硒進行靜電複印的專利，幾乎等於包辦了一種元素——怎麼樣，不錯吧？甚至到了今天，我們還不知道硒究竟是怎麼運作的。舉例來說，它沒有記憶效應，也就是說，過去的複印不會在鍍了一層硒的鼓上留下任何蹤跡。而且理論上說，它似乎可以永遠做下去，不會壞，這項事實讓我們驚奇不已。在實驗室裡，鍍了一層硒的鼓可以經歷一百萬次複印，我們也不明白為什麼在做了一百萬次以後它開始效力降低。所以你可以看出，靜電複印的研發，大體上是一種觀察與實驗。我們是正規出身的科學家，不是東修西補搞發明的洋基客。不過，我們在東修西補與科學探討之間取得一種平衡。」

之後，我見到郝瑞斯・貝克（Horace W. Becker），他是負責將九一四從工作模型階段推上生產線的全錄工程師。貝克來自紐約市布魯克林區，有一種把惱人的事說得頭頭是道的本領，他告訴我全錄九一四在推上生產線的這項過程中，遭遇到的令人寒毛倒豎的種種障礙與風險。當他在一九五八年加入哈洛伊德全錄的時候，他的實驗室設在羅徹斯特一家花園種子包裝店樓上，屋頂是漏的，每逢熱天，融化的焦油會從漏縫中滴下，濺在工程師與機器身上。到一九六〇年初，九一四終於有了樣子，需要搬進座落櫻桃園街（Orchard Street）的另一間實驗室。貝克告訴我：「那也是一棟破舊的樓房，電梯動起來會發出嘎嘎聲響，旁邊還有一條鐵路，不時有滿載豬群的火車隆隆駛經。不過，我們有了自己需要的空間，而且屋頂也不會漏焦油下來。搬進櫻桃園街以後，我們的工作才眞正如火如荼地展開。怎麼會這樣，我也說不明白。我們決定設立生產線的時機已到，每個人都忙得不亦樂乎。工會那些人暫時拋開他們的不滿，老闆們也忘了他們的考績問題。在這間實驗室，你分不清誰是工程師，誰是裝配工人。沒有人願意離開現場，週日裝配線關閉時，你溜進去一看，總會看到有人在調整什麼東西，或是在那裡閒逛，對我們的成果羨豔不已。換句話說，九一四終於就要問世了！」

貝克說，但機器在離開裝配線進入展示間、與客戶見面時，他的麻煩才剛開始，因爲他現在負責故障與設計瑕疵問題。而就在民衆都睜大了眼看著它的時候，它演出一次全面大崩盤。九一四成了名副其實的愛德索：錯綜複雜的中繼設備不運作、彈簧斷裂、斷電，還有沒有經驗的使用者讓訂書針與迴紋針掉進機器，結果機器失靈（因此後來的每一部機器，都有一個防止訂書針掉落的袋子。）此外，潮濕、悶熱的天氣帶來可想而知的問題，還有高海拔地區帶來的一些始料未及的問題。貝克說：「總而言之，言而總之，當你按鈕時，這台機器有個什麼都不做的壞習慣。有時你按了鈕，它也做了一些事，但是做得不對。例如，當九一四第一次在倫敦舉行盛大公開展示時，威爾森親自出馬在儀式中按鈕。他按了鈕，結果不但沒有複印出任何東西，還把爲機器供電的一部巨型發電機給燒掉了。」靜電複印就這樣在英國登場，有鑒於它這場處女秀的表現，以及之後英國成爲九一四機型海外地區最大市場的事實，似乎不得不讓我們對全錄的彈性與英國人的耐性肅然起敬。

回饋鄉里，培養在地人才

那天下午，一位來自全錄公司的嚮導，開車帶我前往韋斯特（Webster）。韋斯特是一座農業城，位於安大略湖（Lake Ontario）湖濱，距離羅徹斯特只有幾哩路。我們來到貝克那座屋頂漏焦油的實驗室舊址，現在它已經搖身一變，成爲一座巨型現代工業園區，其中有一處占地約一百萬平方呎的廠房，所有全錄複印機都在這座廠房裝配（英國與日本分公司生產的機器除外），還有一處面積較小但似乎更精緻的研發單位。當我們參觀這座工業園區的生產線時，全錄嚮導向我解釋，這條生產線目前分成兩班，每天作業十六個小時，但它與其他幾條生產線的生產，好幾年來仍然供不應求。這名嚮導還告訴我，這座園區目前有近兩千名員工，而他們都是本地美國成衣業工人工會（Amalgamated Clothing Workers of America）的成員。之所以出現這種怪現象，主要是因爲羅徹斯特原是一處成衣業中心，成衣業工人工會一直就是這個地區勢力最強的工會。

在我的嚮導把我送回羅徹斯特以後，我一個人展開行動，蒐集社區人士對全錄與它的成功的看法。我發現他們的看法很矛盾，比方說，有一位本地商人說：「全錄的存在對羅徹斯特來說，一直就是好事一件。當然，伊士曼柯達多年來都是這座城市的大頭領，而且仍是遙遙領先的本地最大企業，不過全錄現在位居第二，而且正在迅速趕上。面對這樣的競爭，對柯達不但沒有任何傷害，事實上還有很多好處。此外，本地出現成功的新公司，意味著新的金錢收益與新的就業機會。但是另一方面，這裡也有人痛恨全錄。本地的企業大多可以回溯到十九世紀，而他們對新來的人往往不是很友善。當全錄像流星一般竄起時，地方上有人心想它會像泡沫一樣幻滅——不，應該說他們希望它會幻滅。最重要的是，喬瑟夫．威爾森與索爾．利諾維茲一方面大談人性價值，一方面賺進大把鈔票的行事方式，也讓本地人有某種程度的反感。不過，怎麼說呢？這大概就是成功的代價吧！」

我來到位於金尼西河（Genesee River）河濱的羅徹斯特大學，訪問了校長亞蘭．華里斯（W. Allen Wallis）。華里斯是個高個子，一頭紅髮，統計師出身，在伊士曼柯達等幾家在地公司擔任董事。其中伊士曼柯達一直就是羅徹斯特大學的聖誕老人，至今仍是它每年捐獻的最大施主。至於對全錄，這家大學也有幾個心生好感的好理由。首先，羅徹斯特大學投資全錄股票，資本利得約達一億美元，而且已經兌現賺了至少一千萬美元以上，它是全錄千萬富翁的典範。其次，全錄每年提供給它的現金贈禮之豐僅次於柯達，最近還響應羅徹斯特大學的集資，保證為它籌集近六百萬美元。第三，本身也是羅徹斯特大學畢業生的威爾森，自一九四九年起就擔任它的校董，自一九五九年起並出任它的董事長至今。華里斯校長說：「我在一九六二年來到這裡以前，從沒聽過公司會像柯達與全錄現在對我們這樣，對大學慷慨捐助。而他們寄望於我們的，只是要我們提供最高品質的教育，並沒有要我們為他們進行研究，或是做任何那一類的東西。當然，我們的科學研究人員與全錄的研發人員有許多非正式的技術顧問交流——與柯達、博士倫（Bausch & Lomb），以及其他公司的情況也一樣——但這不是他們支持這所大學的原因。他們希望讓羅徹斯特成為一個人才薈萃的地方，因為他們需要人才。我們大學從未替全錄發明任何東西，我想永遠也不會有這種事。」

接班人就位，堅持理念是場持久戰

第二天上午，我在全錄主管辦公室會見全錄最高階非技術性領導人，最後一位是威爾森本人。我見到的第一位是利諾維茲，就是那位威爾森在一九四六年「暫時」找來幫忙，之後成為威爾森的左右手、一直留在全錄的律師。（全錄成名以後，社會大衆常以為利諾維茲在全錄不只是律師而已，他們常將他視為全錄的執行長。全錄的主管也知道這項普遍誤解，也不解何以會這樣，因為威爾森無論是在一九六六年五月之前擔任全錄總裁的期間，或是在之後擔任全錄董事長的期間，一直就是全錄的老闆。）我在利諾維茲忙得不可開交的時候與他會了面，因為他剛奉命出任美國駐美洲國家組織（Organization of American States）大使，即將離開羅徹斯特與全錄，啓程前往華府履新。

利諾維茲五十來歲，顯得很有衝勁、很精明，而且很誠懇。首先他向我道歉，說他只有幾分鐘時間與我共處，隨即很快便說，依照他的看法，全錄的成功證明自由企業的老理念仍然有效。利諾維茲還說，全錄之所以成功，靠的是理想主義、堅持不懈、勇於冒險與熱情投入等幾項特質。說完這幾句話，他向我揮手道別，走出辦公室。我留在辦公室裡，覺得自己好像是留在火車月台、剛聽完一位候選人在競選列車後車廂發表演說的小城選民一樣，但如同許多這類選民，我也留下深刻印象。利諾維茲說的那幾句話儘管內容陳腐，但出自他的口中，卻不僅讓人覺得他說的是肺腑之言，還讓人覺得那幾句話是他發明的。我想，威爾森與全錄會想念他的。

彼得．麥考洛克（C. Peter McCologh）在威爾森出任董事長以後，繼任全錄總裁，而且顯然有一天會接班成爲全錄的老闆（他在一九六八年成爲老闆。）我看到他像關在籠中的野獸一樣，在辦公室裡來回踱步，還不時在一個高桌邊停下來寫幾個字，或是對著一台錄音機說幾句話。像利諾維茲一樣，麥考洛克也是一位自由派民主黨籍律師，不過他生在加拿大。他四十歲出頭，性格開朗、外向，許多人在談到他的時候，喜歡說他是新一代全錄人的代表，負有決定公司未來走向的重責大任。他終於停止踱步，在一張椅子上坐了下來，對我說道：「我面對成長的問題。」他接著說，想讓全錄在今後出現大規模成長，由於空間不夠，事實上有所不能，而且全錄採取的走向是教育科技。他談到電腦與教學機器，當他說他「夢想有一種系統，能用它在康乃狄克州寫下一些東西，不出幾個小時就能將這些東西複印，發送到全國各地的教室」時，我的感覺是，全錄的一些教育之夢很可能變成夢魘。不過，他接著又說：「精巧的硬體有一種危險，就是它讓人分神，無法全力投入教育。一個機器再精巧，如果你不知道用它來幹什麼，這機器又有何用？」

麥考洛克說，自他在一九五四年進入哈洛伊德以來，他覺得自己好像置身在三間完全不同的公司——在一九五九年以前是一家小公司，投入一場危險但刺激的賭博；從一九五九年到一九六四年是一家成長中、享受勝利果實的公司；現在則是一家朝新方向進軍的巨型公司。我問他，他最喜歡的是其中哪一家公司，他沉思良久，終於回答：「我不知道。過去，我覺得工作時比較自由自在，也覺得公司裡每個人在勞工關係這類事務上都有共同看法。現在，我已經沒有這種感覺了！壓力比過去大了，公司也變得更加沒有人味。我不能說日子比過去好過，也不能說日後可能會好過一些。」

在接待人員把我引進喬瑟夫．威爾森的辦公室時，我頗感意外地發現，他的辦公室貼著老式的花草壁紙。統帥全錄大軍的這個人，竟有幾分多愁善感的神采？這似乎是讓我最吃驚的事。但他有一種坦然樸實、與人無爭的風範，與這壁紙搭配得很好。威爾森個頭不高，年近六旬，在接受我訪談的這段時間，他顯得很拘謹，態度幾近嚴肅，說起話來慢條斯理，多少帶一些猶豫。我問他，當年怎麼會進入家族企業，威爾森回答事實上他差一點沒有這麼做。他在大學主修的第二門課是英國文學，因此他也曾經考慮當個教師，或是在大學擔任財務與行政方面的工作。但在畢業以後，他進入哈佛商學院，成爲班上成績最頂尖的學生，就這樣……無論怎麼說，他在離開哈佛那一年加入哈洛伊德，此時他臉上突然堆滿笑容，對我說，就是這樣有了今天。

威爾森最喜歡討論的主題，似乎就是全錄的非營利活動與他的公司責任理論。他說：「我們這種做法遭到某種怨懟。我的意思是，不僅有些股東感到不滿，說我們揮霍他們的錢——但是這種觀點站不住腳。在社區裡，雖然你未必會親耳聽到有人這麼說，但有時你憑直覺就能感覺得出他們在說：『這些年紀輕輕的暴發戶以爲他們是誰啊？』」

我問他，那次寫信抗議聯合國電視網節目的事件，有沒有在公司內部造成任何擔憂或膽怯，他說：「就一個組織而言，我們絲毫沒有退縮。我們全公司的人幾乎無一例外，都認爲這些抨擊只會讓我們更強調我們的重點。世界合作是我們的工作，因爲一旦沒有合作，世界可能不存在，自然也沒有商務可言。我們相信在處理那套系列節目上，我們採取了正確的企業政策，但我不會說那是唯一正確的企業政策。我懷疑，要是我們都是伯奇協會的成員是否還會這麼做。」

威爾森繼續慢條斯理地說道：「讓公司在重大公共議題上採取立場這件事，會帶來許多問題，迫使我們不斷進行自我檢視。這是一種平衡的問題。你不能對什麼事都無動於衷，這麼做你只會拋棄自己的影響力。不過，你也不能在每一件重大議題上都採取立場。舉例來說，我們不認爲在全國性選舉上採取立場是公司的責任——或許我們走運，因爲索爾·利諾維茲是民主黨，而我是共和黨。但像大學教育、民權、黑人就業這類議題，很顯然就是我們的工作。我希望，如果我們認爲應該怎麼做，即使某個觀點不受衆人歡迎，我們也有勇氣堅持這個觀點。直到目前爲止，我們還沒有碰上這種情況，那就是我們心目中的社會責任與良好的商業政策發生衝突。不過，這樣的時間點有可能來到，我們很可能有必要親上火線。舉例來說，我們默默地採取了一些行動，教育一些黑人青年，讓他們可以擔任清掃地板這類活動以外的工作。這項計劃需要我們工會的全面支持，我們也獲得了這些支持。不過，我透過一些微妙的方式知道，這項計劃的蜜月期已經過去，有人在暗中進行抵制。有些事情正在醞釀，如果讓它鬧大，可能會爲我們帶來眞正的業務難題。如果反對者不是幾十個人，而是幾百個人，事情還可能演成一場罷工。一旦發生這種狀況，我希望我們與工會的領導人，還能夠堅持立場盡力一搏。不過，我眞的不知道。碰上這種事情，你眞的沒辦法預測你會怎麼做。我只是認爲，我知道我們可能該怎麼做罷了！」

之後，威爾森站起身走到一扇窗邊說，根據他的看法，公司現在必須做的一項重大工作，是維護公司賴以成名的個人與人性特質，而且這項工作在未來可能更加重要。他表示：「我們已經看到公司正在逐漸喪失這種特質的跡象。我們正設法向新進員工灌輸這種觀念，不過公司現在在西半球各地擁有兩萬名員工，和過去只在羅徹斯特雇用一千人的情況已經不一樣了。」

我來到窗邊，與威爾森站在一起，準備告辭。就像早先有人對我說的，羅徹斯特在每年這個時候的天氣一樣，這是個濕冷、陰暗的早晨。我問威爾森，在這樣一個陰霾的日子，他可曾有過舊有特質能否維護的疑慮？他點了點頭說：「這是一場持久戰，我們能不能取勝還不一定。」

6 讓顧客圓滿

一位總統之死

一九六三年十一月十九日週二早晨，一位三十歲中旬、穿著考究，但面容憔悴的男子，來到華爾街十一號紐約證交所主管辦公室，向接待人員自稱是摩頓・卡莫曼（Morton Kamerman），證交所會員經紀公司艾拉・豪普特（Ira Haupt & Co.）的管理合夥人，表示自己要見證交所會員公司部門負責人法蘭克・考伊爾（Frank J. Coyle）。一名接待人員在查詢後，向他禮貌表示，由於考伊爾正在開會，無法分身，但這位訪客說自己有緊急要事，既然考伊爾正在開會，那就改見該部門第二號負責人羅伯特・畢夏（Robert M. Bishop）。不過，接待人員發現畢夏也正在接一通重要電話。

最後，卡莫曼似乎愈來愈坐立難安，接待人員引他走進另一位比較有空的證交會官員喬治・紐曼（George H. Newman）的辦公室，卡莫曼隨即告訴紐曼，根據自己最全盤的了解，豪普特公司的保證金儲備已經低於證交所對會員公司的要求，所以他現在依照規定正式舉報這項事實。在這項驚人的消息被通報時，第二號負責人畢夏也在附近一間辦公室，繼續講他那通重要的電話，與他通話的是華爾街一位消息靈通的人士，但畢夏一直不肯透露這個人的身分。此人告訴畢夏，他有理由相信，兩家證交所的會員公司——威利斯登與賓恩（J. R. Williston & Beane, Inc.）及豪普特——出了財務問題，而且問題嚴重，證交所必須注意。在放下電話筒以後，畢夏用內線分機打電話給紐曼，告訴紐曼這個消息。令他意外的是，紐曼已經得知訊息，並對他說：「其實，卡莫曼現在就在我這裡。」

一九六三年著名的華爾街危機

美國證券交易史上最惱人、就若干方式而言也是最嚴重的一次危機，就在這間平凡、無趣，還透著不明不白的辦公室場景中拉開序幕。在危機落幕以前，甘迺迪總統遇刺造成的另一場更大危機，還使得紐約證交所暫時失血幾近一千萬美元（它過去在公益方面並沒有什麼表現，事實上，還在幾個月前遭到證交會指控，說它行事像私人俱樂部一樣，有反社會傾向），但此次失血也爲它贏得至少一些美國人的無比敬重。讓威利斯登與賓恩及豪普特這兩家券商陷入困境的這次事件，隨著危機結束也成爲歷史——或許應該說，成爲期貨史。

造成這次事件的起因是，這兩家券商（與另外幾家不屬於證交所會員的券商）聯手代表單一客戶進行的巨型投機行動突告失利，該名客戶是位於紐澤西州貝昂尼（Bayonne）的聯合蔬菜原油與煉製公司（Allied Crude Vegetable Oil & Refining Co.），而失利的投機行動是透過期貨交易，購買巨額的棉花籽油與大豆油。這是一項稱爲商品期貨交易的投機買賣，投機性在於交易到期的那一天，商品市值將多或少於合約價。位於百老匯街二號的紐約農產品交易所（New York Produce Exchange）與芝加哥的貿易局，每天都有蔬菜油的期貨買賣，在證交所約四百家會員公司當中，約有八十家代客戶進行這種公開交易。

在卡莫曼登門舉報的那一天，豪普特爲聯合蔬菜持有的期貨合約數量之大，棉花籽油與大豆油每磅市價每增減一分美元，都會爲豪普特的聯合蔬菜帳戶帶來一千兩百萬美元的波動。在之前的兩個交易日，也就是十一月十五日週五與十八日週一兩天，這些期貨的市價平均每磅跌了近一．五美分，因此豪普特要求聯合蔬菜補繳約一千五百萬美元的保證金，但聯合蔬菜不肯照辦。於是，就像任何一家券商，在靠融資運作的客戶違約、繳不出錢的時候一樣，豪普特不得不考慮出脫聯合蔬菜的這些合約，能拿回多少錢就拿回多少錢。

問題是，豪普特的這項投機行動，有一種幾近於自殺的風險：在十一月初，豪普特的資本額只有約八百萬美元，但它卻借了足夠的錢，爲單一客戶——聯合蔬菜——提供約三千七百萬美元來進行這項投機。更糟的是，後續調查發現，聯合蔬菜用它的棉花籽油與大豆油倉儲作爲擔保來進行這項投機，而豪普特也接受了這些擔保。聯合蔬菜對豪普特的擔保，以位於貝昂尼儲油庫的倉儲收據爲證，這些收據上說明庫藏蔬菜油的精確數量與種類，而豪普特以大多數這些收據爲擔保，向多家銀行支借它提供給聯合蔬菜的錢。這一切本來沒有任何問題，問題出在之後的調查發現，這些收據有很多是假收據，貝昂尼的倉庫中根本沒有、或許從來也沒有收據中所說的那些油。顯然，聯合蔬菜總裁安東尼・安吉利斯（Anthony De Angelis）幹了自「火柴大王」伊瓦・克魯格（Ivar Kreuger）以來最大的一宗商業詐欺案——安吉利斯後來因一堆罪名下獄。

這些油都到哪裡去了？在直接與間接放款給聯合蔬菜的金主中，不乏勢力龐大、頂尖精明的美國與英國銀行，它們怎麼會受騙上當到這種地步？根據一些當局的估計，加總起來，這整起事件的虧損額高達一億五千萬美元——眞的是這樣嗎？或許虧損總額比這個金額還要高？像豪普特這樣一家著名的證券交易公司，怎麼會蠢到爲一家客戶冒如此奇險？在十一月十九日當天，這些問題連提都沒有人提起，當然更別說有人做答了。其中一些問題直到今天還是沒有答案，有些問題可能直到多年以後仍然不會有答案。在十一月十九日這天開始出現、在幾日後浮上檯面的問題是，在豪普特（客戶包括約兩萬名股市散戶）和威利斯登與賓恩（約有九千名散戶）這兩個案例中，這場即將出現的災難直接涉及許多完全無辜的投資人，這些投資人從未聽說過聯合蔬菜公司，對於商品交易的概念也非常模糊。

初步評估，問題看起來並不嚴重

卡莫曼向證交所提出舉報，並不表示豪普特已經破產，當他提出這項舉報時，卡莫曼本身毫無疑問並不認爲他的公司已經破產；無償債能力（破產）與只是不能滿足證交所保證金規定兩者之間，有很大的差距。爲了提供安全保障，證交所訂定的保證金門檻相當嚴格。事實上，許多證交所官員事後表示，在那個週二上午，他們並不認爲豪普特的情勢特別嚴重。至於威利斯登與賓恩的情勢，從一開始顯然就比豪普特緩和得多。證交所會員公司部門的初步反應中，有一項是證交所未能透過它嚴密的審查與稽核系統，比卡莫曼向證交所提出問題以前就先發現這個問題。證交所有些強詞奪理地堅持，它之所以未能事先發現這個問題，並不是因爲管理不善，而是因爲運氣不好。

根據慣例，證交所要求每一家會員公司每年塡寫詳細問卷幾次，以說明財務狀況；此外，證交所還會派出專業會計師，每年至少一次無預警臨檢會員公司查帳，以作爲額外的防範。豪普特最近一次問卷在十月初繳交，由於替聯合蔬菜大舉購進期貨是之後才發生的事，所以問卷中並沒有顯示任何異狀。至於無預警臨檢，在事件爆發時，證交所派出的會計師正在豪普特查帳。當時，這位稽查人員已經在豪普特的帳冊中埋首工作了一週，但這是一件極爲繁瑣的工作，直到十一月十九日這天，他還沒有查到豪普特的商品部門。證交所一名官員事後表示：「他們在一個沒有任何異狀的部門設了一張辦公桌，供我們的查帳人員使用。現在我們當然可以說他應該嗅出問題，但他並沒有。」

十一月十九日週二上午十點左右，考伊爾與畢夏和卡莫曼坐在一起，考慮怎麼應付豪普特的問題，以及可以採取的行動。畢夏回憶表示，當時會談的氣氛完全談不上憂鬱；根據卡莫曼的數字，豪普特只需要大約十八萬美元的資金就能夠浮上水面，對於像豪普特這樣的公司而言，這幾乎是一筆微不足道的款項。它或可以向外界借錢，或兌現持有的證券，都能補足缺額。畢夏主張採用販賣證券的辦法，因爲這麼做比較快，而且也更十拿九穩。於是，卡莫曼打電話回公司，指示他的夥件立刻開始賣證券，顯然問題可以就這麼迎刃而解。

不過，就在卡莫曼離開華爾街十一號證交所大樓以後，情勢出現一種政界人士稱爲「升高」（escalation）的跡象。一則象徵不祥的新聞，在當天接近傍晚時分傳來：聯合蔬菜公司剛在紐澤西州紐華克（Newark）提出自願破產申請。就理論上來說，這項破產不影響它的前經紀公司的財務情勢，但無論如何，這則新聞令人提心吊膽，因爲它暗示還有更糟的新聞也將接踵而至。果然，更多噩耗沒隔多久就傳來了。同一天傍晚，證交所接獲消息說，紐約農產品交易所的經理爲了預防市場出現混亂，已經投票決定停止棉花籽油的一切交易，直到進一步通知爲止，並且規定所有尚未完成的合約，以交易所命訂的價格立即完成。由於這種命訂價一定是低價，威利斯登與賓恩及豪普特兩家公司，想以有利條件從聯合蔬菜投機事件抽身的機會也就泡湯了。

當天晚上，畢夏在會員公司部門，急著聯絡證交所負責人凱斯．馮斯登（G. Keith Funston）。馮斯登那天先在城中一家餐廳晚餐，之後搭上前往華府的火車，準備第二天出席國會一個委員會聽證會。由於事情接二連三不斷出現，畢夏在辦公室一直忙到午夜，才發現自己是留在會員公司部加班的最後一人。他想，這時返回紐澤西州范伍德（Fanwood）住家的時間已經太晚，於是在考伊爾辦公室一張皮沙發上睡了一夜。這一夜，他睡得並不安穩；他事後憶道，那位清潔女工輕手輕腳，倒是電話整夜響個不停。

發布噩耗，決定展開救援行動

週三上午九點半，證交所理事會在六樓理事會議室舉行。理事會議室鋪著富麗堂皇的紅地毯，掛著嚴肅的老舊畫像，還飾有凹紋鍍金梁柱，讓人對華爾街沉浮興衰的歷史，有一種不是很愉快的聯想。根據證交所的規定，理事會以資金困難爲由，投票暫停威利斯登與賓恩及豪普特的會員身分。在證交所開市幾分鐘以後，理事會主席小亨利．瓦茨（Henry M. Watts, Jr.）於上午十點鐘公布這項決定。瓦茨當時走上一座鳥瞰交易場的講台，搖了搖鈴（通常只在宣布開市或休市時才會搖這個鈴），然後讀出這項聲明。從民衆的觀點來說，這項行動產生的立即效應是，兩家遭停權券商的近三萬名客戶的帳戶現在已經凍結——換句話說，他們既不能賣股票，也不能從帳戶領錢。眼見他們的悲慘命運，證交所主管們深感不忍，很想協助這兩家陷於困境中的公司集資，以解除這項停權禁令，爲帳戶解凍。

在威利斯登與賓恩這個案子上，證交所的行動非常成功。事情的發展顯示，這家公司需要約五十萬美元才能恢復營運，於是一大群券商挺身而出，表示願意貸款給它。結果由於願意放貸的券商太多，威利斯登與賓恩不得不奮力婉拒。最後，威利斯登與賓恩同意，向華斯登公司（Walston & Co.）借一部分、向美林借一部分，便籌足了五十萬美元。〔巧的是，美林原名 Merrill Lynch, Pierce, Fenner & Beane，後來因爲最後壓尾的那一位 Beane 離開，而改名爲 Merrill Lynch, Pierce, Fenner & Smith，那位 Beane 就是威利斯登與賓恩公司的那位賓恩。〕威利斯登與賓恩因爲這項及時的資金挹注而重建財務健全，在週五中午過後不久，也就是遭停權兩天略多一點之後，就恢復了會員資格，而它的九千名客戶也鬆了一口氣。

但豪普特的情況就不一樣了。到週三這一天，情況已經明朗，資金只短缺十八萬的說法，只是美夢一場。即使眞是這樣，儘管被迫低價售出蔬菜油合約，豪普特似乎仍然有償債能力——只是有一項條件，而這項條件就是，它必須以合理價格把儲存在貝昂尼油庫的油賣給其他蔬菜油處理商。這些油原本是聯合蔬菜向豪普特提出的質押，現在聯合蔬菜既已申請破產，這些油已經歸豪普特所有。證交所有位名叫理查．克魯克斯（Richard M. Crooks）的理事，他與幾乎所有其他的理事都不一樣的是，他是一位商品交易專家。克魯克斯認爲，如果以這種方式出脫貝昂尼油庫的油，豪普特應該還有結餘。於是，他打電話給美國最著名的幾家蔬菜油處理商，呼籲他們標購這些油。他得到的答覆不僅都一樣，還讓人驚訝。這幾位處理商無意標購不說，還向克魯克斯透露，他們懷疑豪普特持有的貝昂尼油庫收據，有部分或全部是僞造的。如果這些懷疑屬實，收據上記載的這些油有一部分，或全部都不在貝昂尼。克魯克斯說：「情況很簡單。在商品界，倉儲收據根本像現金一樣管用，現在可能性愈來愈大，那就是豪普特有好幾百萬資產是僞鈔。」

不過，在週三上午，克魯克斯能夠確定的，只是處理商不願意標購聯合蔬菜的油。從週三起一直到整個週四，證交所官員使出全力，想幫豪普特和威利斯登與賓恩站穩腳步。不用說，豪普特的十五名夥伴也爲了這件事忙得不可開交。卡莫曼還在週三傍晚，信心十足地告訴《紐約時報》：「豪普特有能力償債，而且處於非常好的財務態勢。」克魯克斯也在週三傍晚在紐約與一位來自芝加哥的商品經紀老將共進晚餐。克魯克斯最近表示：「雖然我是個樂觀派，但經驗告訴我，這種事情一般都會比表面上要嚴重得多。我向我這位做經紀的友人提起這件事，他也表示同意。結果第二天上午，大約十一點三十分的時候，他打電話來說：『這件事百分之百比你想像的更糟。』」又隔了一會，到週四中午的時候，證交所會員公司部門獲悉，聯合蔬菜開立的許多收據，確實是僞造的。

大約就在同時，豪普特的夥伴也發現這件令人不快的事。週四晚上，有幾位夥伴沒有回家，就在百老匯街一一一號的公司辦公室中通宵夜戰，設法釐清情勢。畢夏在那天晚上回到范伍德家中，卻發現睡在自家床上不比睡在考伊爾辦公室那張皮沙發上舒服。也因此，他天不亮已經起床，搭乘紐澤西中央車站五—八號列車進城，憑直覺先到豪普特的辦公室。在夥伴辦公區——最近才剛翻修，有現代造型的座椅、大理石面的檔案櫃，還有裝得像辦公桌一樣的冰箱——他見到幾位鬍渣滿面、衣衫不整的夥伴，昏昏欲睡地倒坐在椅子上。畢夏事後回憶道：「他們那時非常喪氣。」也難怪如此。他們在醒來以後告訴畢夏，他們忙著算帳、一夜未眠，到凌晨三點左右他們得出結論：情況已經絕望。由於倉儲收據成了廢紙，豪普特已經無力償債。畢夏帶著這個噩耗回到證交所，等著天亮，等著其他人來上班。

甘迺迪總統遇刺，情況雪上加霜

週五下午一點四十分，就在股市已經因豪普特即將破產的傳聞而劇烈震盪的時候，有關總統遇刺的最早幾則報導語焉不詳地傳到證交所。當時身在交易場上的克魯克斯說，他聽到的第一個說法是總統被槍殺，第二個說法是總統那位擔任司法部長的弟弟也被槍殺，第三個說法是副總統心臟病發作。克魯克斯說：「傳言就像機關槍子彈一樣不斷掃來。」這些傳言也造成巨大衝擊。之後的二十七分鐘內，在沒有任何具體消息指證、以舒緩這種世界末日般氣氛的情況下，股價以一種證交史上前所未見的跌幅開始重挫。在不到半小時間，上市股票市值蒸發一三〇億美元，如果理事會沒有在兩點過七分的時候關閉市場，還會跌得更兇。這場恐慌對豪普特的情勢立即構成影響，豪普特旗下兩萬個遭到凍結的帳戶，地位更加凶險得多，因爲現在一旦豪普特宣告破產、進行帳戶清算，計價只能以這種恐慌性賣壓下的價格爲準，帳戶持有人因此將虧損慘重。發生在達拉斯（Dallas）的這次總統暗殺事件，造成一種更大但比較難以評估的效應，就是引發一場全國性、讓人癱瘓的絕望感。但與全美其他各地相形之下，華爾街——或者應該說，一些華爾街人士——有一種心理優勢，這項優勢就是他們知道手邊有必須完成的工作，連袂而至的災難爲他們帶來一項明確的任務。

馮斯登在週三下午在華府作完證之後，於當天晚上返回紐約。他把週四大部分時間與週五上午，都花在幫威利斯登與賓恩復權的工作上。就在這段期間，在豪普特不僅缺乏資金，而且已經無力償債一事逐漸明朗的情況下，馮斯登開始深信，證交所與其會員公司必須考慮做一些過去從未做過的事——用自己的錢爲豪普特那些無辜的犧牲者還錢。〔過去只有一件類似的先例：一家名叫杜邦鴻喜（DuPont, Homsey & Co.）的小型證交所會員公司，在一九六〇年因公司一名夥伴詐欺而破產；證交所之後償還這家公司的客戶因此損失的錢，總共約八十萬美元。〕在股市緊急關閉前不久，馮斯登結束一次午餐會匆匆趕回辦公室，準備爲這項計劃展開行動。他打電話給辦公室就在附近的約三十家大經紀商，要他們立刻趕到證交所，像非正式代表團一樣，代表會員公司開一次會。三點過後不久，這些經紀商已經在南委員會會議室——有點像是理事會議室的縮小版——集結，於是馮斯登向他們說明豪普特一案的事實，以及他的問題解決方案大綱。

事實是這樣的：豪普特欠了美國與英國幾家銀行約三千六百萬美元；由於它的資產中有兩千多萬美元是倉儲收據，而這些收據現在看來只是一堆廢紙，豪普特已經無望償還債務。因此根據正常發展，當法庭於下週重開時，債權銀行將對豪普特提告，豪普特爲客戶持有的現金與許多證券，將爲債權銀行扣押。根據馮斯登大體估計，其中一些客戶最後或許可以回收一些財物；不過，由於法律訴訟曠日持久，這段等候期可能很長，而且一塊美元最多也只能拿回〇．六五美元。

但是，這個案子還有另外一面：如果豪普特宣告破產，造成的心理效應，再加上豪普特龐大債務問題對市場造成的實質影響，很可能進一步重創目前因國家發生重大危機而已經狂瀉不已的股市。如果不採取行動，不僅是豪普特的客戶，也許全美國的福祉都會賠進去。馮斯登的計劃說起來非常簡單，就是證交所或它的會員公司籌集足夠的錢，讓豪普特所有客戶都能拿回他們的現金與證券——套一句銀行界的說法，就是讓他們再次「圓滿」（whole）。（銀行界這個說法來自盎格魯—薩克遜族語源，由「*hal*」這個字演變而來；「*hal*」的意思是沒有受傷，或受傷之後復原。）馮斯登進一步建議，要說服那些債權銀行，在客戶權益獲得妥善照顧以前，暫時擱置一切索債行動。馮斯登估計，要解決這個問題，可能需要籌資七百萬美元，或甚至更多。

這項縱然算不上純慈善，至少也是以公益掛帥的行動計劃，獲得在場經紀商幾乎衆口一致的支持。但在會議結束以前，一個困難出現了。證交所與會員公司雙方既已決定投入這項自我犧牲的救援行動，現在每一方面對的問題，就在於運用什麼辦法讓對方也做出犧牲。馮斯登呼籲會員公司攬下整件事情，會員公司婉謝了這項建議，並且提出相反建議，要求證交所包辦一切行動。於是，馮斯登說：「如果我們這麼做，你們必須把我們付出的錢還給我們。」經過這樣一番不是很體面的討價還價以後，與會者達成一項協議：這筆經費先由證交所負擔，之後再按比率由會員公司償還。會中還通過成立一個以馮斯登爲首的三人委員會，負責進行推動這項交易的談判。

這項談判的首要對象，是豪普特的債權銀行。救援計劃想要成功，就必須取得債權銀行對計劃的一致同意，因爲就算只有一家債權銀行堅持立即展開清算求償，用證交所理事會主席瓦茨一句辛辣的話來說，就是「事情也會砸鍋。」瓦茨出身哈佛大學，曾經參與一九四四年諾曼第戰役，在奧馬哈海灘（Omaha Beach）浴血，是一位像父執一樣慈祥的人物。在這些債權銀行中，最主要的有四家是極具聲望的本地銀行，包括大通曼哈頓（Chase Manhattan）、摩根保證信託、花旗銀行（First National City）與漢華實業銀行（Manufacturers Hanover Trust），它們總共貸了大約一八五〇萬美元給豪普特。（其中三家銀行對究竟借了多少錢給豪普特的事，一直絕口不願多談，但如果要怪它們口風緊，就像怪一個撲克牌賭徒在大敗虧輸的晚上沉默寡言一樣。只有大通銀行表明，豪普特欠了它五七〇萬美元。）

在那一週早先，大通銀行的董事長喬治．錢潘（George Champion）曾打電話向馮斯登保證，大通不僅是證交所的友人，還願意在豪普特這個案子中竭盡全力施援。現在馮斯登打電話給錢潘，說他需要錢潘全力施援。馮斯登與畢夏隨即展開行動，準備立即邀集大通與另外三家銀行的代表開一次會。畢夏還記得，當時他認爲想在週五下午五點臨時召開一次銀行家會議，就算這個週五情況特殊，成功的機率也很渺茫。但令他意外的是，在接到要求開會的電話時，這四家銀行都處於備戰狀態，也都表示願意立刻派代表到證交所開會。

馮斯登與證交所理事會主席瓦茨和副主席華特．法蘭克（Walter N. Frank），從下午五點鐘剛過，與這些銀行家們一直談到晚餐時間早已延誤良久。這次會議的過程或許緊張，卻很有建設性。馮斯登後來回憶：「首先，我們都同意當前情勢凶險異常，然後便進入正題。當然，銀行家們都希望證交所一肩承擔所有工作，但我們很快就讓他們打消這個念頭。我向他們提出一項建議，我們會撥出一筆錢，作爲豪普特客戶補償專款；我們每撥出一美元，銀行得同意暫時不索取兩美元的債務，也就是不對兩美元的債務使用贖回權。如果根據我們當時的估計，想讓豪普特有能力償債，需要二二五〇萬美元，所以我們得撥出七五〇萬美元，銀行則暫時不索取一五〇〇萬美元的債務。銀行家們對我們提出的數字沒什麼把握，他們認爲我們過度低估，而且他們堅持，證交所必須等到銀行收回貸款以後，才能主張豪普特的資產、要回撥出的這筆錢，而我們對此表示同意。我們不斷爭執、不斷地討價還價，等到終於談完可以回家的時候，大體上已經有了協議。當然，與會的每個人都知道這只是一次初步會議、只是一個起步，而且許多債權銀行的代表也沒有與會，有很多細節工作和艱苦的談判還得利用週末完成。」

週末異常忙碌的華爾街十一號

究竟有多少細節工作與艱苦談判得在週末完成，從週六這天的情況就能夠看出端倪。證交所理事會在上午十一點開會，三十三席理事有三分之二以上與會；由於豪普特危機，幾位理事取消原定的週末休閒計劃，還有幾位遠從喬治亞州與佛羅里達州駐地飛來紐約市開會。理事會的第一項決定：週一舉行總統喪禮，證交所休市一天，讓與會者鬆了一口氣，因爲這個假日爲談判代表多爭取到二十四小時的時間，在法庭與股市重開以前訂定一項協議。馮斯登向理事們簡報有關豪普特的最新財務狀況，向他們說明證交所與銀行進行的談判，並且針對救援豪普特客戶所需款項，向他們提出一個最新估計數字：九百萬美元。在片刻寂靜之後，幾位理事起身發言，基本上都說他們覺得這不僅是錢的問題，還涉及證交所與全國數百萬投資人的關係。於是，會議暫時休會，在取得理事們慈悲心懷的支持以後，證交所三人委員會開始與銀行家進行談判。

週六與週日的工作就此排定。當全美國的人民盯在電視機前，在曼哈頓市區街頭像十九世紀初期黃熱病橫行期間一片荒蕪之際，華爾街十一號六樓卻上演著一連串匪夷所思的活動。證交所的三人委員會與銀行家的密會，一直要到談出一個頭緒、馮斯登等人需要進一步授權時才告暫時休會；證交所理事會隨即復會，或同意這項新授權，或不表同意。在這兩次會議期間，理事們或聚在門廳，或在空曠的辦公室裡抽菸沉思。就連證交所一向安靜的行爲與投訴部（Conduct and Complaints Department），在這個週末也忙得不可開交，因爲豪普特的客戶——他們心焦如焚，一點也不覺「圓滿」——打來的詢問電話讓投訴部六名工作人員忙碌不堪。此外，當然還有無處不在的律師。證交所一名資深人員表示：「我這輩子從來沒見過這麼多律師。」考伊爾估計，在這個週末的大部分時間，華爾街十一號擠了有超過一百多人，由於當地所有餐廳與證交所自己的餐飲設施幾乎都沒有營業，這一百多人的飲食也成了個大問題。週六那天，市區所有精明得照常營業的業者，賣出的午餐都被證交所包了；午餐過後，證交所還派出一輛計程車到格林威治村搜購食物。週日，證交所一位考慮周詳的祕書帶來一個電咖啡壺，與一個巨型雜貨袋，在理事主席餐室設了一個餐飲站。

在週五那天沒有派代表與會的兩家債權銀行——紐華克全國州立銀行（National State Bank of Newark）與大陸伊利諾國家信託銀行（Continental Illinois National Bank & Trust Co.），此時已經加入銀行家的談判委員會陣容。〔亨利・安斯巴契（Henry Ansbacher & Co.）、威廉・布蘭德父子（William Brandt's Sons & Co., Ltd.）、賈菲（S. Japhet & Co., Ltd.）與克蘭渥特班森（Kleinwort, Benson, Ltd.）這四家英國債權銀行仍然沒有代表與會，由於週末已經過了一半，看來它們暫時也無望與會了。於是，談判委員會決定在沒有這四家英國銀行代表參與的情況下繼續談判，然後在週一向它們提交談判達成的協議，請它們批准。〕此時的一項關鍵議題是，證交所根據協議需要撥多少錢的問題。銀行家們接受馮斯登提出的建議，同意證交所每撥出一美元，銀行就暫時不索兩美元的帳，銀行家們也相信豪普特有約二二五〇萬美元的資產，因倉儲收據造假而成了一堆廢紙；但他們認爲想讓豪普特不破產，需要的金額可能不止這個數。他們說，爲求十拿九穩，這筆錢應以豪普特欠銀行的債務總額爲準，而豪普特總共欠銀行三六〇〇萬美元，因此證交所應該提撥的現金不是七五〇萬，而是一二〇〇萬美元。

另外還有一項關鍵議題，那就是一旦金額數字達成協議，證交所應該把這筆錢付給誰？有幾位銀行家建議，證交所應該把這筆錢直接送進豪普特的金庫，由豪普特自己分發給它的客戶；但這項建議的問題在於證交所將完全無力控制自己的撥款，而證交所的代表也很快就指出這個難題。最後還有一個問題，那就是大陸伊利諾銀行根本不願意加入這項交易。證交所一位官員以同情的口吻解釋：「大陸伊利諾銀行的代表，擔心自家銀行會因『案情拖累』而受害。他們認爲，我們這項安排對他們造成的損害，最後比讓豪普特正式破產展開清算還要大。他們需要時間考慮，以確定自己採取的是適當行動。不過，我必須說，他們很合作。」事實上，由於這項擬議中的交易倚重的是證交所的好名聲，銀行願意合作已經足以讓人稱奇；再怎麼說，從法律與道德的角度而言，銀行家的任務就是盡力爲存款戶與股東爭取利益，也因此大張旗鼓投入公益並非他的本份；不過，要是銀行家的眼光冷酷，未必代表他沒有一顆仁慈但受到壓抑的心。至於大陸伊利諾銀行之所以遲遲不肯同意，自是有其特定理由：因爲它的「案情拖累」遠超過一千萬美元，比其他任何一家銀行都多。雖然參與談判者無人願意說明大陸伊利諾銀行究竟貸出多少錢，但似乎可以認定的是，借給豪普特不到一千萬美元的銀行或個人，想必無法了解大陸伊利諾銀行此時的感覺。

到週六晚上六點談判休會時，代表們已經在幾項主要議題上達成妥協：在撥款金額的爭議上，證交所同意先撥七五〇萬美元，並且保證會視情況必要，繼續增加撥款直到一二〇〇萬美元爲止。至於在怎麼把錢交給豪普特客戶的爭議上，證交所派出檢查長擔任豪普特清算人，解決了問題。不過，大陸伊利諾銀行還是不肯同意；此外，幾家英國債權銀行當然也甚至都還沒有聯繫上。儘管如此，大家都收拾行囊，打道回府，並且保證第二天雖然是週日，也會在用完午餐後回來開會。得了重感冒的馮斯登回到格林威治，有些銀行家回到葛蘭海灣（Glen Cove）與巴斯金嶺（Basking Ridge）這些地方。堅持從費城通勤的瓦茨，回到那寧靜的城市，就連畢夏也回到范伍德的家中。

週日下午，證交所的理事陣容在來自洛杉磯、明尼亞波利斯、匹茲堡與里奇蒙的理事報到以後更加龐大，他們與會員公司三十位代表的聯席會議於兩點展開。三十位代表都迫不及待，想知道他們必須怎麼做。在聽完擬議中協議的最新狀況簡報以後，三十位代表一致投票通過，贊成這項計劃。時間逐漸過去，就連大陸伊利諾銀行也軟化了立場——經過一連串長途電話聯繫，在火車或飛機上追蹤公司主管之後，這家設在芝加哥的銀行終於同意這項計劃，並且解釋說，它這麼做並不是因爲公司主管認爲這麼做對公司最有利，而是爲了社會公益。

大約就在同一時間，《紐約時報》財經新聞編輯湯瑪斯．穆蘭尼（Thomas E. Mullaney）打電話給馮斯登，說他聽到傳言，說一項拯救豪普特的計劃正在進行中。（像其他新聞界人士一樣，在整個談判過程中，穆蘭尼也是絕對禁止進入六樓會場的人士之一。）不過，馮斯登不能走漏這個消息，因爲一旦消息走漏，英國債權銀行在第二天航空版早報上看到證交所與其他債權銀行，在沒有事先徵得它們同意，甚至在它們不知情的情況下逕行處分它們的債權，就算再寬宏，至少也會不高興。馮斯登明知會讓坐立不安的兩萬名客戶更沮喪，但也只得回答：「沒有這樣的計劃。」

選出代表，飛往英國談判

週日午後不久，理事會開始討論由誰負責說服英國債權銀行的議題。馮斯登雖然感冒，卻非常躍躍欲試（他後來承認，這項任務的戲劇性深深吸引了他），甚至還要祕書訂了一個飛倫敦的機位，但隨著時間逝去，紐約本地的問題愈發撲朔迷離，迫使他無法脫身。其他幾位理事立即自告奮勇，最後理事會從中選出古斯塔夫・雷維（Gustave L. Levy），作爲赴英談判的代表，理由是雷維領導的高盛（Goldman, Sachs & Co.），與英國債權公司之一的克蘭渥特班森有悠久而密切的關係，而雷維本身也與克蘭渥特班森的幾位夥伴私交甚篤（雷維後來繼瓦茨出任證交所主席。）就這樣，雷維在大通銀行的一位主管與一位律師的陪同下（之所以這樣安排，料想是向英國銀行展現合作精神），在下午五點過後不久離開華爾街十一號，登上一班七點啓程飛往倫敦的班機。三人在飛機上幾乎一夜未眠，仔細訂定翌日早晨面對英國銀行家的策略。

這些事先準備工作非常重要，因爲英國證交所並沒有出狀況，英國銀行家無疑沒有與他們合作的必要。而且情況還不只如此而已，根據消息非常靈通的人士，這四家英國債權銀行總共借了豪普特五五〇萬美元，像外國銀行貸給美國券商的許多短期貸款一樣，這些貸款沒有附帶任何質押。有人更信誓旦旦地說，這些貸款是事件爆發前不久借出的，時間不出一週。這些貸款由所謂「歐元」（Eurodollars）組成，那是一種存在歐洲各銀行、可以交易的影子貨幣，當時歐洲財經機構之間流通的歐元金額爲四十億歐元左右，將五五〇萬美元貸放豪普特的這四家英國債權銀行，最先是從其他地方借來這些錢的。根據地方上一位國際銀行事務專家，歐元一般都是利潤相對較低的巨額交易；舉例來說，一家銀行可能以年息四．二五％借來一筆歐元，之後以四．五％的年息貸出去，從中賺取〇．二五％的年息。很顯然的是，一般認爲這類交易不具風險。若以〇．二五％的年息估算，五五〇萬美元在一週的利息爲二六四．四二美元。根據這項估算，四家英國債權銀行貸給豪普特這些錢，如果一切按計劃進行，在去掉開支以後還得四家均攤，原本的獲利已經很少，現在這四家銀行還可能血本無歸。

雷維與大通銀行的兩位主管睜著充滿血絲的眼，在天剛亮時抵達倫敦。這是一個淒風苦雨的早晨，他們住進著名的薩伏伊酒店（Savoy），換了衣衫、用完早餐，然後直接前往倫敦金融區城市區芬丘奇街（Fenchurch Street, City），與威廉．布蘭德父子銀行開會。在豪普特貸來的五五〇萬中，有過半數的金主是這家銀行。布蘭德父子銀行的夥伴首先就美國總統遇刺事件，向來訪的美國客人致哀，雷維等人也說這是起可怕的事件，之後雙方立即進入主題。布蘭德父子銀行的主管已經知道豪普特即將破產，但不知道美國方面打算援助豪普特，讓它不致正式破產，以拯救它的客戶。雷維解釋了這點，在其後一小時的討論過程中，英方代表果然不出所料，顯得不願合作。在不久前才被一群美國佬擺了一道之後，他們不肯再上另一群美國佬的當。

雷維說：「他們非常不高興，對代表紐約證交所的我大吐苦水，說證交所一家會員公司『害他們淪落至此』。他們要與我們訂定一項交易：他們可以贊成我們的計劃，可以同意暫不索償，但在債權主張過程中要享有優先權。問題是，他們的談判立場不是很好；在破產訴訟的過程中，由於他們貸出的是無擔保貸款，必須在有擔保的債權人取回主張之後，才會考慮他們的主張，而根據我的看法，一旦展開這種過程，他們是一毛錢也要不回來的。另一方面，如果按照我們提出的條件，除客戶不計之外，他們與豪普特所有其他的債權銀行一樣，享有同樣待遇。我們必須向他們解釋，我們不能答應這項交易。」

布蘭德父子銀行的代表答道，在做成決定以前，他們要先仔細考慮一下，而且需要知道其他幾家英國債權銀行怎麼說。於是，美方代表隨即前往隆巴德街（Lombard Street）大通銀行倫敦辦事處，會晤經事先安排、已經守在那裡的另外三家英國債權銀行的代表，雷維也與他在克蘭渥特班森銀行的老友重聚。這次重聚的氣氛顯然談不上歡樂，但雷維說，他的友人能以務實的眼光觀察情勢，讓其他英國代表都能了解美方立場。不過，就像早先那次會談一樣，這次會談也在沒有人提出任何承諾的情況下告終。雷維與他的同事留在大通用完午餐，然後走到英格蘭銀行（Bank of England）。英格蘭銀行對豪普特貸款案表示關切，因爲這次事件可能影響英國收支。英格蘭銀行透過一名代表，就美國這次全國性悲劇與華爾街金融事件，向美方代表團表示哀悼，並且向美方人員表示，儘管它無權指示這幾家英國債權銀行該怎麼做，但根據它的判斷，這些銀行如果明智，就會遵照美方這項計劃行事。之後，在下午兩點左右，雷維一行三人回到隆巴德街，坐立難安地等候四家銀行的回話。就在同一時間，馮斯登也在當地時間週一上午九點，跨進他在華爾街的辦公室。他很清楚解決問題的時間只剩下最後一天，他開始踱著方步，焦急地等著倫敦方面一通攸關談判成敗的電話。

雷維回憶，克蘭渥特班森與賈菲首先表示同意。接下來，沉寂了大約半個小時，在這半個小時間，雷維與他的同事眼見時間一分鐘一分鐘逝去，心急如焚。半個小時之後，布蘭德父子銀行傳來肯定的答覆。這是重要的轉機；最主要的債權銀行與剩下三家中的兩家既已同意，安斯巴契幾乎肯定也會就範。結果，在倫敦時間下午四點左右，安斯巴契也表示同意，雷維終於能夠打電話向馮斯登傳出捷報。任務圓滿完成，美國代表團直接前往倫敦機場，不到三小時後登上一班飛回紐約的班機。

簽名吧！只有百利無一害

在獲得這些好消息以後，馮斯登覺得這整個協議終於差不多已經塵埃落定，因爲還需要做的，只剩下讓豪普特的十五名常務夥伴簽字同意，就算大功告成，而這項計劃對這些夥伴而言，似乎有百利而無一害。不過，取得這些簽名仍然事關重大，每個人都在想方設法，以免事情走上破產絕路。在沒有破產訴訟的情況下，除非獲得夥伴允許，沒有清算人有權處分豪普特的資產——就算只想搬走那些大理石面的檔案櫃與電冰箱也辦不到。就這樣，在週一傍晚，豪普特的夥伴在各自律師的陪同下，魚貫而進證交所主席瓦茨的辦公室，聽取華爾街這些巨頭們爲他們安排的命運。

看在豪普特夥伴的眼裡，這項擬議中的協議讀起來一點也不讓人開心，因爲裡面有許多惱人的規定，包括他們必須簽署授權書，讓一名清算人全權處理豪普特的事務。不過，一位他們自己帶來的律師與他們小談片刻，很不客氣地指出，無論他們簽不簽字，他們個人都必須對公司的債負責，因此他們不如大方簽字，還能落得具有公益精神的美名。更簡單地說，他們已經別無選擇。（許多夥伴後來申請個人破產。）這項氣氛始終陰鬱的會議，出現了一次令人震驚的事件。就在豪普特那位律師勸夥伴們不如簽字的談話結束後不久，有人發現人叢中有一張看起來太過年輕的生面孔，於是要那人表明身分。那人毫不猶疑地說：「我是《華爾街日報》的記者羅素・華森（Russell Watson）。」聽到這個答覆，有好一陣子，會場上一片死寂，因爲這項協議靠的是好不容易建立的金錢與情緒的平衡，這最後一刻的風聲走漏仍可能破壞這項平衡，讓前功盡棄。

當時二十四歲、在《華爾街日報》做了一年記者的華森，事後說明他當天怎麼進入會場，後來又怎麼離開。華森說：「我當時剛跑證交所這條線。那天早先，我聽說馮斯登可能會在當天傍晚舉行記者會，所以我趕到證交所。我問守在大門入口的警衛，馮斯登的會議在哪裡舉行？那名警衛說，會議在六樓舉行，還帶我進入電梯。我猜，他一定以為我是來開會的銀行家，或是一位豪普特的夥件或律師。來到六樓以後，我看到到處都有人走來走去。我走出電梯，一言不發地走進開會的那間辦公室，也沒有人阻攔我。我不是很了解發生什麼事，但我的感覺是，無論談的是什麼，會中已經達成大體協議，不過仍有許多細節問題有待解決。會場上的人，除了馮斯登以外，我一個也不認識。我就這麼不發一言地站了約五分鐘，然後有人注意到我。接下來，幾乎每個人都異口同聲叫道：『我的天，你趕快走吧！』他們並沒有眞的把我踢出來，不過我知道走爲上計的時間到了。」

在之後討價還價的階段——事後發展顯示，這個階段長得讓人痛苦——豪普特的夥件與他們的律師，在瓦茨的辦公室建立指揮中心，銀行代表與他們的律師，則進駐門廳另一端的北委員會會議室。由於馮斯登下定決心，要在股市明天上午開市以前，讓投資人知道償債的事情已經解決，所以忙得幾乎抓狂。爲了加速事情的進展，他還自告奮勇，扮起信差與使節的角色。他事後回憶說：「整個週一晚間，我就在兩邊來回跑著說：『他們在這一點不肯退讓，所以你們必須讓一步』，或是說：『快看，沒時間了！距離明天開市只剩十二個小時。趕快在這裡簽名。』」

在午夜過後十五分鐘、股市開市前九小時四十五分時，二十八個相關人士在南委員會會議室簽訂了這項協議。一名與會人士形容，當時的氣氛是大家都累得半死，但也都鬆了一口大氣。週二上午銀行一開門，證交所在銀行開了一個豪普特清算人可以提款的帳戶，存了七五〇萬美元（大約等於證交所可支用準備金的三分之一）；同一天上午，清算官本人——證交所資深清算師詹姆斯．馬宏尼（James P. Mahony）——進駐豪普特，展開清算工作。或由於新總統上任展示的信心，或由於豪普特問題獲得轉圜的新聞，或由於這兩件事加在一起的效應，出現有史以來最大的單日漲幅，不僅盡收週五失土，還有相當斬獲。一週以後，馬宏尼在十二月二日宣布，已經用證交所的帳戶付出一七五萬美元，償還給豪普特的客戶；十二月十二日，這個數字增加到五四〇萬美元，到了聖誕節那天增加到六七〇萬美元。最後，在一九六四年三月十一日，證交所宣布已經撥出九五〇萬美元，除了少數找不到的豪普特客戶以外，大家都再次「圓滿」了。

一次捍衛公益的英勇作為

有人認爲，證交所這項協議明白顯示，華爾街金融系統現在認爲，因它的成員的犯行或甚至不幸而造成的公益傷害，都是它的責任。這項協議帶來各種反應，豪普特的客戶當然千恩萬謝。《紐約時報》表示，這項協議證明華爾街有「一種能鼓舞投資人信心的責任感」，它

「可能幫美國股市避開一場潛在的恐慌。」在華府方面，詹森總統在上任第一天，就從白宮打電話給馮斯登，向他表示祝賀。通常不會對證交所假以辭色的證交會主席威廉・卡利（William L. Cary），也在十二月說，證交所「爲它的實力及它對公共利益的關切，做了一次戲劇性的動人示範。」

世界各地其他證交所對這件事一直保持沉默，不過有鑒於大多數證交所的行事慣例，想必有許多證交所官員對紐約發生的這件怪事搖頭不已。負責以三年爲期、分攤這九五〇萬美元的紐約證交所會員公司，一般而言似乎對這項協議表示滿意，不過有些會員公司也在私下抱怨，這是貪婪無度的新興公司闖下的禍，名譽好、行事正的老牌會員公司不應該爲它們背黑鍋。怪的是，幾乎沒有人對英國與美國的銀行表示任何謝意；這些銀行最後只收回半數虧損。或許，這是因爲除了電視廣告以外，本來就不會有人感謝銀行。

證交所本身卻有些難爲：一方面不得不老著臉皮、接受各方賀喜，另一方面也不得不再三強調這事下不爲例——如果下次再碰到類似事件，它未必能故計重施。證交所的官員也表示，如果豪普特這次事件提早發生，甚至只是稍微提早一點，證交所會不會採取同樣行動都大有問題。在一九五〇年代初期擔任證交所主席的克魯克斯認爲，如果在他的任內，採取這類行動的可能性是一半一半。在一九五一年繼任證交所主席的馮斯登認爲，如果在他上任後最初幾年發生這樣的事，證交所會不會採取救援行動「很有疑問」。他說：「人對於公共責任的構想是會改變的。」他一再聽到有人說，證交所出於一種罪惡感而採取這項行動，這種說法令馮斯登特別惱火。馮斯登認爲，用心理分析的方法詮釋這整起事件是一種侮辱，更別說不禮貌了。至於那些從理事會議室，從南、北委員會會議室盯著談判進行的老理事們，他們的反應究竟如何，大概只能想像，沒有人能知道了。

7 企業裡的哲學家

奇異的溝通問題

隨便找幾位並不以愛表示意見著名的企業人士，問他們美國企業界今天面對的最大問題是什麼，他們會告訴你是「溝通問題」。如何將一個人腦子裡的東西融入另一個人腦之難，不僅令企業界人士、也令衆多知識分子與創意作者感到技窮，有愈來愈多創意人才開始認爲溝通——或不溝通——不僅是企業界，也是整個人類的重大問題。（一群前衛派作者與藝術家毫不含糊地揚言表示自己反對溝通，以一種反諷的手法強調了溝通的重要性。）談到企業界人士，我必須承認，在前後好幾年間，每每在聽到他們提到「溝通」（communication）時（往往以一種幾近神祕的方式），我都一頭霧水，搞不清他們指的究竟是什麼。不過，所謂「溝通」的整體概念很明確——無論什麼事，只要一：能讓組織的每個成員都了解；二：能讓其他人也了解他們與他們的組織，一切就不會有問題。只是令我不解的是，既然今天有這麼多基金會贊助一個又一個有關溝通的研究，爲什麼個人與組織始終還是無法清楚地表達自己，爲什麼聽的人還是聽不懂他們到底在說什麼。

一九六一年電氣價格壟斷案

幾年前，我取得美國政府印務局（U.S. Government Printing Office）發行的一份上下兩冊的刊物，名爲《第八十七屆美國國會第一會期美國參議院司法委員會反壟斷小組委員會聽證會，遵照參議院第五十二號決議案而發表》（Hearings Before the Subcommittee on Antitrust and Monopoly of the Committee on the Judiciary, United States Senate, Eighty-seventh Congress, First Session, Pursuant to S. Res. 52）。在仔細拜讀這份厚達一四五九頁的刊物之後，我想我開始了解企業界人士這麼說的意義了。這項在小組主席田納西州參議員埃斯蒂斯・基法佛（Estes Kefauver）主持下，於一九六一年四、五與六月進行的這些聽證會，議題與電氣製造業現在已經鬧得沸沸揚揚的訂價與標價弊案有關。費城一位審理這件弊案的聯邦法官，已經在同年二月間，判處二十九家公司與旗下四十五名員工一百九十二萬四千五百美元的罰款，還對其中七名員工處了三十天徒刑。

由於這件弊案的相關證物沒有公開，所有的被告或承認有罪或放棄辯護，也由於判他們有罪的大陪審團紀錄未經公開，民眾並沒有機會聽取有關犯行細節，參議員基法佛認爲有必要徹底澄清這整件事。聽證會果然將案情徹底曝光，結果至少就最大一家涉案公司而言，弊案之所以發生，是內部溝通失敗造成的惡果。與這項溝通失敗比起來，就連傳說中因爲語言不通所以興建失敗的巴比倫塔（Tower of Babel）計劃，都成了一項組織合作的成功典範。

美國政府於一九六〇年二月與十月間，一連幾次在費城地區法院對這二十九家公司與其主管提起公訴，指控他們一再違反一八九〇年《謝爾曼反壟斷法案》第一條的規定。根據這項條款：「無論什麼合約，或是以信託，或是以其他形式表現的約定，或是密謀，若是意在制約數州之間或與外國的貿易或商務」，都屬違法。〔老羅斯福總統（Theodore Roosevelt）名噪一時的反壟斷活動，就是以《謝爾曼反壟斷法案》爲工具，後來的一九一四年《克雷頓法案》（Clayton Act），一直是美國政府打擊卡特爾（壟斷聯盟）與壟斷的利器。〕美國政府說，犯行涉及公私營發電業者所需、各式各樣昂貴大型裝備的買賣，包括電源變壓器、成套開關設備、渦輪發電機等，而且是一連串會議的結果。這些會議至少早在一九五六年就已經展開，一直持續到一九五九年，與會者都是原本應該相互競爭的幾家公司的主管，會中達成協議，訂定不具競爭性的價格，表面上密封的競標合約，事實上已經事先動過手腳，每家與會的公司可以分得一定百分比的生意。

美國政府進一步指出，爲保會議內容機密，與會主管甚至在通訊時以密碼來稱呼他們的公司，而且不在辦公室、而選在公共電話亭或自己家裡打電話，並且竄改開支帳戶，以隱瞞他們在某一天聚在同一城市的事實。但他們的狡計沒能得逞，在時任司法部反壟斷處（Antitrust Division）處長羅伯・畢克斯（Robert A. Bicks）的強力領導下，聯邦人員因爲獲得幾名共犯本身的大力協助，終於戳破他們的陰謀。一九五九年秋初，在一家小型共犯公司的一名員工抖出這整樁案情以後，幾名共犯出面自首。

或許只須舉幾個數字，已經足以說明這整起事件對經濟與社會造成的衝擊之大。在陰謀持續的那幾年，美國每年花在問題裝備上的錢平均超過十七・五億美元，其中約四分之一的買家是聯邦、州與地方政府（買單的人當然是納稅人），其餘大部分的買家是民營電力公司（這些公司會用電費漲價的方式，把裝備成本的增幅轉嫁給使用者。）謹以一個特定例子，來說明一宗個別交易涉及的金錢。一部五十萬千瓦渦輪發電機的訂價（那是一種用蒸汽發電的龐然大物），一般約在一千六百萬美元左右。但事實上，爲了促銷，製造廠商有時會削價多達二五％求售。也因此，如果一切順利，買家有可能節省四百萬美元的購機成本。但如果參與買賣的公司代表開一次會，同意固定價，他們可以讓買家在實際上多付四百萬美元。而歸根究柢，這些錢必定得由民衆償付。

畢克斯在費城法院提出的訴狀中說，就集體而言，他們展示了「美國任何基本產業中所曾出現的最嚴重、最明目張膽，也最無所不在的犯行型態，這麼說應不爲過。」法官庫蘭・甘尼（J. Cullen Ganey）在宣布判決前不久，說的話更加尖銳。他說，根據他的看法，這些犯行證明「我們經濟體中有很大一塊出了大亂子，這案子眞正攸關的是……自由企業系統的生存。」從甘尼判處一些主管下獄的事實，也證明他這話不是說說而已。儘管自《謝爾曼反壟斷法案》通過七十年來，法庭也曾多次根據這項法案成功起訴許多人犯，但主管因此下獄的情況很少見，所以這件案子遭到新聞界炒作自然也不足爲奇。

首先，《新共和》（*New Republic*）雜誌當然抱怨不已，說報紙與雜誌有意低調處理「這件幾十年來最大的商業醜聞案」，不過這項指控似乎沒什麼根據。考慮到反壟斷法罪行既不涉及血腥，社會大眾對變壓器這種東西本來也就缺乏興趣，加以案情細節透露得相對不多等，有鑑於這些事實，新聞界大體而言對這件案子已經算得上是相當重視。甚至《華爾街日報》與《財星》雜誌，都刊出立場堅定、論點非常精闢的文章來評論這次事件；事實上，種種跡象顯示，一九三〇年代流行的反商新聞觀似乎有復甦之勢。再怎麼說，因本案下獄的，都是美國幾家最著名公司的高級主管，還有什麼事能比見到這些養尊處優、權高勢大的人物，像扒手一樣被送進監牢還更令人振奮？這無疑是自一九三八年前紐約證交所主席理查・惠特尼（Richard Whitney）盜用投資者的錢而入獄一案以來最大的商界醜聞。有人則認爲，它是自一九二〇年代美國內政部長收賄案「茶壺山醜聞」（Teapot Dome scandal）以來最大的案子。

兩大產業龍頭同爲被告

當時，許多人懷疑這件案子有最高層僞善的情事。以被告中規模最大的奇異（General

Electric）公司而言，無論董事長或總裁都沒有身陷法網，而規模第二大的西屋電氣（Westinghouse Electric）情況也一樣。這四位頂級大老闆向世人表示，直到第一項有關證供向司法部提出時，他們才知道公司在自己指揮下出了這種事。許多人對這種把事情撇得一乾二淨的說法不滿意，認爲列爲被告的主管不過是中間人，他們之所以違法，或者只是聽命行事，或者只是順應公司的氣氛而進行訂價。結果現在東窗事發，卻成了替主背過的代罪羔羊。比方說，法官甘尼就不相信大老闆們不知情，他說：「這些違法情事持續了這麼久，影響到產業界這麼大一個區塊，最後涉及的金額大到數以百萬美元計，而公司的負責人竟然會不知情？只有最天眞無知的人才會相信這種說法……我相信，大部分被告只因爲禁不住公司既定政策誘惑而背叛了良心，爲了晉升、穩定的工作與豐厚的薪酬而違法。」

社會大衆自然想揪出一個犯罪主腦，而奇異似乎滿足了他們這項要求。總公司設於紐約市萊辛頓大道（Lexington Avenue）五七〇號的奇異，無論在新聞報導或小組委員會聽證會中，都是最引人矚目的對象。奇異擁有三十萬名員工，過去十年平均每年銷售業績約四十億美元，不僅是這二十九家被告公司中最大的公司，以一九五九年銷售業績計，還是全美第五大公司。它是因本案被判罰金最高的公司（四十三萬七千五百美元），被判下獄的奇異主管也比其他公司多（三人下獄，另外八人獲判緩刑。）不僅如此，就像是爲了在這場危機中，讓篤信自由競爭的人更恐怖震驚，讓嘲笑自由競爭的人更幸災樂禍一樣，多年來，奇異的最高階主管不斷讚頌自由競爭系統，營造一種自由競爭成功典範的自我形象，但這些訂價密會爲的，卻正是打擊這種系統。

一九五九年，奇異決策人在發現政府進行的調查之後，公司便迅速地將那些承認涉案的主管降級減薪；舉例來說，一位原本年薪十二萬七千美元的副總，接到公司的通知，說他現在的年薪只有四萬美元。（這位副總還沒有調適好減薪的打擊，就被甘尼判了四千美元罰款，還坐了三十天牢，出獄後不久，奇異切斷與他的一切關係。）奇異這項不論法庭如何判決、先用內規懲處涉案員工的做法，西屋並沒有採用。西屋在法官處分完畢之後，認爲法官判處的罰金與徒刑，對違法員工的懲罰已經足夠，所以並未再對員工做進一步的懲罰。有人認爲，西屋這麼做證明它不認爲這項陰謀有多罪大惡極；但也有人認爲西屋此舉值得喝采，因爲這麼做暗示該公司的最高管理階層，至少對這整個事件有道德上的責任，也因此沒有資格處分自己犯過的員工。在這些人看來，奇異急著懲罰已經認罪的員工，強烈顯示奇異只是在棄車保帥，把幾個運氣不佳的員工送進狼吻，讓自己全身而退罷了。針對這一點，密西根州參議員菲利普·哈特（Philip A. Hart）在聽證會中的說詞更爲辛辣，他說奇異「幹的是龐提烏斯·彼拉多（Pontius Pilate）的舉動」——彼拉多是羅馬帝國的行政長官，下令釘耶穌上十字架的人就是他。

萊辛頓大道五七〇號的奇異公司已經忙得人仰馬翻！營造了多年的明智、仁慈的公司形象，很可能因爲這宗醜聞案而毀於一旦，總公司的公關人員不得不在兩惡之間選其一：或說公司是個不知情的傻瓜，或承認公司是個狡猾的騙子。而公關人員強力主張，應該把公司塑造成「傻瓜」。甘尼法官在聲明中說，他認爲奇異不僅對這件陰謀知情，犯行還經過奇異最高層批准。依照甘尼的看法，奇異顯然是個「狡猾的騙子」。不過，他的分析未必一定正確，因爲在讀完基法佛的小組委員會證詞之後，我得出一項傷感的結論：事情眞相恐怕永難大白。因爲證詞中顯示，縱使奇異高層的道德責任像一潭清水，這潭清水也已因溝通障礙攪得渾濁不堪。

根據證詞，奇異的指揮系統，當時有非常嚴重的溝通問題。例如，在某些狀況中，如果一個大老闆下令要求一名部屬違法，這名部屬所接到的命令，可能與這位老闆的原意有所不同。如果部屬向老闆報告，說自己正與競爭廠商的代表密會搞訂價，這老闆很可能以爲部屬只是在閒話笑談。尤其是，如果一名部屬直接接獲來自老闆的口頭命令，這名部屬必須用力思考：老闆的這道命令，眞的是他說的這個意思嗎？還是說，老闆其實是故意在講反話？至於老闆，在與一名部屬溝通時，必須想清楚部屬對他說的這些話，內容眞的是字面上那些內容嗎？還是說，他應該再加以解碼翻譯？但如果要透過解碼翻譯，他卻不知道自己用的密碼對不對。簡言之，奇異當時的問題就是這樣，我在這裡提出如此大膽的假定，意在提供任何有志研究溝通問題的人借鏡。

奇異指導政策二〇・五

過去八年，奇異一直訂有一項叫做「指導政策二〇・五」（Directive Policy 20.5）的公司法規，這項法規的部分內容如下：「任何員工，不得在價格、銷售條件、製作、經銷、區域或客戶問題上，透過明示或暗示、正式或非正式手段，與任何競爭對手達成任何理解、協議、計劃或安排；也不得與競爭對手交換或討論價格、銷售條件或其他任何競爭性資訊。」事實上，這項法規只是奇異為了讓員工遵守聯邦反壟斷法而訂的一項禁令而已，只不過這項禁令的內容在價格問題上更加具體、全面而已。在奇異，負責價格政策的主管，幾乎不可能不知道、甚至不清楚這項指導政策，因為奇異為了確保每位新進主管都能熟悉、每位舊有主管都能重溫這項政策，會定期將它正式重新發布，並且要求每位相關主管在上面簽名，作為他們恪慎遵守、日後仍將繼續遵守這項政策的保證。

但問題是，至少在訴訟行動的期間，而且顯然在訴訟展開以前很長一段時間內，奇異的一些主管，包括一些經常在上面簽字的主管，根本不相信這是玩真的。他們認為「二〇・五」不過是一種裝飾，公司之所以將它明文規定，為的只是為公司與公司高層提供法律保護；他們認為與競爭對手非法會面，已經是公司內部認可的標準做法；而且他們認定，當一名高級主管下令底下主管遵守「二〇・五」時，他真正的意思往往是要這名部屬違反這項政策。由於有相當一段時間，一些高級主管在以口頭方式下達或重申這道命令時，常常邊說邊向部屬明顯眨眼，所以這最後一項認定儘管看起來不合邏輯，卻是非常可以理解。

舉例而言，在一九四八年五月舉行的一次奇異銷售經理會議中，就曾公開討論這個眨眼習慣的問題。後來成爲奇異總裁的羅伯．帕克斯登（Robert Paxton）在會議開始時致詞，依照慣例做了一番不得違反反壟斷法的告誡。說完以後，當時在變壓器部門擔任銷售主管的威廉．金恩(William S. Ginn)說：「但我沒看到你眨眼。」帕克斯登聽了這話大驚，立刻說道：「沒什麼眨眼這回事。我們不是說著玩的！這些都是命令。」參議員基法佛曾在聽證會中問帕克斯登，據他所知，奇異高級主管有時會在發布這些命令時眨眼示意的情況已經存在了多久，帕克斯登回答，早在一九三五年，他已經發現他的主管在向他做指示時喜歡眨個眼，或是做一些其他類似的表情。帕克斯登說，隔了一段時間以後，主管們這種擠眉弄眼的做法把他搞得快要發瘋，他險些按捺不住想一拳揮向主管的鼻子。帕克斯登說，他痛恨擠眉弄眼已經鬧得全公司上下盡知，還因此搏得一個外號，叫做「反眨眼者」。也因爲如此，他在公司從不眨眼。

不過，儘管帕克斯登在一九四八年的這次會議中，眼睛一眨也不眨地發布了命令，但顯然金恩對這道命令的意義仍然另有解讀，因爲沒多久以後，金恩就出去談訂價了。（當然，訂價協議是幾家公司共謀的結果，但所有證詞都顯示，一般都是由奇異主導定調，其他業者效尤跟進。）十三年以後，剛剛坐滿幾週牢、年薪十三萬五千美元的工作也才泡湯的金恩，就眨眼與其他問題出席小組委員會作證。金恩說，當年他沒有遵守帕克斯登這項沒有眨眼就發布的指示，是因爲另外兩位上司——亨利・厄班（Henry V. B. Erben）與法蘭西斯・費爾曼（Francis Fairman）——向他做了相反的指示。

問他爲什麼聽另外兩位上司卻不聽帕克斯登的指示，金恩提出一種溝通程度論——這又是一個有志研究溝通的人可以大展長才的議題。金恩說，厄班與費爾曼在發布命令時，說得比帕克斯登更明確、更有說服力，也更有權威。金恩強調，事實證明，費爾曼尤其是「一位了不起的溝通大師、一位了不起的哲人，而且老實說，還是一位了不起的價格穩定信徒。」金恩說，厄班與費爾曼都曾說帕克斯登太無知。金恩在之後的證詞總結中說，自己之所以走入歧途，是因爲「站在魔鬼這一方的人，比站在上帝這一方的人更懂得向我推銷。」

如果厄班與費爾曼本人能夠出面，說明他們憑藉什麼溝通技巧，能讓部屬聽他們的指示而不聽帕克斯登的指示，一定會很有幫助。不幸的是，這兩位哲人都不能出席小組委員會作證，因爲在聽證會舉行時，這兩位主管都已作古。根據金恩的證詞，帕克斯登一直就是站在上帝這一方的哲人。他說：「帕克斯登是我在美國所曾見過、最忠實奉行亞當・斯密（Adam Smith）自由經濟理念的商人，我可以爲他澄清這點。」不過，金恩在一九五〇年一次閒談中，向帕克斯登承認自己在反壟斷法方面「以身試法」，帕克斯登當時只說他是一個大傻瓜，並沒有向公司其他人舉報這件事。帕克斯登之後在作證時說，他之所以沒有舉報金恩，是因爲在那次閒談時，他已經不是金恩的頂頭上司。基於他個人的道德觀，向他人舉報不是自己部屬的犯行，是「說閒話、講是非」。

上行大道，下走邪路

在不再是帕克斯登直屬部屬以後，金恩與競爭對手的會晤愈來愈頻繁，在公司的職位也愈爬愈高。一九五四年十一月，他升任總部設在麻省匹茲菲德（Pittsfield）的變壓器部門總經理，成爲公司副總的可能人選。在他走馬上任之初，自一九四九年以來一直擔任奇異董事長的拉爾夫．科蒂納（Ralph J. Cordiner）把他召到紐約，向他耳提面命，要他遵守指導政策二〇．五。科蒂納這次的溝通十分成功，金恩當時也非常清楚他的意思；不過，當金恩離開董事長辦公室，走進厄班的辦公室時，不久前他才接獲的指示內容卻開始模糊了。厄班當時是奇異經銷集團的負責人，位階僅次於科蒂納，是金恩的頂頭上司。根據金恩的證詞，他一走進厄班的辦公室，門一關上，厄班就要他不要理會科蒂納那些老套：「你過去怎麼做，以後就繼續這麼做，不過要隨時提高警覺，要用腦筋應付這個問題。」厄班高人一等的溝通技巧說服了他，金恩也因此繼續與競爭對手會面。金恩告訴參議員基法佛：「我知道科蒂納先生可以開除我，但我也知道我是在爲厄班先生工作。」

一九五四年年底，帕克斯登接管厄班的工作，再一次成爲金恩的老闆。金恩仍然不斷與競爭對手會面，但由於他深知帕克斯登反對這種做法，所以沒有向帕克斯登報告自己做的這些事。金恩在證詞中說，不僅如此，事隔不到一、兩個月，他開始相信無論情況如何，他必須繼續參加與競爭對手的會議，因爲在一九五五年一月，整個電氣裝備產業陷於一場激烈的價格戰，原本和睦相處的競爭對手此時不惜血本、競相削價——由於時逢白雪覆蓋的隆冬，也由於對買家提供的折扣，當時人稱「白色大拍賣」（white sale）。公司與公司之所以祕密勾結，爲的當然就是防止這樣一種自由企業表現，但就在這個關鍵性時刻，電氣裝備出現極端供過於求的現象，於是首先有一、兩家參與密謀的公司破壞承諾，開始削價，之後愈來愈多公司加入削價競爭。金恩說，爲了盡可能掌控情勢，他「運用自己過去學到的哲理」；也就是說，他繼續舉行訂價會議，希望會中達成的協議至少有一部分能獲得遵行。根據他的看法，帕克斯登不僅不知道自己在進行這些會議，儘管削價戰導致業者損失慘重，篤信自由競爭的他，還對這場削價戰雀躍不已。（帕克斯登在證詞中極力否認自己喜歡這場削價戰。）

不到一年光景，電氣裝備產業景氣回溫，在一九五七年一月，金恩因爲在這場風暴期間表現不錯而升爲副總。同時，他奉調前往紐約州斯克內克塔迪（Schenectady），出任奇異渦輪發電機部門的總經理，科蒂納再一次召他到總公司，向他宣示指導政策二〇．五。這項宣示已經成爲科蒂納的一項例行公事，每當一名新員工出任策略性管理要職，或一名老員工獲得晉升出任這類職位，這位幸運的仁兄幾乎可以確定自己會應召進入董事長辦公室，聽董事長講一篇不得如何如何的大道理。亞歷山大・坎貝爾（Alexander Campbell）在他的《日本之心》（*The Heart of Japan*）一書中指出，一家大型日本電氣公司擬了一份公司七誡（如「要有禮貌、要誠懇！」），每天上午在它旗下三十家工廠的每一家，工人都必須立正站好，齊聲背誦這些誡條，然後再一起唱社歌（歌詞包含「要持續努力增加生產，要熱愛工作、付出你的全部！」）不過，科蒂納並沒有要部屬背誦或唱指導政策二〇・五——就目前所知，他從未把這項公司法規改編成歌——但他一遍又一遍向金恩這些員工重複，不厭其煩地要他們注意這項政策，想來金恩這類部屬對這項政策一定早已耳熟能詳，可以隨時隨地琅琅上口，隨興找個調唱開來了。

這一次，科蒂納傳達的訊息不僅令金恩印象深刻，而且還不參雜質地留在金恩的腦海中。根據金恩的證詞，這次他成爲一位洗心革面的主管，戒絕行之多年的訂價惡習。不過，他之所以能夠突然迷途知返，似乎不能完全歸功於科蒂納的溝通能力，甚至與一再反覆重申的滴水效應，也沒有多少關係。因爲在相當程度上，就像亨利八世（Henry VIII）皈依新教一樣，這是一種現實的反應——金恩向小組委員會解釋，他之所以改革，是因爲他的「空中保護傘沒了」。

參議員問：「你的什麼沒了？」金恩回答：「我的空中保護傘沒了。我的意思是，我失去了我的保護傘。厄班先生已經不在我身邊，我所有的同事都已經不在，我現在直接爲帕克斯登先生工作，而我了解他對這件事的感覺……所以我在過去學到的一切理念，現在都得拋到窗外。」

厄班自一九五四年年底起，就不再是金恩的老闆，如果厄班是金恩的保護傘，金恩失去保護傘的時間必然已經超過兩年，但根據猜想，在削價戰那段充滿刺激的歲月，他很可能沒有注意到保護傘已經不在。無論眞實情況如何，不僅突然失去保護傘、也失去行事理念的他，現在是奇異渦輪發電機部門的總經理。他迅速用一套新原則塡補舊理念遺下的空缺，向部門經理散發指導政策二〇．五的副本，還熱情洋溢地推出一項他所謂的「痲瘋病政策」（leprosy policy）：他告誡部屬，即使只是與對手公司員工進行非正式的社交接觸也應盡力避免，因爲「我憑多年來的親身經驗發現，一旦關係建立，這種關係會逐漸發展，一些亂七八糟的勾當就出現了。」

不過，現在命運對金恩玩了一個殘酷的把戲，在不知不覺間，金恩也落入帕克斯登與科蒂納行之多年的那個局面：一位哲人不斷向部屬推銷上帝，但部屬不但不買帳，還有系統地幹著他要他們不要幹的鬼祟勾當。一九五七年與一九五八年全年，以及一九五九年年初，金恩的兩名部屬一面一本正經地簽署二〇．五，一面在紐約、費城、芝加哥、維吉尼亞州溫泉鎭（Hot Springs）、賓州天頂鎭（Skytop）及其他許多地方，與同業進行一連串的密會，訂定訂價協議。

朝令夕改所帶來的衝擊

金恩似乎沒辦法把他的一套新理念灌輸給其他人，而他的困難，歸根究柢，問題就出在溝通上。在聽證會上，參議員問他，他的部屬怎麼可能這麼離譜地背離他的指示，金恩答道：「我必須承認，我犯了一個溝通上的錯。我沒有好好地把這件事教給我的部屬……價格對成交很重要，就理念上來說，我們不僅必須讓部屬相信訂價是違法的，還要……讓他們相信，基於許多許多理由，他們不應該做這種事。但這必須是一種理念性的做法，一種溝通做法……儘管……我曾經告誡同事不要這麼做，有些同事還是明知故犯……我必須承認，我在溝通上有失誤……我完全願意接受這一部分的責任。」

金恩說，他極力分析這種溝通失敗的原因，最後達成一個結論：僅僅只是發布命令，無論發布得有多頻繁都不夠。他表示：「如果我們想建立一項理念，想讓公司眞正落實這項理念，就必須有一套完整的哲理、一套完整的了解，必須將人與人之間的壁壘徹底清除。」此時參議員哈特開口說：「人只要還活著就能夠溝通，但如果你的聽衆認爲你只是在說笑而已，就算你說的是法律這麼嚴肅的問題……也只是白費口舌罷了。」金恩悔恨不已，承認這話是眞的。

另一名被告法蘭克・史泰利（Frank E. Stehlik）的證詞，進一步突顯了溝通程度的概念。史泰利在一九五六年五月至一九六〇年二月間，擔任奇異低壓配電盤部門的總經理。（除了少數人士，社會大眾一般不知道配電的作用在於控制與保護發電、變電、變壓與電力分送裝備，美國境內每年售出的配電裝備價值超過一億美元。）史泰利的證詞顯示，他透過一些傳統的溝通形式，包括口頭與書面的命令，以及一些比較不屬於知識面、而屬於內心面的溝通媒介，即他所謂的「衝擊」，取得他在生意場上行事的指導原則。顯然，當公司內部發生一些讓他印象深刻的事，他會搬出內心一個形而上的電壓計，查明自己接到的是什麼樣的電，並且根據自己在電壓計上讀到的紀錄，來判斷公司政策的眞正走向。舉例來說，他在證詞中指出，在一九五六年、一九五七年與一九五八年大多數時間，他認爲奇異坦然接受、也完全遵守二〇・五。但在一九五八年秋季，史泰利的直屬長官喬治・布蘭斯（George E. Burens）告訴他，當時擔任奇異總裁的帕克斯登，要布蘭斯與I-T-E斷路器公司（I-T-E Circuit Breaker Company）的總經理馬克斯・史考特（Max Scott）共進午餐，I-T-E是奇異在配電盤市場上一家重要的競爭對手。

帕克斯登則在他自己的證詞中說，雖然他確實曾經要布蘭斯與史考特餐敘，但也曾經鄭重告誡布蘭斯，不得在餐敘中談到價格的問題，但顯然布蘭斯沒有向史泰利提到這項告誡。無論怎麼說，史泰利在證詞中表示，高層要布蘭斯與重要競爭對手共進午餐的事實：「對我有很大衝擊。」參議員要他就這一點詳細說明，史泰利說：「我不斷地思考公司的眞正態度究竟是什麼，許多事件對這項思考過程構成衝擊，那次餐敘是其中一件事。」這些大大小小的衝擊不斷地累積，總合的效應終於讓史泰利覺悟，自己過去一直以爲公司眞的遵守二〇．五，但是這個想法錯了。就這樣，一九五八年年底布蘭斯要他與競爭對手進行訂價會談，他一點也不感覺訝異。

然而，史泰利奉布蘭斯之命行事，最後卻造成一整套新衝擊，只是這些衝擊的溝通方式野蠻多了。一九六〇年二月，奇異因爲他違反二〇．五，將他的年薪從七萬美元減到兩萬六千美元；一年以後，法官甘尼判他三千美元罰金，並根據違反謝爾曼法案的罪名判他三十天緩刑；又隔了一個月，他應奇異之請辭職了。事實上，史泰利在公司任職的最後幾年，受到的撕裂般的衝擊，簡直就像美國推理小說家雷蒙．錢德勒（Raymond Chandler）筆下的英雄承受的那麼多。但根據低壓配電盤部門行銷經理蓋宗（L. B. Gezon）的證詞，史泰利像錢德勒筆下的英雄一樣，也有製造衝擊與承受衝擊的能耐。

蓋宗是史泰利的直接部屬，在小組委員會作證時表示，史泰利在一九五六年四月成爲他的老闆，在這以前儘管他也曾經參加過訂價會議，但並沒有做過任何違反反壟斷法的事，直到一九五八年年底，才因一項衝擊而開始違法。這項衝擊與史泰利早期經驗中那種精微奧妙、若隱若現的大不相同，而幫蓋宗製造這項衝擊的是史泰利，他在與部屬溝通時，似乎挑明一切、毫不掩飾。根據蓋宗的證詞，史泰利要他「重新舉行這些會議；公司的政策沒有改變；風險和過去一樣大；如果我們的活動曝光，我個人會（遭到公司）免職或處分，還會遭到政府懲處。」就這樣，蓋宗面對著三個選項：他可以辭職；可以不服從上司的直接命令（他認爲，如果這麼做，「他們可能會找其他人來做這件事」）；可以因爲服從命令而違法，但如果東窗事發必須自行面對後果，無從豁免。簡單來說，他面對的選項與國際間諜面對的沒什麼不同。

儘管蓋宗遵命重開這些會談，但或許因爲他的訂價犯行相對較輕，所以並沒有遭到起訴。奇異將他降級處分，但沒有要他辭職。然而，蓋宗並非沒有因此受到影響。參議員基法佛問他，史泰利的命令是否讓他覺得自己處境艱難、無法忍受，蓋宗回答，當時他沒有這種感覺。基法佛又問他，會不會因爲自己只是執行上級命令就遭公司降級而感到不公，蓋宗回答：「我個人並不這麼想。」從蓋宗的答覆判斷，他心靈承受的衝擊應該是相當沉重。

一位無知的副總

雷蒙．史密斯（Raymond W. Smith）與亞瑟．文森（Arthur F. Vinson）的證詞，將溝通問題的另一面描繪得淋漓盡致，那就是長官在聽取部屬報告時，可能碰到的認知上的問題。史密斯從一九五七年起到一九五九年底，擔任奇異變壓器部門的總經理；文森在一九五七年十月出任奇異副總，負責管理裝備器材集團事務，並兼任公司執行委員會委員。史密斯的前任，是在變壓器部門總經理任上做了兩年的金恩，而文森在升任副總時，成爲史密斯的直接老闆。在這段出問題的時間，史密斯的最高薪約爲年薪十萬美元，文森的待遇則高達底薪十一萬外加多項紅利，金額從四萬五千美元到十萬美元不等。史密斯作證時表示，一九五七年一月一日元旦假日，在他出掌變壓器部門當天，他去會見董事長科蒂納與執行副總帕克斯登，科蒂納依照慣例，告誡他必須遵守二〇．五。但在那一年，變壓器競爭白熱化，削價折扣高達三五％，於是史密斯自作主張，認爲爲了穩定市場，應該與競爭對手談判了。他認爲這麼做並沒有錯，因爲他深信當時無論是在奇異公司，還是在整個產業，這種談判都是「大勢所趨」。

當文森於同年十月成爲他的上司時，史密斯已經經常出席訂價會議，他覺得應該讓新老闆知道自己在做什麼。史密斯在小組委員會聽證會上說，所以他在兩、三個一般性的生意場合中，利用兩人獨處的時間，告訴文森「我在今天上午與『那幫人』開了一次會。」小組委員會律師問史密斯，在對文森說這些話的時候，有沒有用比較直截了當的方式表白，例如有沒有說「我們與『競爭對手』開了一次訂價會議，或是我們在進行一項小小陰謀，不想讓機密外洩」等。史密斯回答，他完全沒有提到與這類例子沾上一點邊的話，說得最露骨的一句就是：「我在今天上午與『那幫人』開了一次會。」史密斯並未說明他爲何沒有把話講得更清楚，不過這有兩種邏輯上的可能性：或許史密斯想讓文森知道當前情勢，但同時也想保護文森，不讓文森成爲知情共犯；也或許他並沒有這個意圖，他說得這麼拐彎抹角，只是因爲這是他一貫的說話方式罷了。（與史密斯私交甚篤的帕克斯登，曾經向史密斯抱怨，表示「聽他說話像聽密碼一樣。」）

無論如何，文森在自己的證詞中說，他完全誤解史密斯的意思；事實上，他根本不記得曾聽史密斯說過「與那幫人開會」的話，不過他記得史密斯說「那好吧！我就拿這項變壓器新計劃給那些『傢伙』看。」文森在證詞中說，當時他以爲所謂的那些「傢伙」，指的是奇異的地區銷售代表與公司客戶，而所謂的「新計劃」指的是一項新的行銷方案。文森說，兩年之後案發，他才赫然發現史密斯所謂的那些「傢伙」指的是競爭對手，所謂的「新計劃」指的是訂價計劃。文森在證詞中說：「我相信史密斯是個誠懇的人……我相信，史密斯以爲他是在告訴我他要參加這些會了。但我對他說的絲毫不以爲意。」

不過，在另一方面，史密斯卻相信他已經把自己的意思向文森表達清楚。他在小組委員會中堅持說道：「我一直沒有印象他誤解我的意思。」基法佛之後訊問文森，以文森這樣的地位，又擁有三十年電氣產業的工作經驗，有可能在如此重要的問題上，無知到誤解部屬的意思，弄錯所謂那些「傢伙」指的是什麼人嗎？文森回答：「我不認爲那非常無知。我們確實有很多人可以稱爲傢伙……也許我無知，但我說的是眞話，而且就這件事而言，我相信我是眞的無知。」

參議員基法佛：文森先生，如果您無知，就不會當上年薪二十萬美元的副總。

文森：我認爲我憑著在這方面的無知，一定可以做到副總這個職位。這樣的無知也許有幫助。

在這個全然不同的另一領域，溝通問題再次浮上檯面。文森對參議員基法佛說的那句話，眞的是他的本意嗎？對反壟斷法違法情事無知，眞能幫一個人在奇異取得並保住年薪二十萬美元的高位？看來似乎不可能。如果這樣，文森這話指的是什麼意思？不過，不管他眞正的意思是什麼，無論是聯邦政府反壟斷專家或是參議院的調查人員，都無法證明史密斯對文森說的那一句關鍵話溝通成功——他們無法證明文森眞的聽懂史密斯的意思，知道史密斯在搞訂價勾當。由於提不出這樣的證據，雖然他們信誓旦旦、揚言一定要查個水落石出——至少要從奇異的最高管理階層、奇異執委會揪出一名要員開刀——但也只能徒呼負負，對這件事無能爲力。事實上，當這項訂價醜聞方才東窗事發時，文森不僅同意公司嚴懲史密斯、將史密斯大幅降級減薪的決定，還親自將這些決定通知史密斯。所以如果文森在一九五七年時，已經從史密斯的話中知道他在搞訂價，那麼他這兩項行動也未免太假、太僞善了。（順道一提，史密斯沒有接受奇異的降級處分，他把工作辭了，並根據甘尼法官的判決繳了三千美元罰金，在三十天緩刑期滿以後，在其他地方找到一份工作，年薪一萬美元。）

到底是誰說謊？

文森與這件案子還有另一處牽扯，他的名字還出現在大陪審團的起訴名單上。這次他涉及的案情，與他是否了解史密斯說的那番話無關，而是他涉嫌參與配電盤部門的一次密謀。四名配電盤部門主管——布蘭斯、史泰利、克雷倫斯．伯克（Clarence E. Burke）與法蘭克．韓謝爾（H. Frank Hentschel）——就這部分案情在大陪審團（之後在小組委員會）作證指出，在一九五八年七、八或九月（四人都無法確定確切日期），文森在奇異費城配電盤廠餐廳B與四人共進午餐，在用餐時，他指示四人與競爭對手舉行訂價會議。這四名主管說，由於有了這項指示，奇異、西屋、艾利斯查默斯製造公司（Allis-Chalmers Manufacturing Company）、聯邦太平洋電氣公司（Federal Pacific Electric Company）與I－T－E斷路器公司的代表，於一九五八年十一月九日在大西洋城崔茂酒店（Hotel Traymore, Atlantic City）集會，劃分對聯邦、州與地方政府配電盤裝備的銷售大餅。根據會中所達成的協議，奇異得到三九％的生意，西屋三五％，I－T－E十一％，艾利斯查默斯八％，聯邦太平洋電氣七％。在之後幾次會議中，這些公司的代表們也訂下私人買家的配電盤裝備銷售配額，還訂了一套詳細辦法，由參與這項密謀的公司以兩週爲期，輪流向潛在客戶提出最低標。由於具有週期特性，這套辦法又稱做「月盈虧」（phase-of-the-moon）辦法。由於這項辦法名目搶眼，還引來小組委員會與艾利斯查默斯主管隆格（L. W. Long）的下列對話：

參議員基法佛：誰是「月盈虧」計劃的參與人？

隆格：我根據事後發展得知，這項所謂「月盈虧」的行動，是在我的層級以下進行的事，我想它指的是一個工作小組……。

小組委員會律師費拉爾（Ferrall）：他們向你提過任何報告嗎？

隆格：「月盈虧」計劃嗎？沒有。

文森告訴司法部檢察官，之後並向小組委員會重複表示，直到事件爆發以前，他不知道有崔茂酒店密會這件事，也不知道「月盈虧」計劃，更不知道有這項陰謀；至於在餐廳B進餐這件事，文森堅持根本沒有這回事。布蘭斯、史泰利、伯克與韓謝爾四人，針對這件事接受聯邦調查局的測謊實驗，並且通過這項測試。但文森拒絕接受測謊實驗，他一開始解釋說，雖然他個人願意接受，但他的律師反對他這麼做。之後，在聽說其他四人都通過測謊實驗以後，他說，如果測謊機不能證明這四個人說謊，他也實在沒有必要多此一舉。根據證實，在七、八、九月三個月的期間，布蘭斯、史泰利、伯克與韓謝爾四人都在費城工廠吃午餐的工作天只有八天，文森之後向司法部提出他的一些開支帳戶明細，說明他這八天的期間都不在費城。司法部因為這項證據而放棄它對文森的控訴，文森也繼續擔任奇異副總，小組委員會也沒能因文森的證詞對他有什麼指控。

就這樣，奇異的最高管理階層，在這場風暴中毫髮無損。證據顯示，參與這項陰謀的主管層級下探許多層，但沒有往上攀高。大家都同意，蓋宗是遵行史泰利的命令，史泰利是遵行布蘭斯的命令，但事情就此打住，無法繼續追究，因為儘管布蘭斯說他是奉文森的旨意行事，但文森把事情推得一乾二淨。在調查結束時，政府在法庭上說，它不能證明、也沒有主張奇異董事長科蒂納或總裁帕克斯登曾經授權進行這項陰謀，甚或知道這項陰謀，因此它正式排除兩人涉案，認定兩人甚至連眨眼示意的舉動都沒有做。之後，帕克斯登與科蒂納在華府出席小組委員會聽證會，小組委員會調查人員也沒能證明他們曾經玩那些眨眼的把戲。

都是真話，只是不在同一個頻率上

在金恩說他是奇異最頑固、最死忠的自由經濟信徒之後，帕克斯登向小組委員會解釋說，直接影響他對自由競爭問題看法的人不是亞當・斯密，而是奇異前任老闆、曾是自己頂頭上司、已經亡故的吉拉德・史渥普（Gerard Swope）。帕克斯登在證詞中說，史渥普一直堅信企業的最終目標，是用較低的成本為更多人生產更多東西。帕克斯登表示：「我過去相信這句話，現在也相信這句話。我認為，這是任何一位企業家所曾說過最了不起的經濟哲理聲明。」在這項證詞中，帕克斯登針對訂價案涉及他名字的幾件案情一一提出解釋，有些解釋還頗具哲學色彩。

舉例來說，在一九五六年或一九五七年，一位名叫傑瑞．佩吉（Jerry Page）、在奇異配電盤部門擔任小職員的青年，直接寫信給董事長科蒂納說，奇異配電盤部門與其他幾家競爭對手公司涉及一項陰謀，用不同顏色的信紙作為密碼，交換有關價格的資訊。科蒂納將這件事交給帕克斯登處理，還下令帕克斯登務必查個水落石出。於是，帕克斯登展開調查，結果發現這項所謂顏色密碼的陰謀，「完全是這個年輕人的幻想。」當時帕克斯登在做出這項結論時，顯然認為自己是對的，不過後來他發現，在一九五六年與一九五七年間，配電盤部門確實出現訂價陰謀，只不過這項陰謀很傳統，只是暗中開一些訂價會議，沒有顏色密碼這種花俏勾當。而這個年輕人佩吉，最後因為重病無法出席聽證會。

帕克斯登承認，他在幾個事件中的行事「一定非常愚蠢」。（無論愚不愚蠢，貴為公司總裁的他，享受的待遇當然比文森優渥得多：底薪年薪十二萬五千美元，外加每年十七萬五千美元的紅利，還有可以讓他用低稅率賺進更多錢的股票選擇權。）至於對公司內部溝通的問題，帕克斯登的態度頗為悲觀。在聽證會中，有人要他對史密斯與文森那段在一九五七年的對話表示看法，帕克斯登說依照自己對史密斯的了解：「不能想像他會是個騙子。」帕克斯登繼續說道：

我年紀較輕的時候，很愛打橋牌。我們四個人每年冬季總會玩個大約五十局，我相信我們的橋牌打得相當好。如果各位也打橋牌，就會知道搭檔在比賽進行中，會使用暗號交換訊息，那是一種有格調的遊戲形式。……現在，我想到這個案子——當我讀到史密斯的證詞，特別是當他談到「與『那幫人』開會」或「與那些『傢伙』開會」時，尤其讓我心動。我想到，在這些處理競爭問題的人之間，一定也有一種有格調的溝通形式。例如，史密斯可以說：「我告訴文森我做了什麼」，文森可能一點也不清楚他被告知什麼事，兩人可以宣誓作證，一個人說是，另一個人說不是，但兩人說的都是眞話……因爲他們不在同一個頻率上……各有不同的意義。我想，我現在相信這些人確實認爲他們說的是實話，但他們沒有以一種彼此了解的形式相互溝通。

這無疑是對溝通問題最悲觀的一項分析。

從奇異董事長科蒂納的證詞看來，他的情況似乎與波士頓卡波特家族（Cabots）差不多——卡波特家族是早期英國移民美洲的家族，因經營鴉片與奴隸買賣而暴富。奇異給科蒂納的薪酬毫無疑問非常豐厚，在一九六〇年，他的年薪是二十八萬美元略多一點，外加或有遞延收益（contingent deferred income）約十二萬美元，還有可能超過好幾十萬美元的股票選擇權，但他在公司卻只是高高在上，至少在反壟斷這項議題上，他與部屬的溝通彷彿完全不食人間煙火。他斷然告訴小組委員會，他一點也不知道有陰謀網絡這回事。根據他這番說詞，我們可以推論，科蒂納的問題不是溝通有瑕疵，他的問題是根本沒有溝通。他不像金恩與帕克斯登一樣，與小組委員會談哲理或哲人，但根據他下令定期重新發布二〇．五、從他每發表公開聲明必定頌揚自由企業的紀錄看來，科蒂納絕對是一位「不明哲理的哲人」(*un philosophe sans le savoir*)，而且還是一位站在上帝這一邊的哲人，因爲沒有任何證據顯示他眨過眼睛。

基法佛做了一張清單，上面列著一長串過去半個世紀以來，奇異被控的各項違反反壟斷法罪名，他向早自一九二二年就已加入奇異的科蒂納出示這張清單，問科蒂納對上面列的各項事件知道多少。科蒂納回答，他一般只在事情已經發生、成爲事實以後才知情。在談到金恩作證、說厄班在一九五四年收回科蒂納的直接命令時，科蒂納說自己在讀到這篇證詞時，感到「極警惕」、「極驚奇」，因爲厄班在他面前表現得一直就是很有「強烈競爭精神」，不像是那種會與競爭對手公司交友的人。

在整個作證期間，科蒂納一直使用一套有點奇怪的回答方式：「對……回應」。舉例來說，如果基法佛不經意就同一個問題問了他兩次，科蒂納會回答：「我不久前才對這個問題回應過。」如果基法佛打斷他的話（基法佛在問訊過程中經常這麼做），科蒂納會禮貌詢問：「我可以回應嗎？」對基金會贊助的溝通問題研究人而言，這又是一個值得小小一探的議題：「回應」（一種被動狀態）與「答覆」（一項行動）之間的差異，以及兩者在溝通過程中的相關效率問題。

基法佛問科蒂納，會不會因此認爲奇異「蒙羞」？科蒂納一面答覆這個問題，一面總結他對這整個事件的立場說：「不會。我不會回應說奇異因此蒙羞。我要說的是我們深感悲傷，深表關切……我不以這次事件爲傲。」

溝通這門哲學

奇異董事長科蒂納不斷地向部屬發表長篇大論，要他們奉行公司規定，要他們遵守國家法律，把部屬搞得耳朵長繭，卻仍免不了落入部屬陽奉陰違的窘境。帕克斯登總裁的兩名部屬，可以對兩人之間的一項對話做截然不同的陳述，但可能說的都是眞話，而帕克斯登經過前思後想之後，發現這只是溝通不良的後果。哲學似乎已在奇異公司成爲顯學，但這家公司的溝通技術似乎一直很差。大多數證人或明說、或暗示，都認爲主管們只要能夠彼此了解，反壟斷法違法的問題就可以迎刃而解。不過，這或許不僅是技術、也是文化問題，與組織規模太大、在裡面工作的員工失去個人認同感有關。漫畫家朱爾斯·費佛（Jules Feiffer），曾以一種非產業角度思考溝通問題，表示：「事實上，問題出在個人與他自己之間。如果你不能在自己與自己之間成功溝通，又怎能期望與外界陌生人溝通？」

假設，純粹只是假設，一家公司的老闆下令部屬，要部屬遵守反壟斷法，但這個老闆的自我溝通卻一塌糊塗，甚至不知道自己究竟希望部屬遵不遵守——因為如果部屬不遵守命令，逕自搞訂價勾當，結果可能讓公司大賺一筆；但如果部屬遵命行事，老闆只是做了一件「正確」的事。在第一個例子，他沒有親身捲入任何犯行；在第二個例子，做正確的事必然有他一份。如此說來，他怎麼可能有什麼損失？有人認為，這樣的老闆在溝通時，表達的不確定感可能尤勝於他下的命令。或許這是研究溝通失敗反面現象的一個切入點，研究這個現象的人可能發現，有時連發出訊息的人本身都不知道，自己發出的訊息會有出奇有效的效果。

另一方面，在小組委員會調查結束後最初幾年，被告公司一直未能掙脫犯行帶來的陰影。根據法律，只要能證明因為賣方違反反壟斷法、操控物價，導致自己受損的客戶，都可以請求損害賠償（在很多案例中，法庭判罰三倍償還。）結果索賠金額數以百萬美元計的案件堆積如山，迫使首席大法官厄爾·華倫（Earl Warren）設立聯邦法官特別小組，計劃處理對策。不用說，科蒂納想忘也忘不了。事實上，在這幾年，他如果還能想到其他事，會讓人很驚訝。因爲除了必須應付這許多求償官司以外，他還得保衛他的董事長大位——一小群股東想逐他下台，不過沒有成功。帕克斯登由於健康狀況惡化（他在一九六〇年一月動了一次大手術），於一九六一年四月以總裁身分退休。那些被判有罪，遭到罰款或判刑的主管，若是奇異以外公司的主管，大體上都能一直做下去，或者繼續做他們的本行，或者做類似工作。至於那些奇異的主管，沒有一個在奇異久留。有些人永久退出商圈，有些人做著比較小的職務，不過也有人反而飛黃騰達——最値得一提的是金恩。金恩在一九六一年六月成爲重機械製造業者包爾文—利馬—哈米爾登（Baldwin-Lima-Hamilton）的總裁。至於電氣產業未來訂價如何的問題，情形似乎是，在司法部、甘尼法官、基法佛參議員與三倍重罰的民事賠償官司的威嚇下，那些引領企業政策的哲人，甚至是他們的部屬，有好一陣子都會想辦法保持誠信公正。不過，他們的溝通能力是否有所改善，就是另一個完全不同的問題了。

8 美股最後一次大囤積

一家叫做「小豬商店」的公司

一九五八年春季至盛夏期間，美國主要的硬木地板廠商布魯斯公司（E. L. Bruce），股價從略低於十七美元的低位，飆漲至一九○美元的高點。這波驚人、甚至令人不安的漲勢是逐步增強的，高潮是股價單日狂漲了一百美元，這是約三十年來僅見的事。更令人不安的是，布魯斯公司的股價飆漲，看來與基本面毫無關係，因為美國民眾對硬木地板的需求並未驟然大增。令幾乎所有相關人士驚愕的是（相信包括布魯斯公司的一些股東也是），此波股價漲勢看來完全是人稱「囤積」（corner）的股市技術情況所致。除了像一九二九年那種普遍的市場恐慌外，囤積是股市所能出現的最激烈、最驚人的情況。在十九世紀和二十世紀初，囤積不止一次危及美國經濟。

但布魯斯事件絕不至於危及美國經濟。首先，相對於整個經濟體，布魯斯公司的規模極小，其股價再怎麼狂飆急跌，也不會影響整個美國。其次，布魯斯「囤積」事件是偶然發生的，是有人爭奪公司控制權意外產生的結果，而歷史上著名的囤積事件，則是有人刻意操縱某些個股所致。而且布魯斯事件最終證實並非眞正的囤積，只是近似的情況。該年九月，布魯斯的股票交易恢復平靜，股價在合理水準穩定下來。不過，那些曾見識過經典囤積事件（或至少最後一次）的冷酷華爾街老鳥，則因爲此事而被激起一些記憶，當中有些可能還含有懷舊之情。

一九二〇年代的「小豬危機」

一九二二年六月，小豬商店（Piggly Wiggly Stores）公司的股票，開始在紐約證交所掛牌交易。該公司經營自助式零售連鎖商店，業務主要在美國南部和西部，公司總部設在田納西州孟菲斯市（Memphis）。小豬商店股票的上市，爲俗豔的一九二〇年代最戲劇性的其中一場金融戰役搭好了舞台。當時，美國聯邦政府對華爾街的監管相當粗疏，而股票作手爲了自肥並摧毀敵人，暗地裡操縱股票，時常造成市場震盪。小豬商店這場戰役當時無人不知，以致報社編輯爲相關新聞擬標題時，可以簡單稱之爲「小豬危機」（Piggly Crisis）。這場戰役的戲劇性，有一部分在於男主角的性格（有人視他爲英雄，也有人視他爲惡棍）：一個桀驁不馴的鄉下人，在美國一大部分農村社會歡呼激勵下，剛涉足華爾街，便想重挫紐約精明老練的股票作手。

這個鄉下人便是來自孟菲斯的克萊倫斯．桑德斯（Clarence Saunders），是一名略胖、整潔、英俊的四十一歲男士，在家鄉已是一號傳奇人物，主要是因爲他正在爲自己建造的大宅。這座宏偉的大宅名爲「粉紅華邸」（Pink Palace），建築正面鋪上粉紅色喬治亞大理石，圍繞著一座非常氣派的白色大理石羅馬式中庭而建。桑德斯說，這座豪宅可以屹立千年。雖然尚未完工，粉紅華邸已超越孟菲斯史上所有建築。該棟豪宅將設有私人高爾夫球場，因爲桑德斯喜歡靜靜地打他的高爾夫——連他在等待粉紅華邸完工期間的臨時住處（他與妻子和四名孩子同住），也設有私人高爾夫球場。（有人說，桑德斯喜歡自己打高爾夫，是受當地鄉村俱樂部理事的態度影響。這些理事抱怨桑德斯給桿弟太多小費，荼毒了他們所有的桿弟。）桑德斯在一九一九年創立小豬商店，具有愛現的美國商人的多數標準特徵：慷慨得可疑、擅長吸引公衆注意，以及喜歡炫耀等。但他也有一些並不常見的特徵，尤其是講話和寫作時活潑、生動的風格，以及一種喜劇天賦（他是否自知則不得而知。）但一如在他之前的許多偉人，他有一個悲劇性的缺點：他堅持將自己想成是鄉下人、笨蛋和易受騙的人。這種堅持，有時令他眞的成了這三種人。

全美交易的股票最後一場眞正的囤積，便是桑德斯策劃的。想不到，對吧？

在其全盛時期，股票囤積可說是一種遊戲——一種賭注巨大、不折不扣的賭博遊戲，具有撲克牌遊戲的許多特徵。囤積遊戲是華爾街多頭（希望股價上漲）與空頭（希望股價下跌）

無止境競賽中的一個階段，在囤積遊戲進行期間，多頭的基本操作方法當然是買進標的股票，而空頭則是賣出股票。因爲一般的空頭手上完全沒有標的股票，他必須訴諸常見的賣空操作。空頭賣空，是靠向經紀商借來股票完成交易（要支付合理利息。）因爲經紀商只是仲介，並不擁有那些股票，他們必須自己去借來股票。他們仰賴在各投資機構之間流通的股票「浮動供給」（floating supply）——這些股票包括私人投資人爲了方便交易，存在某些機構的股票，以及在特定條件下釋出、可供借用的股票（由信託基金擁有，或是屬於某些人的遺產。）一檔股票的浮動供給，實質上就是該股並未被鎖在保險櫃或藏在床墊下，可供買賣的所有股票。雖然這種供給是浮動的，但市場人士會小心翼翼地追蹤變化。賣空者若向他的經紀商借入某個股一千股，他便是背了一千股的不變債務。他的希望——賦予他活力的希望——是該股的市價下跌，讓他能以較低價買回一千股以還清他的債，賺得的買賣價差則是他的獲利。而他承受的風險，是借出股票的人因爲某種原因，在市價處於高位時，要求他償還所借的一千股。此時，他便面對古老的華爾街順口溜中的可怕窘境：「他賣掉的股票不是他的，現在他必須買回來，或是去坐牢。」在股票囤積可能發生的年代，有一件事令賣空者更難安枕：因爲他往來的只是經紀商，永遠不知道是誰買了他賣出的股票（是某個有意囤積的人嗎？），也不知道是誰擁有他借入的股票（是那個有意囤積者在暗中操作嗎？）

雖然有時會有人譴責賣空操作，認爲這是投機客的手段，但在美國所有交易所，賣空仍是法規允許的操作，只是受到嚴格的限制。不受約束的賣空，是囤積遊戲中的標準手段。囤積通常是這麼開始的：一群空頭在精心部署之後，大肆賣空標的個股，而且通常還會散播謠言，指該上市公司捍衛股價的護盤操作很快就會結束——這便是所謂的空頭襲擊（bear raid）。多頭最強勁（風險當然也最大）的反擊，是嘗試囤積標的股票。囤積的標的，必須是正被許多人賣空的股票，正遭受空頭猛烈襲擊的個股是理想的囤積標的。如果有人想囤積正受空頭襲擊的個股，他會嘗試將投資機構手上的浮動供給全部買下來，並且盡可能買下該股落在私人手上的股票，直到他掌握的籌碼足以逼退空頭；如果他成功了，當他要求賣空者償還他們借入的股票時，賣空者只能向他買進所需要的股票。此時，無論他開出多高的價格，賣空者也只能接受；理論上，他們還有另外兩種選擇：宣告破產，或是因爲未能履約而坐牢。

在亞當・斯密的幽靈仍在華爾街微笑的很久以前，大型的金融生死鬥不時發生，囤積相當常見，而且往往極其「血腥」：數以百計的無辜旁觀者，以及參與戰鬥的當事人，隨時可能遭受財務上的「斷頭」之災。歷史上最著名的囤積者，是那個家喻戶曉的老掠奪者，外號「船長」的康內留斯・范德比爾特（Cornelius Vanderbilt），他在一八六〇年代策劃了至少三次成功的囤積。他的經典之作，應該是囤積哈林鐵路（Harlem Railway）的股票。他偷偷買進哈林鐵路所有股票，同時散播該公司即將破產的一連串謠言，誘使賣空者出手，成功設計了一個無懈可擊的陷阱。最後，他以賣空者救星的姿態出現，以每股一七九美元的價格，賣股票給那些無路可走的賣空者，拯救他們免於牢獄之災，而他買進這些股票的成本，只是其賣價的一個零頭。

造成最廣泛災難的囤積，是一九〇一年的北太平洋鐵路（Northern Pacific Railway）股票囤積事件：該股的賣空者爲了籌集他們回補部位所需要的巨額現金，賣出許多其他股票，結果造成全美市場恐慌，並且波及全球。倒數第二次大囤積發生在一九二〇年，策劃者爲艾倫・萊恩（Allan A. Ryan），美國菸草、保險和運輸業大亨湯瑪斯・萊恩（Thomas Fortune Ryan）的兒子。爲了騷擾他在紐約證交所的敵人，艾倫・萊恩嘗試囤積經典老爺車「斯圖茲熊貓」（Stutz Bearcat）製造商斯圖茲汽車公司（Stutz Motor）的股票。萊恩的囤積成功了，紐約證交所的賣空者慘遭壓榨。但螳螂捕蟬，黃雀在後：紐約證交所暫停斯圖茲汽車的股票交易，萊恩捲入冗長的訴訟，結果財務上嚴重受創。

但是，一如其他遊戲，囤積操作也受事後有關遊戲規則的爭執困擾。一九三〇年代美國的金融法規改革，禁止明確旨在打擊一檔股票的賣空操作，同時禁止導致囤積的其他操縱活動；如此一來，囤積已不可能發生。如今，華爾街人講的「corner」（「囤積」的英文），指的是百老匯街與華爾街的轉角。而美國股市的「囤積」，或是像布魯斯公司那樣的近似情況，只可能意外發生；克萊倫斯・桑德斯是最後一位故意的囤積者。

從南部鄉下上紐約

熟悉桑德斯的人對他的描述各有不同：有人說他「有無限的想像力和精力」、「極度傲慢自負」，也有人說他「本質上是個愛玩的四歲小孩」，或他是「那一代最傑出的人之一。」但是，毫無疑問的是，就連許多因爲他推銷的投資計劃而蒙受虧損的人，也認爲他爲人極其誠實。桑德斯在一八八一年出生於維吉尼亞州阿默斯特郡（Amherst County）一個貧窮家庭，十來歲時受雇於當地一家雜貨店，週薪僅四美元——商業大亨的第一份工作，薪水往往非常微薄。他學得很快，不久之後去了田納西州克拉克斯維爾（Clarksville）一家批發公司，然後轉到孟菲斯某間公司。二十幾歲時，他便籌辦了名爲「聯合商店」（United Stores）的小型食品零售連鎖公司。數年後，他賣掉聯合商店，自己做了一段時間的批發生意，然後在一九一九年，開始建立他的自助式零售連鎖商店生意，替它取了「小豬商店」這個非常有趣的名字。（孟菲斯一個生意夥伴，曾經問他爲什麼選擇這個名字，他回答：「這樣大家就會像你這樣，跑來問我原因。」）

小豬商店迅速擴展，到了一九二二年秋季時，已有超過一千兩百家商店，其中約六百五十家店由桑德斯的小豬商店公司全資擁有，餘者是個別店主擁有的加盟店——店主向小豬商店公司支付權利金，換取採用該公司受專利保護的營運方式之權利。在那個年代，食品雜貨店意味著有穿白圍裙的店員，而且賣東西往往偷斤減兩。因此，《紐約時報》一九二三年描述小豬商店的運作模式時，語帶驚訝地表示：「在小豬商店，顧客走過兩邊都是貨架的一條又一條通道。顧客拿著他們要買的東西，在離開時付款。」桑德斯發明了超市，雖然他並未意識到這件事。

小豬商店公司的生意迅速壯大，隨之而來的自然是公司的股票獲准在紐約證交所掛牌交易。掛牌不到六個月，小豬商店便獲許多人視爲支付可觀股息的可靠定存股——那種孤兒寡婦喜歡、不刺激的股票；投機客雖然對這種股票心存敬意，但毫無興趣，一如賭雙骰的人對橋牌這種遊戲的感覺。不過，小豬商店的定存股名聲，僅維持很短的時間。一九二二年十一月，數家以「小豬商店」爲店名，在紐約、紐澤西和康乃狄克州經營雜貨店的小公司生意失敗，遭受破產管理人接管。這些公司與桑德斯的生意關係不大——他不過是收取權利金，授權對方使用小豬商店的有趣名字和商標，租給他們一些受專利保護的設備，除此之外別無關係。然而，這些獨立經營的小豬加盟店倒閉，看在一群股票作手的眼中（他們透過守口如瓶的經紀商操作，因此身分從未曝光），卻是對小豬公司股票發起空頭襲擊的天賜良機。他們的想法是：可以利用個別小豬商店倒閉的事實散播謠言，使不知情的公眾相信小豬商店的母公司也快要倒閉。爲了助長公眾的這種想法，他們便開始積極賣空小豬公司的股票，以求壓低股價。該股很快便屈服於他們施加的壓力：年初時徘徊在五十美元左右的小豬商店股價，在數週之間便跌破四十美元。

此時，桑德斯向媒體宣稱，他將藉由購買股票的行動：「在華爾街專業人士的專業上擊潰他們。」桑德斯本人絕非股票方面的專業人士；事實上，在小豬公司股票上市之前，他從不曾沾手紐約證交所掛牌的任何股票。在他這項購股行動開始時，我們沒有什麼理由相信他有意囤積小豬公司股票。他自己宣稱的動機無懈可擊，爲的只是支撐小豬公司的股價，以保護他與其他股東的投資；我們大有理由相信，他的動機眞的只是這樣而已。無論如何，他以他典型的衝勁對抗空頭，除了動用自己的資金之外，還向孟菲斯、納許維爾（Nashville）、紐奧良、查塔努加（Chattanooga）和聖路易的一群銀行業者借了約一千萬美元。根據民間傳說，他將千萬美元的大額鈔票塞進一只手提箱裡，坐火車到紐約，口袋裡塞滿手提箱裝不下的現鈔，昂然走到華爾街，準備與空頭大戰。

桑德斯晚年斷然否認此事，堅稱他當年留在孟菲斯，透過電報和長途電話聯繫華爾街各經紀商，主導他的股票操作。無論他當時身處何地，他確實召集了約二十名經紀商，包括擔任他幕僚長的傑西．李佛摩（Jesse L. Livermore）。李佛摩是二十世紀美國最著名的投機客之一，當時四十五歲，但偶爾還是有人帶著嘲諷的意味，用他數十年前得到的綽號「華爾街的作空少年」（Boy Plunger of Wall Street）來稱呼他。由於桑德斯認爲華爾街人，尤其是投機客，是社會的寄生蟲，是只想打壓他公司股票的惡棍，所以他與李佛摩結盟很可能並非是他自己所願，只是出於將敵人頭目招攬到自己陣營的想法。

機會！機會！有穩賺不賠的生意

在桑德斯與空頭對決的第一天，藏身經紀商背後的他，買進了三萬三千股小豬商店的股票，主要是接賣空者的貨。在一週之內，他已總共買進十萬零五千股，占公司發行在外的二十萬股的一半以上。在此同時，他開始在美國南部和西部的報紙刊登一系列的廣告，以尖刻的言辭有力地告訴讀者他對華爾街的看法。他可以藉此宣洩情緒，但代價是洩露了自己的祕密。他在其中一則廣告中質問：「賭徒支配世界好嗎？他騎著白馬而來。虛張聲勢是他的鎖子甲，護著他怯懦的心。他的頭盔是欺騙，他的馬刺踢出背信之聲，他的馬蹄發出雷鳴般的毀壞聲響。好公司逃亡好嗎？好公司在恐懼中顫抖好嗎？好公司成爲投機客的掠奪品好嗎？」另一頭在華爾街，李佛摩繼續買進小豬公司的股票。

桑德斯的購股行動很快見效：一九二三年一月底，他已將小豬公司的股價推高至六十美元上方，創出歷史新高。此時，芝加哥（小豬公司股票在這裡也有交易）傳來令空頭襲擊者更不安的消息：小豬公司股票遭到囤積，賣空者將必須向桑德斯求購，才能償還他們借入的股票。這項消息隨即遭到紐約證交所駁斥，該交易所宣稱小豬公司股票的浮動供給是充裕的。不過，這項消息可能使桑德斯心生一計，促使他於二月中做了一件奇怪和乍看之下高深莫測的事：他在另一則廣泛流傳的報紙廣告中表示，願以每股五十五美元的價格，向公眾出售五萬股小豬商店。該廣告令人信服地指出，該股每年配發股息四次，每次一美元，股息報酬率因此超過七%。接著，廣告沉著但迫切地指出：「這項提案不會長期有效，可以不經事先通知即撤回。這是少數幸運兒才能碰到的機會，一生難得一見。」

稍微熟悉現代經濟生活的人都會想知道，最後那兩句話如此「硬銷」，有責任確保所有金融廣告眞實、客觀和不帶情緒的美國證交會會怎麼說。不過，如果桑德斯這第一則售股廣告會令證交會審查員臉色蒼白，他四天後刊登的第二則廣告，則大有可能令審查員氣到中風。這幅整版的廣告，以巨大的黑體字寫出吶喊之聲：

機會！機會！

它在敲門！它在敲門！它在敲門！

你聽到了嗎？你聽見了嗎？你明白嗎？

你還在等待嗎？還是現在就行動？

是出現了一位新但以理（Daniel）*，身陷獅穴卻毫無損傷嗎？

是出現了一位新約瑟（Joseph）**，能幫我們輕易解開謎團嗎？

是有一位新摩西誕生在新的應許之地嗎？

多疑的人問道：那麼，為什麼克萊倫斯・桑德斯可以對大眾如此慷慨？

在終於澄清他是在賣股票而非「蛇油」（沒有實質療效的萬用藥物）之後，桑德斯重申他以每股五十五美元出售小豬公司股票的提案，並解釋說，他如此慷慨，是因爲身爲富有遠見的商人，他迫切希望小豬公司由其顧客和其他小投資人擁有，而不是落到華爾街大鱷的手上。但在許多人看來，桑德斯簡直是慷慨到愚蠢的程度，當時小豬公司在紐約證交所的股價接近七十美元，他似乎是在提供這樣的機會：任何人只要能夠拿出五十五美元，都可以無風險地賺得十五美元。這世上是否出現了一位新但以理、新約瑟或新摩西，我們可以爭論，但機會看來確實是在猛力敲門。

不過，懷疑者是對的，這當中確實暗藏玄機。桑德斯的售股提案看似不合商業常理，對他個人代價高昂，但這名玩囤積的絕對新手，其實發明了囤積這遊戲歷來最狡猾的招數。囤積的一大危險，向來在於囤積者即使打敗了對手，也可能發現自己只是慘勝。一旦囤積者榨乾了賣空者，他可能會發現自己所囤積的大量股票成了頸上重擔；如果他一下子將這些股票全部推到市場上，該股的價格將崩跌至接近於零。而如果他像桑德斯那樣，必須先大量借貸才能玩囤積，他的債權人料將圍住他，可能令他不但失去軋空帶來的獲利，還將被迫宣告破產。顯然，桑德斯早在囤積有望成功時，便已料到此一危險，因此策劃在勝利前便賣掉部分持股，而不是等待勝利後再脫手。但他必須防止他賣掉的股票馬上成爲浮動供給的一部分（因爲這會導致他的囤積計劃失敗），而他的方法是以分期付款的方式出售股票。他在二月的廣告中明確指出，公衆只能按下列方式，向他買進每股五十五美元的股票：馬上付款二十五美元，餘款分三次支付，於六月一日、九月一日和十二月一日各付十美元。遠比這點更重要的是，他表示，他只會在收到最後一期交割款後，才會將股票（股權證書）交給買方。由於買方在收到股票之前顯然無法賣出，這些股票便因此不會成爲浮動供給的一部分；如此一來，桑德斯一旦囤積成功，在十二月一日之前都可以榨乾賣空者。

事後看來，桑德斯的計謀或許不難看穿，但他這招在當年極不尋常，以致紐約證交所的理事和李佛摩都不確定這個孟菲斯人到底想做什麼。於是，證交所開始正式詢問此事，李佛摩也緊張起來，但他繼續替桑德斯買進小豬公司的股票，將該股的價格推到遠高於七十美元。在孟菲斯，桑德斯自在地休息；他暫停在廣告中宣傳小豬公司的股票，轉爲歌頌蘋果、

＊但以理表現優異，所以深受重用。但是，他遭到同事的忌妒、陷害，爲了堅守信仰的原則，違反不得向王以外的其他神明或人祈求的禁令。結果，但以理被扔進獅子坑中，但耶和華派使者封住獅口拯救，所以他在餓獅群中安然度過。最後，控告他的人反而被獅子咬死。

＊＊《聖經》人物，有解夢的能力。

葡萄柚、洋蔥、火腿和巴爾的摩女士蛋糕（Lady Baltimore cakes）。但在三月初，他又刊登了一則金融廣告，重申他的售股提案，並邀請想與他討論此事的讀者，到他的孟菲斯辦公室找他。他還強調，時間不多了，要買要快。

此時，桑德斯的囤積意圖已經顯而易見，在華爾街開始恐懼的人，並非只有賣空小豬公司股票的人。李佛摩可能因爲想起自己在一九〇八年，曾經因爲嘗試囤積棉花而損失近百萬美元，終於忍不住要求桑德斯到紐約，將事情說個清楚。桑德斯在三月十二日早上到達紐約，後來他向記者描述此次會面，說雙方意見分歧。他說，李佛摩「給我的印象，是他有點擔心我的財務狀況，而他不想捲入任何市場崩盤事件」；桑德斯的語氣就像一個剛剛令「作空少年」顯得膽小如鼠，自身充滿自信的人。此次會面的結果，是李佛摩退出小豬商店的股票操作，由桑德斯自己來處理。然後，桑德斯坐火車去芝加哥，處理那邊的一些事務。

在奧爾巴尼（Albany），桑德斯接到證交所一名會員的電報；此人是他在那些騎著白色戰馬、身穿鎖子甲的華爾街人當中，最像是朋友的一位。該電報指桑德斯的古怪行爲，令證交所的理事搖頭不已，並敦促他停止以遠低於證交所報價的價格，招攬公眾購買他手上的股票，因而製造出證交所以外的市場。結果，桑德斯在下一個火車站回了一封相當冷淡的電報，表示如果證交所是在擔心他囤積股票，他可以向各位理事保證絕無此事，因爲他本人一直在維持小豬公司股票的浮動供給，每天都在滿足市場人士借股票的需求，無論他們想借多少。但是，他並未說明他將繼續這麼做到什麼時候。

危機來襲

一週之後，也就是三月十九日週一，桑德斯刊登報紙廣告，表示他的售股提案即將撤回，這是最後的機會。他後來宣稱，當時他已經購入小豬公司股票共十九萬八八七二股；也就是說，該公司發行在外的二十萬股，只有一一二八股並非在他手上。他手上的股票，有些是他擁有的，有些則是他「控制」的——也就是他在分期方案中售出，但股權證書仍在他手上的股票。不過，他手上確切有多少股是可爭論的，例如羅德島普洛威頓斯（Providence）便有私人投資人一人持有一千一百股，但不可否認的是，小豬公司可供交易的股票，幾乎都已在桑德斯的手上，因此他的囤積計劃成功了。據說就在這一天，桑德斯致電李佛摩，問他是否已不再生氣，願意幫他完成他的小豬公司股票操作，要求之前向他借股票的人，歸還全部股票。李佛摩願意幫他收網，將賣空者一網打盡嗎？顯然，李佛摩認爲自己與此事再無關係，因此斷然拒絕了桑德斯。所以就在第二天，也就是三月二十日週二，桑德斯發出還券要求，自己收網。

這一天，華爾街市況震盪。小豬商店開盤報七五．五美元，較上日收盤升五．五美元。開盤後一個小時，證交所接到消息：桑德斯已要求歸還他借出的全部小豬公司股票。根據證交所的規定，在這種情況下，券主要求歸還的股票，必須在翌日下午兩點十五分之前交還。但是，一如桑德斯所知，小豬公司的股票都在他的手上——當然，還有少數股票在私人投資人手上——而狗急跳牆的賣空者爲了嘗試取得這些股票，不斷地提高他們的求購價格。但總的來說，因爲市場上可供買賣的小豬公司股票極少，該股實際上沒有多少成交。在紐約證交所的交易大廳，標示該股買賣處的柱子周圍就像暴亂現場，大廳裡三分之二的經紀商圍在這裡，只有少數人眞的開出求購價，其他人只是在推擠、喊叫和參與這個興奮場面。

陷入瘋狂的賣空者買進小豬公司股票的價格節節升高：先是九十美元，接著是一〇〇，然後是一一〇。不時傳出有人得到驚人獲利。當那名普洛威頓斯投資人在去年秋天，空頭猛烈襲擊小豬公司股票時，以每股三十九美元購入一千一百股；此時他來到紐約獲利了結，以平均每股一〇五美元出清他的持股，下午便帶著逾七萬美元的盈利，搭火車回家了。事後看來，如果他再等一會，還可以賺更多；到了中午左右，小豬公司的股價已漲至一二四美元，看來勢將衝破交易大廳高聳的屋頂，直飛上天。不過，一二四美元已是當日的最高價，因爲該股剛觸及這個價位，交易大廳便已收到傳聞——證交所理事正在開會，考慮暫停小豬公司股票的交易，同時延後賣空者還券的期限。如果他們眞的這麼做，賣空者將獲得更多時間，四處搜尋小豬公司的股票；如此一來，即使未能藉此打破桑德斯的囤積，也可以減輕其衝擊。單單因爲這個傳聞，小豬公司股價在收盤鐘聲結束這混亂的一天時，已跌至八十二美元。

結果，傳聞證實是眞的。當天收盤後，證交所管理委員會宣布小豬公司股票暫停交易，但賣空者還券的期限也延後：「直到本委員會另有決定。」該委員會並未正式解釋其決定，但部分委員私下表示，他們擔心若不打破此次囤積，北太平洋鐵路恐慌事件恐將重演。另一方面，一些直率的旁觀者則傾向相信，陷入囤積陷阱的賣空者處境可怕，證交所管理委員會可能是同情他們，因爲當中許多人據信是證交所的會員，就像兩年斯圖茲汽車囤積事件那樣。

儘管如此，人在孟菲斯的桑德斯，當天傍晚歡欣雀躍，畢竟當時他的帳面利潤高達數百萬美元。問題當然在於他無法實現這些盈利，但他似乎太晚才認識到這項事實；也可以說，因爲他太晚才認識到，他的處境其實已變得很不妙。種種跡象顯示，當天他臨睡前確信自己已親自嚴重擾亂他憎惡的證交所，在個人賺了一大票之餘，還示範了一名南方窮小子可以如何教訓一幫城市老千。這一切加起來，是一件令人陶醉的轟動大事，可惜一如多數此類事件，這種興奮持續不了多久。週三傍晚，桑德斯第一次就小豬危機公開發言時，心情已經改變，古怪地夾雜著不解和不服，已找不到多少昨日勝利帶來的自得之情。

他在接受媒體訪問時宣稱：「我會忽然無預警地拆掉華爾街和它那幫賭徒及市場操縱者的台，打個比喻來說，是因爲我覺得有把剃刀架在我的喉嚨上。問題只是我、我的生意和我朋友的財富能否保得住，還是我將被擊垮，然後被嘲笑是一個來自田納西州的笨蛋。結果是那些愛自誇和據稱無懈可擊的華爾街有力人士，會發現自己的那一套，被精心布置的計劃和快速的行動打敗了。」桑德斯在他的聲明結尾提出他的條款：儘管證交所已延後還券期限，他期望欠他股票的人在第二天（週四）下午三點之前，以每股一五〇美元的價格與他了結債務；錯過這次機會，他的價格將是二五〇美元。

華爾街版的南北戰爭

週四這一天，出乎桑德斯意料的是，只有很少賣空者前來結算所欠的股票——他們想必是無法忍受拖下去的風險。然後是證交所管理委員會拆桑德斯的台：該委員會宣布，小豬公司的股票從紐約證交所永久下市，而賣空者還券的期限延長整整五天，也就是延到下週一下午兩點十五分。桑德斯這次雖然遠在孟菲斯，但不會再忽略事態的重要性了，因爲他現在陷入劣勢。他也看到，延後賣空者的還券期限是關鍵議題。那天傍晚，他在交給記者的聲明中表示：「根據我的理解，經紀商若在規定時限內，未能滿足證交所的結算要求，情況有如銀行未能滿足其結算要求，而我們都知道這種銀行的下場……銀行監理官將在該銀行大門貼上『結束營業』的標示。對我來說，威嚴和全能的紐約證交所不履行義務是不可思議的事。因此，我仍然相信，外界欠我的股票，將在適當基礎上結算。」《孟菲斯商業訴求報》（*Memphis Commercial Appeal*）的一篇社論，支持桑德斯對證交所的背信指責，內文寫道：「事情看來就像賭徒所說的賭輸不認帳。我們希望我們的同鄉徹底打敗他們。」

湊巧的是，小豬商店就在週四這天公布年度財報，該公司的業績非常好：營業額、盈利、流動資產和所有其他重要數字全都顯著優於上年。但是，完全沒有人注意這份財報，因為這家公司的真正價值暫時無關緊要，關鍵在囤積事件上。

週五早上，小豬公司的股價泡沫破滅了。原因是桑德斯雖然之前宣稱，在週四下午三點之後，他的結算價將調高至二五〇美元，但他現在又驚人地宣布：他接受欠券者以每股一百美元與他結算。有人問桑德斯的紐約律師布拉福（E. W. Bradford），桑德斯為何會忽然做出如此巨大的讓步。布拉福勇敢答道：桑德斯這麼做，是出於他內心的慷慨。但事實很快顯示，桑德斯讓步是迫不得已。證交所延後還券期限，使得賣空者和他們的經紀商，有機會根據小豬公司的股東名冊，仔細尋找未落入桑德斯手上的股票，而他們真的找到了少量此類股票。

由於阿布奎基市（Albuquerque）和蘇城（Sioux City）的孤兒寡婦，完全不知道什麼是賣空和囤積，所以當有人上門求購時，他們非常樂於找出藏在床墊下或保險櫃中的十股或二十股小豬公司股票，以購入價的至少雙倍價格賣出。小豬公司的股票已自證交所下市，所以這種買賣是所謂的場外交易，當許多賣空者得以藉由場外交易，以每股約一百美元的價格買進小豬商店的股票，他們心裡多少帶著苦澀的快感，因為他們可以將這些當時完全不想再碰的股票還給他們的孟菲斯敵人，不必按照每股二五〇美元的條件了結股票債務。到了週五傍晚，或是透過場外交易購股還券，或是以桑德斯忽然大幅調降的每股一百美元了結，幾乎所有的賣空者都已還清他們所欠的股票。

那天傍晚，桑德斯再發出一份聲明，雖然他仍不服氣，但這份聲明無疑是在大聲申訴他的痛苦。聲明寫道：「華爾街遭受痛擊，於是呼喊『媽媽』。紐約證交所擁有巨大權力去毀滅膽敢反對它的人，這點在美國所有機構中是最惡劣的。這個機構不受法律約束……這群人認為自己有權做一件從不曾有君主或獨裁者敢做的事：制定契約的執行規則，原本今天明明還適用，但明天為了袒護一群賭輸不認帳的人，就忽然廢除規則。……從今天起，我餘生的目標，是致力保護公衆免受這種任意行使的權力危害。……我不害怕。華爾街人有本事就捉住我吧！」但看來華爾街人已然捉住他，因為他的囤積被打破了，他對南部一群銀行家欠下巨款，而且他手上盡是短期前景十分危險的一大堆股票。

華爾街也注意到桑德斯的嚴厲指責，紐約證交所覺得有必要替自己辯解。三月二十六日週一，在小豬公司股票賣空者的還券期限過去不久，而桑德斯囤積事件實質上已成歷史之後，紐約證交所公布一份完整檢視小豬危機的長篇報告，作為它的書面辯解。證交所提出理據時，強調如果不打破桑德斯的囤積，公衆可能會受到嚴重危害：「同時執行所有的還券契約，將迫使該股價格升至桑德斯先生設定的任何水準。如果市場競購供給嚴重不足的股票，可能會產生先前囤積事件造成的情況，尤其是一九〇一年的北太平洋鐵路事件。」然後，這份聲明的語調轉爲誠懇，證交所接著表示：「這種情況所造成的沮喪效應，並非僅限於受契約直接影響的人，還會波及整個市場。」至於證交所的兩項具體措施——暫停小豬商店的股票交易，以及延長賣空者的還券期限，當局表示，兩者皆是證交所的章程和規則所允許的，因此無可指責。放在今天，這項說法或許顯得傲慢，但紐約證交所當時這麼說有它的理由：當年的股票交易，基本上只受證交所的規則規管。

即使根據他們自訂的規則，紐約的城市滑頭在這場囤積遊戲中，是否公平對待那個南方笨蛋，至今仍是金融史研究者爭論的問題。種種跡象強烈顯示，城市滑頭後來對自己也有懷疑。紐約證交所有權暫停一檔股票的交易，這是無可質疑的，因爲一如證交所當時宣稱，這是證交所章程明確賦予它的權力。另一方面，證交所當時雖然也宣稱，它有權延長賣空者履行還券義務的期限，但它是否眞的有權這麼做，卻是可質疑的。一九二五年六月，在桑德斯囤積事件兩年之後，紐約證交所顯然覺得有必要修改章程，於是在章程中加入下列條款：「管理委員會如果認爲證交所掛牌的一檔證券已出現囤積的情況……管理委員會可以延遲該證券交易契約之履行。」事後訂定規則授權自己做一件老早就做過的事，由此看來，紐約證交所對自己之前的作爲，至少是感到心虛的。

熱情支持的南部鄉親

小豬危機的即時效應，是很多人同情桑德斯。在美國內陸地區，民衆視他爲弱勢者的英勇戰士，但被有權有勢者無情地壓垮了。即使在證交所所在地紐約市，《紐約時報》也在社論中承認，在許多人的心目中，桑德斯有如屠龍英雄聖喬治（Saint George），而紐約證交所則是惡龍。該報表示，惡龍最終勝利：「對這個至少三分之二國民是『笨人』的國家是壞消息；這些國民看到一個笨人衝擊華爾街的利益，一腳踩在華爾街的脖子上，眼見邪惡的操縱者奄奄一息時，一度覺得自己要勝利了。」

當然，桑德斯也不會忽略這一大批同爲笨人的支持者，他致力設法利用這股力量。而且，他眞的需要他們，因爲他的處境實在危險。他最大的問題是，如何處理他欠銀行業者的一千萬美元；他現在可是拿不出錢來還這筆債，因爲此次他囤積的基本計劃（如果他有計劃的話），應該是藉著壓榨空頭賺得暴利，然後加上他向公衆出售股票的所得，在還清銀行貸款之餘，還可以乾淨俐落地持有大量小豬商店的股票。雖然以多數人的標準，他把給賣空者的結算價大幅調降至一百美元，已經賺了一大票（確切數額並不清楚，但可靠估計約爲五十萬美元左右），但這筆錢遠遠低於桑德斯的期望，他的整項計劃因此有如一道少了頂部拱心石的拱門。

桑德斯將他從賣空者那邊收到以及向公眾售股的所得交給銀行業者後，發現自己仍欠他們約五百萬美元，當中有一半必須在一九二三年九月一日償還，餘款則必須在一九二四年一月一日還清。他最有希望成功的籌資方法，是賣掉一部分手上持有的大量小豬公司股票，但由於他已經不能在證交所賣股票，所以他訴諸他喜歡的自我表達方式——報紙廣告，再度以每股五十五美元的價格，向公眾推銷小豬公司的股票。不幸的是，他很快便看清一項事實：公眾同情你是一回事，要他們把這種同情轉化爲對你的現金支持則是另一回事。無論是在紐約、孟菲斯，還是特克薩卡納（Texarkana），人人都知道小豬商店最近出現過股票投機衍生的險惡局面，而且該公司總裁的財務狀況相當可疑，所以現在連桑德斯的那些笨人支持者也不願意與他交易了。結果，桑德斯這次售股計劃慘澹收場。

桑德斯無奈接受此一事實，決定另闢蹊徑，訴諸孟菲斯鄉親的地方榮譽感，利用他出色的遊說能力，使他們相信他的財務困境是一個公民議題。他說，如果他破產，不僅會損害孟菲斯的名聲，令人以爲孟菲斯人沒有商業頭腦，還會令整個南部沒面子。他登了多則大篇幅的廣告——他總是能找到錢付廣告費——其中一則寫道：「我不求施捨，也不求有人送花到我的財務喪禮，但我確實希望……孟菲斯所有人皆能夠認識到，這是一項認眞的聲明，用意是告訴那些希望在此事提供協助的人，可以和我、其他朋友及相信我的生意的人合作，來參與這場孟菲斯運動，使這座城市中每個力所能及的人，都成爲小豬商店的生意夥伴，因爲首先它是一項良好的投資，而且這是一件正確的事。」他在第二則廣告中將此事講得更爲崇高，宣稱「小豬商店遭毀滅，將是整個南部的恥辱。」

我們很難知道到底是哪項論點發揮了關鍵作用，使孟菲斯人相信他們應當拯救桑德斯，但總之他的某些說法奏效，《孟菲斯商業訴求報》很快便敦促市民支持桑德斯這位陷入困境的鄉親。該市商界領袖的反應，令桑德斯大受鼓舞。他們策劃了旋風式的三天活動，目的是向孟菲斯市民出售五萬股小豬公司股票，價格仍是那個神奇的數字：每股五十五美元。爲了確保買家不會成爲冒險認購的少數人，桑德斯保證將在三天內賣出整批股票，否則取消全部交易。

不僅孟菲斯商會贊助這項活動，美國退伍軍人協會（American Legion）、西維坦俱樂部（Civitan Club）和國家交流俱樂部（National Exchange Club）也都支持，甚至連小豬商店在孟菲斯的競爭對手鮑爾斯商店（Bowers Stores）和艾羅商店（Arrow Stores），也同意幫忙宣傳這件值得做的事。數百名富公民意識的志工加入活動，挨家挨戶推銷。五月三日，也就是三天售股期開始前五天，兩百五十名孟菲斯商人聚集在蓋爾索飯店（Gayoso Hotel），舉行這項活動的揭幕晚宴。桑德斯與妻子進入宴會廳時，現場響起歡呼聲。當天餐後有多人演講，其中一人說桑德斯「對孟菲斯的貢獻，千年來無人能比」——這驚人的讚美，不知將多少位契卡索（Chickasaw）印地安酋長置於何地。《孟菲斯商業訴求報》一名記者這麼描述這場晚宴：「生意上的競爭和個人間的分歧，有如霧氣遇上太陽，消失無蹤。」

這場售股活動的開局也令人十分讚嘆，在五月八日活動開始這一天，社交界女士與童軍在孟菲斯街上遊行，身上的徽章寫著「我們百分之百支持克萊倫斯・桑德斯和小豬商店。」商戶在櫥窗上貼出海報，上面寫著「家家都買一股小豬商店」的口號。電話和門鈴聲響個不停，五萬股小豬商店的股票，很快就有二萬三六九八股獲得認購。多數孟菲斯人非常神奇地相信了一件事：幫忙推銷小豬公司的股票，就像幫紅十字會和公益金籌款那麼振奮人心。

救援行動慘遭滑鐵盧

不過，正是在這個時候，令人厭惡的疑慮醞釀成熟，一些「惡毒」的人突然要求桑德斯讓人當場查他公司的帳。不知出於什麼原因，桑德斯拒絕了查帳要求；但爲了安撫懷疑者，他表示如果「有助售股行動」，他願意辭去小豬公司總裁一職。沒有人要求桑德斯辭職，但在售股活動的第二天，也就是五月九日，小豬公司董事會任命了一個四人的監督委員會，由三名銀行業者和一名商人組成，在事態穩定下來之前，暫時幫助桑德斯管理公司。就在這一天，桑德斯遇到另一件尷尬的事：這項售股活動的領袖們質疑，在整個城市義務替他效力之際，爲什麼他還在打造那座耗資數百萬美元的粉紅華邸？桑德斯倉促回答，表示他的豪宅第二天馬上全面停工，而且在他的財務前景恢復樂觀之前，不會復工。

這兩件事引發的疑慮，令售股活動停滯不前。在第三天結束時，認購的股數仍然不足兩萬五千股，所有交易因此宣告取消。桑德斯被迫承認售股失敗，據說當時他說了這句話：「孟菲斯慘敗了。」不過數年後，當他再次需要在孟菲斯籌資開創新事業時，曾竭力否認自己說過這句話。如果他真的說過這種魯莽的話，那是不足爲奇的，因爲他當時顯然承受著極大的精神壓力。就在宣布售股活動無奈失敗之前，他與數名孟菲斯商界領袖閉門會面，結束時他臉頰瘀青，衣領遭撕裂。與他會面的人，則完全不見有受到暴力對待的跡象，這眞是桑德斯倒霉的一天。

雖然外界從未能證實桑德斯在囤積操作的期間，曾經盜取小豬公司的資金，他在售股活動失敗後的第一項商業舉措，顯示他拒絕外界當場查小豬公司的帳，是大有理由的。在監督委員會的反對下，桑德斯開始出售一些小豬公司的商店，這等於是清算公司的一部分，而且沒有人知道他將在何時停止。首先是芝加哥的店被賣掉，不久後是丹佛和堪薩斯城的。桑德斯的公開說法是公司需要資金，以便買進遭公衆唾棄的股票。但是，小豬公司當時是否眞的那麼迫切需要資金是有疑問的——是否需要買回自家股票也有疑問。桑德斯在六月時還高興地說：「我已經打敗華爾街和他們整幫人」，但是到了八月中，償還兩百五十萬美元的期限（九月一日）已經迫在眉睫，而他手上和可望取得的現金仍然遠遠不足，因而他決定辭去小豬公司總裁一職，將自己的財產交給債權人——包括他持有的小豬公司股票、他的粉紅華邸，以及所有其他財產。

桑德斯個人和他管理的小豬公司失敗，此時只待一項正式結論。八月二十二日，紐約拍賣行亞德里安．穆勒父子（Adrian H. Muller & Son）以每股一美元的價格——沉到谷底的股票通常是賣這個價——賣出一千五百股小豬公司的股票。該拍賣行因爲經手許多此類接近不值分文的股票，其拍賣室有「證券墳場」之稱。翌年春天，桑德斯經歷正式的破產程序，不過這些事只是反高潮。桑德斯事業上的眞正谷底，很可能是他被迫辭去小豬公司總裁那天，在他的許多仰慕者看來，他正是在那天達到他修辭上的顚峰。那天，他在開完董事會議後會見記者，神情苦惱但仍有傲氣，在宣布辭職後現場一陣靜默，然後他以嘶啞的聲音說道：「他們得到小豬的身體，但得不到它的靈魂。」

打不倒的傳奇人物

如果桑德斯說的小豬公司靈魂是指他本人，那麼這個靈魂確實仍是自由的，可以自由地走他飄忽不定的路。他從不曾再冒險嘗試囤積，但也絲毫不消沉。雖然已正式破產，桑德斯還是能找到眞正信任他、願意資助他的人；他們使他得以繼續過很好的生活，只是略微不如以前奢華。他失去了自己的高爾夫球場，只能去孟菲斯鄉村俱樂部（Memphis Country Club）打球，但他打賞桿弟的小費，仍被俱樂部理事視爲非常過分。他確實不再擁有粉紅華邸，但能夠令他的鄉親想起他的惡運的，幾乎也只有這件事。他那未完工的圓頂娛樂場，最終落在孟菲斯市政府手上，當局撥款十五萬美元，將它建成一座自然史與工藝博物館，這棟建築使桑德斯的傳奇故事在孟菲斯流傳下去。

事業失敗之後，桑德斯在接下來的三年間，主要是嘗試替自己在小豬事件中所受的委屈討回公道，同時阻止他的敵人和債權人令他的日子變得更難過。有一段時間，他不斷威脅要控告紐約證交所共謀和違約罪，但在一些小豬公司小股東提出的試驗性訴訟失敗後，他打消了這個念頭。然後在一九二六年一月，他聽到聯邦政府即將起訴他在向公眾推銷小豬公司股票時犯了郵件詐欺罪。他誤以爲是孟菲斯同鄉約翰．伯奇（John C. Burch）慫恿政府起訴他；伯奇在小豬商店人員大改組之後，成了公司的財務主管。桑德斯再次失去耐性，前往小豬公司總部與伯奇對質。對桑德斯來說，此次會面的結果，遠優於他在向孟菲斯市民宣布售股失敗那天與數名商界領袖的會面。桑德斯說，伯奇「結結巴巴地否認」指控，而桑德斯一記右拳打中他的下巴，將他的眼鏡打飛，不過並未造成多少其他損傷。伯奇事後將桑德斯那記右拳貶爲「輕輕一擦」，而且加了一句話替自己辯解，聽起來像是一名在比賽中失分的拳擊手：「那次攻擊來得非常突然，以致我沒有時間或機會去打桑德斯先生。」但他拒絕控告桑德斯。

大約一個月之後，政府起訴桑德斯郵件詐欺，但此時桑德斯已確信伯奇並未做過任何骯髒事，因此他又回到和藹的老模樣。他愉快地表示：「在這個新事件中，我唯一的遺憾，就是打了約翰．伯奇一拳。」這個新事件很快了結，孟菲斯地方法院於四月撤銷對桑德斯的起訴。桑德斯與小豬公司終於兩不相欠，此時該公司已蓄勢待起，在經過大改革的企業架構下，生意一直興旺至一九六〇年代。總部設在佛羅里達州傑克遜維爾市（Jacksonville）的小豬公司，藉由特許經營協議，授權數百家商店以小豬商店的名義經營；家庭主婦繼續在這些商店的通道間閒逛購物。

桑德斯也已準備好東山再起。一九二八年，他創辦了另一家食品雜貨連鎖公司，命名爲「克萊倫斯．桑德斯（我名字的唯一主人）商店公司」（Clarence Saunders, Sole Owner of My Name, Stores, Inc.）——也只有他才會取這樣的公司名。不久後，人們將該公司的門市稱爲「唯一主人商店」。但事實上，這些店恰恰並非只有一名主人，因爲若不是獲得忠實金主的支持，它們只能存在桑德斯的構想中。不過，桑德斯以「唯一主人」來命名公司，並非有意誤導公眾；他只是以諷刺的方式提醒世人，在他被華爾街徹底擊潰之後，他眞正完全擁有的，幾乎只剩下他的名字了。然而，有多少唯一主人商店的顧客或證交所理事理解到這點，則大有疑問。無論如何，這些新商店很快就受到市場歡迎，業績非常好，讓桑德斯從破產回到富裕狀態，在孟菲斯城外買了一座價值數百萬美元的莊園。此外，他還組織並資助一支職業美式足球隊，名爲「唯一主人老虎隊」（Sole Owner Tigers）。這項投資在秋日午後帶給他很大的滿足，他可以聽到「啦！啦！啦！唯一主人！唯一主人！唯一主人！」的歡呼聲響徹整個孟菲斯體育場。

可惜的是，桑德斯的光輝歲月又一次匆匆結束。一九二九年經濟大蕭條一開始，唯一主人商店便受重創；一九三〇年公司破產，桑德斯再一次一文不名。不過，他再度振作起來，度過了這場災難。他找到金主創辦另一家食品雜貨連鎖公司，而他替公司取的名字比之前兩家公司更古怪，叫做「奇度索」（Keedoozle）。但他不曾再次發財，也不曾再買一座價值數百萬美元的莊園，雖然他顯然總是期望自己能夠做到。他將希望寄託在奇度索上，這家商店的概念是利用電動機器，提供全自動的零售服務。桑德斯生命的最後二十年，大部分時間都花在致力於完善這種業務模式上。在一家奇度索商店，商品展示在玻璃板的後面，每個櫃前有一台機器，就像以自動販賣機提供食物的快餐店那樣。但是，兩者的相似處僅此而已，奇度索的顧客並不是投幣後打開櫃門取出商品，而是插入他們進店時取得的一把鑰匙。桑德斯的設計遠遠超越用鑰匙打開櫃門的基礎程度，在奇度索的鑰匙插入機器後，顧客選擇什麼商品會記錄在鑰匙內置的磁帶上，而商品會自動經由輸送帶送到商店出口處。等顧客完成購物後，將鑰匙交給出口處的店員，他會讀取鑰匙磁帶上的資料，替顧客結帳。待顧客付款後，輸送帶末端的一個裝置，便會將已封裝好的商品送到顧客手上。

桑德斯試開了兩家奇度索商店，一家在孟菲斯，另一家在芝加哥。但實驗證明，奇度索的機器太複雜、太昂貴了，無法與超市的手推車競爭。不過，桑德斯並未氣餒，他還著手研究另一種更複雜、精巧的系統——富德伊雷翠克（Foodelectric），它除了具備奇度索系統的所有功能外，還能算出顧客該付的金額。但這套系統從不曾衝擊零售商店設備市場，因爲桑德斯於一九五三年十月逝世時，它仍未研發成功。如果桑德斯再活五年，他將能看到布魯斯公司的「囤積」事件；果眞如此，他完全有資格嘲笑那只是小蝦米之間的小打小鬧。

9 華府高官的第二人生

商人大衛·李蓮道

小羅斯福擔任美國總統期間，華爾街與華府的關係相對緊張，當時在華爾街眼中，最能代表總統「新政」的，除了小羅斯福本人之外，可能就是大衛·埃利·李蓮道（David Eli Lilienthal）了。曼哈頓南端對李蓮道有此看法，並非因爲他有什麼具體的反華爾街行爲；事實上，曾與李蓮道有私人交往的若干金融業人士，包括溫道·威爾基（Wendell L. Willkie），普遍覺得他是那種通情達理的人。華爾街認爲李蓮道是新政代表人物，是因爲他與田納西河谷管理局（Tennessee Valley Authority, TVA）關係密切，田納西河谷管理局是聯邦政府擁有的電力事業，規模遠大於美國所有民營電力公司，體現了華爾街眼中「奔騰的社會主義」（galloping Socialism）。一九三三年至一九四一年間，李蓮道是田納西河谷管理局三人董事會的一員，非常活躍且引人注目；一九四一年至一九四六年間，他還是田納西河谷管理局的董事長，當時商界認爲他「頭上有角」——引述李蓮道的話。一九四六年，他成爲美國原子能委員會（United States Atomic Energy Commission）首任主席，到他一九五〇年二月五十歲卸任主席時，《紐約時報》在一則新聞報導中說，他「可能是二戰結束以來，華府最富爭議的人物。」

李蓮道離開政府之後在忙些什麼？公開的資料顯示，他忙的事意外地全都圍繞著華爾街或私人企業。舉例來說，打開許多企業手冊，你都能找到李蓮道是開發資源公司（Development & Resources Corporation）共同創辦人暨董事長的資料。數年前，我致電開發資源公司的辦公室，它當時位於紐約市百老匯街五〇號，我發現它是一家私人公司，背後有華爾街的支持——它離華爾街只有一個街區左右，所以也可以說是以華爾街爲基地。開發資源公司的主要業務，是爲海外的自然資源開發計劃提供管理、技術、業務與規劃服務；也就是說，它的主要業務就是幫助各國政府建立類似田納西河谷管理局的開發項目，而該公司的另一位創辦人，已故的戈登·克拉普（Gordon R. Clapp），正是接替李蓮道出任田納西河谷管理局董事長的人。

我發現，開發資源公司自一九五五年成立以來，盈利普通但經營者自覺滿意，經手的業務包括替伊朗政府初步規劃與管理西部貧瘠、貧窮，但油藏豐富的胡齊斯坦（Khuzistan）地區大型開發項目；爲義大利政府提供有關南部落後地區的發展建議；幫助哥倫比亞共和國設立一家類似田納西河谷管理局的機構，發展該國肥沃但受洪災困擾的考卡河谷（Cauca Valley）；以及爲迦納提供供水建議，爲象牙海岸提供礦業發展建議，爲波多黎各提供電力和原子能方面的建議。

李蓮道作爲一個企業管理者和創業家，實實在在地發了財——相對於開發資源公司的事，我發現這項事實時驚訝得多。我發現，美國礦產與化學公司（Minerals & Chemicals Corporation of America）一九六〇年六月二十四日提交的委託書顯示，李蓮道是該公司董事，持有該公司四萬一三六六股普通股。在我研究李蓮道時，該公司在紐約證交所的股價超過二十五美元；簡單算算就知道，李蓮道這些持股對多數人來說是一筆巨大的財富，那些大半生擔任公職、不曾在民間部門賺大錢的人，肯定也會認爲這是一筆很大的財富。

另一方面，李蓮道也是一位作家，哈潑兄弟公司（Harper & Brothers）於一九五三年出版了他的第三本書《大企業：新時代》（*Big Business: A New Era*）。〔他之前的兩本著作爲《田納西河谷管理局：行進中的民主》（*T.V.A.: Democracy on the March*）和《我所相信的事》（*This I Do Believe*），分別於一九四四年和一九四九年出版。〕在《大企業》中，李蓮道提出的觀點包括：產業的巨大規模不僅攸關美國在生產和分配上的優勢，對國家安全也至關緊要；美國如今已有足夠的公共防衛機制對付大企業的弊端，必要時也知道如何改造大企業；大公司並非如許多人所想，傾向摧毀小企業，反而是傾向促進小企業的發展；大企業社會並非如多數知識分子所想，會妨礙個體獨立自主，反而因爲它能減少貧窮和疾病、促進人身安全，以及提供更多休閒和旅行機會，因此有利於個體獨立自主。簡言之，《大企業》記錄了一名老「新政人」

的刺激言論。

李蓮道的公職生涯，是我作為一名報紙讀者，相當密切注意的。我對李蓮道作為一名官員的興趣，於一九四七年二月達到頂點。當時，他在國會就他出任原子能委員會主席的人事任命聽證會上，遭受他的宿敵、田納西州參議員肯尼斯．麥凱勒（Kenneth D. McKellar）猛烈攻擊，他在回應時即席陳述了個人的民主信仰，許多人至今仍認為他這番話，是對後來人稱「麥卡錫主義」（McCarthyism）、指控「莫須有」罪名最激勵人心的攻擊之一。（李蓮道當時的陳述包括下列幾句：「相信個人優先、相信所有人都是神的兒女，並因此相信他們的人格是神聖的，這種核心信仰是民主制度的幾項原則之一。這項原則深刻相信公民自由，也相信必須保護公民自由，並厭惡任何人藉由誣陷、諷刺或影射，毀壞一個人最寶貴的好名聲。」）我片段了解到的有關李蓮道新私人事業的零星資料，著實令我感到困惑。出於想了解華爾街與企業生活如何影響李蓮道，而他又如何影響這兩者，以及最後遲來的良好發展，所以我聯繫他，並在一、兩天之後，應他的邀請開車前往紐澤西，與他共度了一個下午。

卸任公職後的生活

李蓮道與太太海倫．蘭姆．李蓮道（Helen Lamb Lilienthal）住在普林斯頓的碧托路（Battle Road），他們在一九五七年搬到這裡，之前在紐約市住了六年，先是住在曼哈頓比克曼區

（Beekman Place）一棟房子，然後搬到薩頓區（Sutton Place）一間公寓。他們這棟位於普林斯頓的房子，座落於一塊不到一英畝的土地上，外牆是喬治式磚塊，裝有綠色百葉窗。這棟房子的周圍都是類似的建築，它相當寬敞，但毫不做作。李蓮道穿著灰色寬鬆長褲和格紋運動襯衫，在前門迎接我。他剛過六十歲，是一名髮線後移、儀表整潔的高個男性，目光銳利，給人坦率和硬朗的感覺。他帶我到客廳，介紹我認識他太太，然後帶我看他家裡的一些珍藏。壁爐前面是一張頗大的東方地毯（他說是伊朗國王送他的），壁爐對面的牆上掛著一幅十九世紀末的中國畫卷，上面畫了四個看似相當詭詐的男人。他說這幅畫對他有特殊意義，因爲畫中人物是中高階官員，他指著畫中神情特別費解的傢伙，微笑著說，他一直認爲這個人是他的「東方版本」。

李蓮道太太去替我們倒咖啡，在她離開時，我請李蓮道談談他離開政府後的生活，從頭講起。他說：「沒問題。從頭說起：我離開原子能委員會，是有幾個原因。我覺得那種工作很消耗人。如果你留在那裡太久，你可能會發現自己是在討好產業界或軍方，或是同時討好這兩者。你會發現自己是在參與一種原子能『分豬肉』的遊戲。另一件事是，我希望自己能夠暢所欲言，不像當官時受到很大的限制。我覺得自己的公職生涯應該要告一段落了，所以我在一九四九年十一月遞上辭呈，三個月後正式離任。至於選擇在那時候辭職，是因爲那時候我並未受到攻擊。原本我是想在一九四九年初辭職，但那時遇到國會對我的最後一次攻擊，那次是愛荷華州參議員柏克．希肯盧珀（Bourke B. Hickenlooper）指責我出現『不可思議的管理不當。』」

我注意到李蓮道談到希肯盧珀時，臉上沒有微笑。他繼續說：「我離開政府時雖然感到不安，但也鬆了一口氣。不安是擔心自己的謀生能力，這是非常現實的問題。喔，對了！我年輕時是芝加哥一名執業律師，賺了不少錢，然後才加入政府。不過，我現在不想當律師了，但我也有點擔心，不確定自己還能做什麼。我一直擔心這件事，一再與人討論，結果我太太和朋友開始開我玩笑。一九四九年聖誕節，我太太送了我一個乞丐錫杯，有個朋友則送了我一把吉他，好讓我可以去賣唱。至於離開政府時鬆了一口氣的感覺，則是因為我個人獲得更多隱私和自由。身為一名不擔任公職的國民，我不必像在原子能委員會那樣，總是有一群保安人員跟在身旁，也不必回應國會委員會對我的指控。最重要的是，我可以再度自由地和太太交談。」

在李蓮道講話的期間，他太太回到了客廳，坐下來陪我們。我知道她來自一個拓荒者家族，族人數代之間從新英格蘭地區西遷到俄亥俄、印地安納，然後是她的出生地奧克拉荷馬。她看起來是一位高尚、有耐性、務實且溫和的女性。她說：「我可以跟你說，我先生辭職也令我鬆了一口氣。他去原子能委員會之前，我們經常討論他工作上的一切。他做了那份工作之後，我們彼此約定，我們可以自由地談論人物，但是有關他的工作，我在報紙上看不到的東西，他絕對不能告訴我。遵守這項約定是很可怕的事。」

李蓮道點點頭說：「有時，我會帶著一些非常不快的感覺回家。任何人接觸過原子能，都會從此變得不一樣。或許是因爲我參加過許多會議，聽過許多軍方人士和科學家的話，他們會將人口衆多的城市稱爲『目標』，諸如此類的。我一直不習慣那種全無人味的術語，雖然我回家時心裡很不舒服，但又不能跟海倫講。我被禁止排解這種鬱悶。」

李蓮道太太說：「現在不會再有聽證會了。那些聽證會好恐怖！我永遠不會忘記我們在華府去過的一個酒會，那次眞是自討苦吃。當時我先生正在應付一連串沒完沒了的國會聽證會，有位頭戴古怪帽子的女士對著他講個不停，大概是這樣的話：『啊，李蓮道先生，我好渴望參加你的聽證會，但我有事去不了。眞抱歉。我好喜歡聽證會，你也是吧？』」

夫妻倆互看對方，這次李蓮道勉強露出苦笑。

李蓮道對接下來發生的事似乎很高興，他說大約在他的辭職生效時，哈佛大學歷史、公共行政和法律方面的人接觸過他，希望他去哈佛教書。但他不想當一名教授，就像他不想再當律師一樣。接下來幾週，紐約和華府許多律師事務所和一些工業公司向他發出了聘書，所以他知道自己將不需要用到那只錫杯與那把吉他。在他審愼考慮過所有聘書之後，全部婉拒，最後在一九五〇年五月，去著名的投資銀行瑞德集團（Lazard Frères & Co.）當兼職顧問。瑞德集團的資深合夥人是安德烈・梅耶（André Meyer），李蓮道透過共同朋友艾伯特・拉斯克（Albert Lasker）認識他。瑞德在它位於華爾街四十四號的總部，爲李蓮道提供了一間辦公室。但他在全力投入顧問工作之前，展開了一趟美國巡迴演講之旅，並在夏季期間攜同太太，替當時已停刊的《科利爾》（*Collier's*）雜誌前往歐洲。

不過，這趟歐洲旅程並未產生任何文章。秋天回到美國後，李蓮道發現自己有必要恢復全職工作賺錢。於是，他替多家公司提供顧問服務，包括開利公司（Carrier Corporation）和美國無線電公司。他爲開利提供解決管理問題的意見，至於美國無線電公司，他則是研究彩色電視的問題，最後建議客戶專注於技術研究而非專利訴訟。此外，他也協助說服美國無線電公司積極推動電腦計劃，而且不要沾手原子反應爐建造業務。一九五一年年初，他再度替《科利爾》雜誌外訪，這次是去印度、巴基斯坦、泰國和日本。這趟行程產生了一篇文章，發表在當年八月的《科利爾》上。李蓮道在文中針對印度與巴基斯坦就喀什米爾和印度河源頭的爭端，提出了一項解決方案。他的構想是兩國藉由一項合作計劃來發展印度河流域的經濟，以改善整個爭議區的生活條件，藉此緩和兩國之間的緊張關係。九年之後，主要在尤金·布萊克（Eugene R. Black）和世界銀行（World Bank）財務與道義的支持下，李蓮道的方案基本上獲得採用，印巴兩國簽訂了一項條約。但李蓮道的這篇文章起初普遍不受重視，他陷入短暫的困境，對偉大的國際事業大感幻滅，於是再度回歸比較卑微的私人業務。

從短暫困境成爲產業大亨

李蓮道說到這裡時，門鈴響起。女主人去應門，我聽到她顯然是在與一名園丁講話，在談修剪玫瑰的事。李蓮道有點焦躁地聽了一、兩分鐘之後，向他太太喊道：「海倫，請告訴多米尼克，玫瑰要比去年多剪一些！」女主人與多米尼克走到戶外，李蓮道說：「我總覺得多米尼克修剪玫瑰時太輕了。這是我們背景差異的問題：義大利與美國中西部的差異。」然後他回到原本的話題，說他與瑞德公司，更具體講，是與安德烈・梅耶的關係，使他與一家名爲礦物分離北美公司（Minerals Separation North American Corporation）的小企業結緣。李蓮道先是當該公司的顧問，然後加入其管理階層，而瑞德在這家公司有大筆股權。正是在這家公司，李蓮道意外地賺得他的財富。當時該公司正陷於困境，梅耶覺得李蓮道或許能替它做一些事。隨後經由一連串的併購和其他操作，該公司數度易名，依次改爲阿塔波格斯礦產與化學公司（Attapulgus Minerals & Chemicals Corporation）、美國礦產與化學公司，然後在一九六〇年更名爲菲利普礦產與化學公司（Minerals & Chemicals Philipp Corporation）。在此期間，該公司的年營收從一九五二年的約七十五萬美元，大幅成長至一九六〇年的兩億七千四百萬美元。對李蓮道來說，接受梅耶的委託加入這家公司，是開始了一段爲期四年、埋頭處理企業管理日常問題的日子。他毅然表示，這段時間是他人生中最豐富的經歷之一，而且絕非只是因爲賺大錢而已。

有關李蓮道經歷背後的企業事實，我是靠他在普林斯頓告訴我的資料、隨後研究該公司的部分公開文件，以及訪問對該公司有興趣的人建構起來的。礦物分離北美公司於一九一六年成立，是一家英國公司的分支。它是一家仰賴專利權利金的公司，主要收入來自銅和其他有色金屬提煉過程中使用的某些專利技術。該公司的活動可以分為兩部分：嘗試藉由研發產生新專利，以及為使用該公司既有專利的採礦和製造業者提供技術服務。到一九五〇年，雖然它每年仍有不錯的盈利，但公司前景堪憂。當時長期擔任公司總裁的賽斯・桂格里博士（Seth Gregory）已年逾九十，但仍鐵腕控制公司，每天乘坐一輛豪華的紫色勞斯萊斯，從市中心的飯店公寓到他位於百老匯大道十一號的辦公室上班。

在桂格里的指示下，該公司幾乎已完全停止研發，只靠六項舊專利賺錢，但這些專利將在五至八年間到期。因此，這家公司雖然眼下仍然健康，但可說已被判了死刑。瑞德集團作為該公司的大股東，自然擔心這種情況。桂格里博士接受遊說，領了豐厚的養老金從公司退休。一九五二年二月，李蓮道在當了礦物分離公司顧問一段時間之後，接獲任命擔任該公司的總裁暨董事。他的首項任務便是尋找新的收入來源代替快要過期的專利，而他與其他董事認為最好的做法，就是找合適的公司購併。結果，李蓮道參與安排礦物分離公司與喬治亞州阿塔波格斯市阿塔波格斯黏土公司（Attapulgus Clay Company）的合併，這是一家瑞德聯同華爾街同業艾伯斯塔德（F. Eberstadt & Co.）擁有大筆股權的公司，生產一種可以用來淨化石油產品的罕見黏土，另外也製造各種家居用品，包括名爲「超快乾」(Speedi-Dri)的地板清潔劑。

作爲兩家公司合併的一名中間人，李蓮道肩負著一項敏感任務：遊說南方的阿塔波格斯公司管理階層，使他們相信自己並非被一群貪婪的華爾街銀行家當作工具利用。當銀行家的代理人不是李蓮道習以爲常的事，但他顯然做得沉著自信，儘管他的參與帶來一絲「奔騰社會主義」的味道，令相關人士的感覺變得更爲複雜。一名華爾街人告訴我：「李蓮道極有效率地建立起阿塔波格斯人員的士氣和信心。他說明合併對他們有什麼好處，說服他們接受合併。」李蓮道本人對我說：「這件事的行政和技術部分我自覺很勝任，但財務部分則必須由瑞德和艾伯斯塔德的人去完成。每次他們開始談分割和換股，我都搭不上話。我甚至不知道什麼是分割。」（李蓮道現在知道了，簡單而言，分割就是將一家公司分拆爲兩家或更多公司——與合併相反。）

這宗合併發生在一九五二年十二月，兩家公司的人完全沒有後悔的理由，因爲合併後阿塔波格斯礦產與化學公司的盈利和股價很快便開始上升。合併完成時，李蓮道成爲新公司的董事長，年薪一萬八千美元。接下來三年間，李蓮道先是當董事長，隨後成爲公司執行委員會主席，不僅對公司的日常運作有重大影響，還主導公司藉由一連串新合併進一步成長——一九五四年與紙張塗料高嶺土主要廠商艾德加兄弟（Edgar Brothers）合併，一九五五年與分別位於俄亥俄州和維吉尼亞州的兩家石灰石業者合併。這些合併和隨之而來的效率提升很快就帶來報酬，在一九五二年至一九五五年間，該公司的每股淨利增加超過五倍。

李蓮道從相對貧窮的公務員成爲富有的成功企業家，這個過程的技術細節，拙劣地呈現在該公司股東年會和特別會議的股東委託書中。（這種委託書必須列出每一位董事確切持有公司多少股票，很少公開文件比這種文件更不尊重個人隱私了。）一九五二年十一月，礦物分離北美公司授予李蓮道一筆股票選擇權，作爲年薪之外對他的額外補償。（有關股票選擇權的具體討論，請參考本書第三章。）這筆選擇權授權李蓮道在一九五五年底前的任何時候，以選擇權授出時公司股票市價四．八七美元的價格，最多向公司庫房購買五萬股自家股票；作爲交換條件，李蓮道簽下合約，承諾在一九五三年至一九五五年整整三年間，在公司當一名積極參與的主管。一如所有其他獲得股票選擇權的人，李蓮道得到的潛在財務利益，是公司股價若顯著上漲，他將可以按選擇權規定的認購價買進，其持股價值將立即大幅高於付出的成本。此外，更重要的是，如果他稍後決定賣掉持股，他的利潤將是資本利得，最高稅率僅爲二五％。當然，如果公司股價不升逾選擇權的履約價，這筆選擇權將毫無價值。

但一如一九五〇年代中期的多數個股，李蓮道公司的股價上漲了，而且漲幅驚人。到一九五四年年底，委託書顯示，李蓮道已行使選擇權，購入一萬二七五〇股，而當時這些股票的市價約爲每股二十美元，並非四．八七美元。在一九五五年二月，他以每股二二．七五美元的價格賣掉四千股，套現九萬一千美元。這筆錢扣掉資本利得稅之後，被用來行使選擇權買進更多股票。委託書顯示，在一九五五年八月時，李蓮道的持股增加至近四萬股，接近我去訪問他時的持股量。那時這檔起初在店頭市場買賣的股票，不僅已在紐約證交所掛牌，還已成爲投機客青睞、價格高漲的個股，股價已飆升至約四十美元。顯然，李蓮道因此已穩穩躋身百萬富翁之列，該公司也已建立穩健的基礎，每年每股派〇．五美元的現金股息，李蓮道一家的財務憂慮永遠過去了。

李蓮道告訴我，就財務而言，他個人具象徵意義的勝利時刻，出現在一九五五年六月、礦產與化學公司的股票在紐約證交所掛牌那天。按照傳統，李蓮道作爲公司最高主管，獲邀到交易大廳與證交所總裁握手，並由後者陪同參觀交易所。他對我說：「我興奮極了！在那之前，我不曾進去過任何一間證券交易所。一切都是那麼迷人和不可思議。對我來說，沒有動物園比那個地方更奇妙了。」至於證交所當時對這位以前「頭上有角」的人出現在交易大廳有何感覺，則未有留下紀錄。

李蓮道日記

李蓮道告訴我他在礦產與化學公司的經歷時，說話帶有熱情，令整件事顯得迷人又不可思議。我問他，除了明顯的財務誘因外，是什麼因素促使他將自己奉獻給一家小公司；而他作爲田納西河谷管理局和原子能委員會的前主席，對於自己實質上變成坡縷石、高嶺土、石灰石和超快乾清潔劑的推銷員，有何感受。李蓮道在他的椅子上往後靠，凝視著天花板說：「我希望獲得企業經營的經驗。我發現，掌管一家破落的小公司並致力有所成就，對我有很大的吸引力。我想，這種企業建設工作，正是美國自由市場體制的核心，是我在我所有政府工作中錯過的東西。我希望自己能夠嘗試看看。至於感覺如何？嗯，感覺很刺激。這項經歷充滿了智性刺激，改變了我許多舊觀念。我對金融家，像安德烈・梅耶那樣的人，產生很大的新敬意。他們有正當性，有某種崇高的榮譽感，這是我之前完全沒有概念的。我發現商界有很多富有創意和原創能力的人，不過當然也有一些人只會放馬後砲。此外，我發現商界有極大的誘惑力；事實上，我曾面臨淪爲一名奴隸的危險。商業有它『吃人』的一面，部分原因在於它太吸引人了！我發現，我們在書本上看到的一些事是眞的，例如一個人若不小心，可能會沉迷於爲賺錢而賺錢。有些好朋友幫助我保持理智，例如斐迪南・艾伯斯塔德（Ferdinand Eberstadt），他在阿塔波格斯合併案後，和我一同擔任公司董事；還有納森・葛林（Nathan Greene），他是瑞德的特別顧問，也曾擔任我公司的董事一段時間。葛林是我在商業上的告解神父，我記得他曾說過：『你以爲你賺一大筆錢，然後就可以獨立自主。朋友，在華爾街，獨立自主是無法一次贏得的。借用湯瑪斯・傑佛遜（Thomas Jefferson）的話，你必須每天重新贏得獨立自主。』我發現他說得對。啊，我有我的問題。我每一步都自我懷疑，這眞的很累。你知道，很長時間以來，我一直是在兩個觸及廣泛事物的單位，我對它們有一種認同感；在那種工作中，你也許會失去你的自我意識。現在我必須擔心我自己，包括我的個人準則和財務前景。我發現，我一直都在思考自己是否做對了。這一部分全都記錄在我的日記中，如果你想看，我可以讓你看看。」（李蓮道的這部分日記，終於在一九六六年出版。）

我說我當然想看，於是李蓮道帶我到他位於地下室的書房。書房頗大，窗戶開在窗井上，一串串的常春藤從窗井垂掛下來。光線從外面照進書房，甚至有一點斜陽，但窗井的頂部太高了，因此在書房看不到花園或鄰居的房子。李蓮道說：「我鄰居羅伯．奧本海默（Robert Oppenheimer）初次看到這個房間時，曾抱怨過它的封閉感。我跟他說，這正是我要的感覺！」接著，他打開房間角落的一個檔案櫃，裡面有他的日記，是一列列的活頁筆記本，最早的日記是李蓮道讀高中時寫的。他請我隨便看，然後留下我一個人在書房，自己回到樓上。

我也如此照做，在書房裡轉了一、兩圈，瀏覽牆上的照片，看到預期中的東西：小羅斯福、杜魯門（Harry S. Truman）、大法官路易斯．布蘭戴斯（Louis Brandeis）和參議員喬治．諾里斯（George Norris）題字贈送的照片；李蓮道與羅斯福、與溫道．威爾基、與菲奧雷洛．拉瓜迪亞（Fiorello LaGuardia）、與納爾遜．洛克菲勒（Nelson Rockefeller）以及與印度總理尼赫魯（Jawaharlal Nehru）的合照；此外，還有田納西河谷興建中的方塔納水壩（Fontana Dam）夜景照，明亮的燈光由田納西河谷管理局旗下電廠供電。一個人的書房反映出他想呈現的個人公共形象，而他的日記（假設是誠實的紀錄）則反映出他的另一面。我翻閱李蓮道的日記，很快便認識到這是一份非凡的文件，不僅是別有趣味的歷史原始資料，還是一名公職人員所思所感的完整紀錄。我匆匆翻閱他參與礦產與化學公司事務那幾年的日子，在有關家庭、民主黨政治、朋友、海外旅行、對國家政策的省思，以及對國家的希望與恐懼的段落之間，找到了下列有關商業和紐約生活的內容：

•一九五一年五月二十四日：看來，我將進入礦物產業。這一小步最終可能有巨大意義。（他接下來解釋：他剛完成與桂格里博士的第一次面談，老人家顯然接受他擔任公司的新總裁。）

•一九五一年五月三十一日：在商界起步，就像久病之後學走路。……一開始你必須在心裡想：移動右腳，移動左腳，諸如此類。然後你連想都不用想就能走，接下來行走成爲你有充分信心的無意識行爲。就經商而言，最後這種狀態尚未出現，但我今天是踏出第一步了。

•一九五一年七月二十二日：我想起溫道•威爾基多年前曾跟我說過這種話：「住在紐約眞好，我不會住任何其他地方，因爲這是世界上最刺激、最令人興奮和滿足的地方。」我想威爾基的話，是針對我某次出差到紐約，對這座城市的一些評論。當時我說，我不必住在這個滿是噪音和灰塵的瘋人院，當然感到慶幸。上週四我體會到威爾基的某些感覺。……一九五〇年代的紐約市，確實有一種氣派、令人興奮，而且給人位居某種偉大成就中心的感覺。

•一九五一年十月二十八日：我努力追求的，也許是一種魚與熊掌兼得的局面。但在某種程度上，這又不是完全荒謬、徒勞無功的事。我可以與公司的業務有足夠的實際接觸，以便保持或建立起一種現實感。若非如此，我怎麼能解釋我去參觀某座銅礦場、與電爐的操作人員聊天、參與某項煤礦研究計劃，或是觀察安德烈•梅耶的工作情況時，個人得到的樂趣呢？但是在此同時，我也希望自己有足夠的自由，去思考這些事情的意義，去閱讀與當前事務並無直接關係的東西。想獲得這種自由，我必須避免擁有重要地位（但我又知道，沒有重要地位使我隱隱感到不快。）

•一九五二年十二月八日：投資銀行業者是做什麼去賺他們的錢？嗯，我確實開了眼界，原來他們必須經歷這麼多的苦工、汗水、挫折、問題——沒錯，還有眼淚。……在《一九三三年證券法》下，在市場上發行股票的人，必須就他們銷售的股票提供極其精細具體的資料；如果我們在市場上賣任何東西都必須這樣，我想至少會有很多東西無法及時賣出以滿足需求。

• 一九五二年十二月二十日：我在這家阿塔波格斯公司的目的，是在短時間內賺一大筆錢，而且必須能夠保留四分之三的所得，支付原本的資本利得稅率，而不是被課徵高達八〇%以上的所得稅。……但我還有另一個目的：得到經商的經驗。……眞正的原因，或主要的原因，是我覺得自己活在商業主導的時代，如果不曾在商業領域活躍過，我的生命就不是完整的。這種迷人的活動，對這個世界的生命影響如此重大，我希望自己能成爲一名觀察者，不是從外部觀察（例如當一名作家或教師），而是置身商業世界去觀察。我仍有這種感覺，未來當我情緒低落、樂於放下一切時（我不時這麼做），我會記住，這過程中的挫折和痛苦也是經驗，是商業世界中的實際體驗。……

此外，我希望能夠比較商界與政府中的管理者，了解這兩者的精神、張力和動機等的差異（無論如何，這都是我持續在做的事。）必須做到這件事，才能了解政府或商界。要做到這件事，我必須累積可與我長期公職生涯相提並論的眞實、有效的商界經驗。

我不會自我欺騙，認爲自己某天能被公認是一名商人；在我頭上有角那麼多年之後，至少就我在田納西河谷以外的日子而言，這大概是不可能的事了。在這方面，相對於我很少見到商業大亨或華爾街人的那段日子（如今我與這些人活在同一個世界），我那通常透過好戰性表現的防禦心態減輕了。

• 一九五三年一月十八日：我現在確定，至少要在礦產與化學公司再做三年了……而且有完成任務的道義責任。雖然我無法想像，純粹就經營這家公司而言，會讓我感到滿足，但是這其中的忙碌、活動、危機、冒險、我必須面對的管理問題，以及對人的判斷，讓這件事毫不乏味。而且，我還大有機會賺很多錢。……相對於一年前我嘗試從商的決定，當時有很多人還認爲有點太天眞、浪漫了，如今這項決定看來更有意義。

不過，好像還少了些什麼東西……。

• 一九五三年十二月二日：杜邦公司總裁克勞福・葛林華（Crawford Greenewalt）在費城一場演講中介紹我。……他說，他注意到我進入化學產業，因爲他記得我之前是美國最大機構的主管，大過所有民營企業，他對我可能成爲他的競爭對手，自然有點緊張。他是在開玩笑，但這是好的玩笑。而且我們的小小阿塔波格斯，顯然因此受到不少人注意。

• 一九五四年六月三十日：我已經在從商生涯中，找到一種新的滿足感，就某種意義而言，也是一種成就感。我從來不覺得「顧問」是商人，也不覺得當顧問是在從事實際的商業經營。顧問與企業實際的思考過程、實際的判斷和決策相隔太遠了。……在這家公司，在我們發展的過程中，有很多有趣的事。……幾乎兩手空空地開始……公司光靠專利賺錢……收購、合併、發行股票、委託書、仰賴內部資源或銀行貸款的各種融資方法……還有股票的訂價方式，成年人像小孩那樣，以可笑的方式決定是否購買某檔股票，以及用什麼價格買……與艾德加合併，他們的股票隨後大漲……檢討價格結構。開始改善成本。催化劑構想。幹勁、精力和想像力：埋頭苦幹的日日夜夜（連續多天在實驗室工作到凌晨兩點），以及新業務終於起步。……好一個故事。

表面玫瑰色的生活

後來，我訪問納森．葛林，也就是李蓮道所謂他「商業上的告解神父」。葛林對李蓮道在從政府轉戰商界過程中的反應，提供了很不一樣的看法。「一個人從政府高層退下來，然後去華爾街當顧問，會發生什麼事？」葛林問我，但顯然並不期望我回答。「嗯，通常他會大感失望。李蓮道在政府時期習慣了大權在握的感覺，肩負巨大的國家和國際職責。大家想跟他攀關係，外交界要人會找他。他掌握了各種工具，就像桌上有一列列按鍵似的，只要按一下，律師、技術人員和會計師等，就會出現奉命行事。好了，現在他來到華爾街。有人替他辦盛大的歡迎派對，他見到新公司所有合夥人和他們的太太，公司給他一間鋪有地毯的漂亮辦公室，但他桌上什麼都沒有，只有一個按鍵，只能喚來一名祕書。他沒有額外的福利，例如大型豪華轎車，而且他其實沒有職責。他對自己說：『我是出主意的人，我必須想一些主意出來。』他提出一些主意，但沒有得到公司合夥人多少注意。所以，從表面上看來，他的新工作是令他失望的，而且工作內容也是。在華府，他的工作是開發自然資源和原子能等，都是足以改變世界的事。現在，他的工作卻是一些小生意，目的是賺錢，看來眞是有點瑣碎無聊。」

「然後是錢的問題。在政府，我們想像中的官員不是很需要錢，他需要的種種服務和基本物資不必自己出錢，政府會提供給他。此外，他有很強的道德優越感，他可以嘲笑在外頭努力賺錢的人。他可能會想起當年法學院，有某個同學如今在華爾街賺大錢，然後說：『他出賣了自己。』然後他離開政府，自己來到華爾街這個非常現實的地方，對自己說：『啊，我要這些人付錢換我的服務！』他們確實會付錢，而他提供顧問服務，賺到豐厚的收入。但是，他發現所得稅非常重，大部分收入都被政府拿走了，不能用來改善自己的生活。他所處的位置改變了，他可能會像任何一位老華爾街人那樣高喊『搶錢啊！』，有時他也的確這麼做了。」

「你說他如何處理這些問題?嗯，他確實有他的煩惱，畢竟他是在開啓某種第二人生。

但他處理這些問題的表現，幾乎無懈可擊。他從未感到厭煩，也幾乎不曾真正大聲高喊『搶錢啊！』，他有完全投入一件事的巨大能力。事情的內容對他不是那麼重要，你會覺得無論他做的事是否重要，他幾乎都有能力只是因爲自己在做這件事，就把它當作是重要的。他的能力對礦產與化學公司極其寶貴，而且不止是作爲一名企業管理者而已。畢竟，他是一名律師出身，很懂企業融資，只是不大願意承認而已。他喜歡假裝自己是一個赤腳男孩，但他當然不是。大衛近乎完美地示範了如何在華爾街發財之餘，還能夠保持獨立自主。」

看過李蓮道日記中充滿複雜感覺和矛盾情緒的陳述，加上後來聽過葛林的話之後，我似乎察覺到，在李蓮道生氣勃勃、全神投入的商界生活背後，有一種近乎妥協、揮之不去的不滿。我覺得對李蓮道來說，儘管新事業帶來的興奮顯然是眞實的，但它有如一朵裡面有蟲的玫瑰。在看完日記後，我從書房回到客廳，發現李蓮道躺在伊朗國王贈送的地毯上，身上是一堆未到學齡的小孩。乍看之下眞的像是一堆小孩，細看原來只是兩名男童。李蓮道太太已從花園回來，她告訴我，這兩名叫艾倫和丹尼爾的男孩，是他們的女兒南希與希爾萬・彭博格（Sylvain Bromberger）的兒子。他們一家住在附近，因爲彭博格在普林斯頓大學教哲學（數週之後，彭博格轉去芝加哥大學任教。）李蓮道夫婦還有一個與父親一樣叫大衛的兒子，住在麻省埃德加敦鎭（Edgartown）；他搬到那裡是想成爲一名作家，後來他做到了。

在外公的敦促下，兩名外孫從李蓮道身上爬下來，離開了客廳。一切恢復正常後，我告訴李蓮道我看完日記後的感想。他猶豫了一會，然後說：「是的。嗯，有一點要說清楚。令我不安的，不是賺到很多錢。賺那些錢本身，不會令我覺得舒服或不舒服。在政府工作的那些日子，我們總是夠錢支付各種帳單，而且靠著節儉生活，也存到足夠的錢送孩子們上大學。我們從來不怎麼想錢的問題。然後突然賺大錢，賺到百萬美元，我當然感到意外。我從未特別追求這件事，或是想過這可能發生在我身上。這就像你少年時嘗試跳六呎高，然後你發現自己做到了，結果你說：『嗯，那又怎樣？』事情好像變得不重要。過去幾年來，很多人問我：『成爲有錢人的感覺如何？』起初，我覺得有點被冒犯了，因爲這個問題似乎隱含著一種指責，但我已克服這種感覺。我告訴他們，沒有任何特別的感覺。我是覺得……但講出來又好像我很自負似的。」

「不，我不認爲那是自負，」李蓮道太太說。顯然，她料到她先生會說什麼。

李蓮道說：「會啊！會顯得自負，但我還是要說出來。我不認爲錢有什麼差別，如果你有夠多錢的話。」

「我不大同意，」李蓮道太太說。「年輕時是沒有多大差別，年輕時只要過得下去，你不會很介意。但隨著你年紀漸長，多一些錢是有幫助的。」

李蓮道點頭表示同意。然後他說，我在他日記中看到的不滿情緒，至少有一部分很可能是因爲他在私人企業的工作雖然引人入勝，但無法帶給他公職服務所產生的滿足感。沒錯，他還沒完全脫離公職服務的感覺，因爲就在他於礦產與化學公司的事業達到高峰的一九五四年，他應哥倫比亞政府的請求去了該國，然後以每年一披索的薪酬擔任該國顧問，啓動後來由開發資源公司接手的考卡河谷發展計劃。但由於擔任礦產與化學公司的最高主管，使他受到很大的束縛，導致他只能將哥倫比亞的工作當作是兼職——如果不是一種嗜好的話。李蓮道從商，公司的主要商品之一是一種黏土，我無法不從這項事實看到其象徵意義。

支持大企業的老新政人

我想到另一件可能在李蓮道成爲一名成功商人的過程中，令他有點掃興的事。他那本《大企業》出版時，他正在礦產與化學公司埋頭工作。由於這本書不加批評地歌頌自由市場體制，我想知道是否有人將它理解爲，作者藉此替自己的新事業辯解。於是，我向他提出了這個問題。

「嗯，那本書中的見解，令我先生的一些新政朋友大爲震撼。眞的，」李蓮道太太有點淡然地說。

「該死的是，他們是需要震撼一下！」李蓮道爆出這麼一句，說得有點激動，令我想起他在日記中提到的「透過好戰性表現的防禦心態」，雖然那句話的文意脈絡完全不同，但仍是在說他自己。過了一會，他以正常語調繼續說道：「我太太和女兒認爲我沒有花足夠的時間在那本書上，她們說得對。我寫得太倉促了。我沒有提出足夠的論據去支持我的結論。首先，我應該更具體地說明，我爲什麼反對反托拉斯法的執行方式。不過，眞正的問題不在反托拉斯法那個部分，眞正震撼我某些老朋友的，是我針對大企業與個人自主，以及機器與美學的議論。曾經主管農村電氣化管理局（Rural Electrification Administration）的莫里斯．庫克（Morris Cooke），便是大感震撼的老朋友之一。他因爲這本書猛烈批評我，而我也還擊了。反大企業和大機構的教條主義者不再與我往來，他們認爲與我再無瓜葛。我並沒有因此覺得受傷或失望，這些人靠懷舊生活，他們緬懷過去，我則嘗試展望未來。對了，當然還有那些托拉斯終結者，他們眞的不放過我。但是，所謂終結托拉斯，如果是指只是因爲某些公司很大便將他們分拆，那不是過去年代的遺俗嗎？是的，我仍然認爲自己的主要觀點是正確的，或許是走在我的時代前面，但它們是正確的。」

「問題在於時機不對，」李蓮道太太說。「那本書的出版時間，太接近我先生離開公職、轉入商界的時間點。有些人認爲我先生出於私利，所以改變觀點。但事實並非如此！」

「當然不是，」李蓮道說。「那本書主要寫於一九五二年，但所有的見解是我仍擔任公職時醞釀出來的。比方說，我認爲大公司、大機構對國家安全至關緊要，這個想法主要是源自我在原子能委員會的經驗。我國有家公司擁有研發和製造設施，可以將原子彈變成一種可用的武器，在戰場上不需要博士就能操作，那就是貝爾電話公司（Bell Telephone），它是一家大公司。因爲它非常大，司法部的反托拉斯部門，嘗試將它分拆爲幾個部分，結果沒有成功。而那時原子能委員會正要求貝爾公司承接一項關鍵的國防任務，該項任務需要貝爾公司保持完整。這種反托拉斯的做法看來是錯誤的。廣泛而言，我那本書的核心觀點，可追溯至一九三〇年代初期，我與田納西河谷管理局首任主席亞瑟．摩根（Arthur Morgan）的爭論。他非常相信手工業經濟，我則支持大型工業，因爲田納西河谷管理局畢竟是自由世界最大的電力體系，至今仍是。在田納西河谷管理局，我一直相信規模巨大是好事，也相信應該適當分權。但我希望引發最多討論的部分，是講大公司、大機構其實有利於個體獨立自主的那一章。它確實引發了某種討論，我記得有些人，主要是學術界的人來找我，帶著難以置信的表情，一開口便是：『你眞的相信……嗎？』我回答時，總是先說：『是的，我眞的相信……。』」

李蓮道在他於華爾街發財的過程中，可能會質疑自己的另一個敏感問題是，他在這個過程中其實不必高喊「搶錢啊！」，因爲他善用了股票選擇權提供的租稅漏洞。或許曾有支持改革的自由派商人基於原則，拒絕接受股票選擇權，但我不曾聽聞過這種事，而且我也不相信這種放棄是明智或有用的抗議。無論如何，我沒有問李蓮道這個問題。新聞工作者在沒有公認的工作準則可遵循時，會制定自己的準則，而根據我的準則，這種問題幾乎是侵犯受訪者的道德隱私。但事後回想起來，我眞希望我當時違反自己的準則。以他的爲人，李蓮道可能會激烈地反對我的問題，但我想他也會同樣激烈地回答，而且不會給我模稜兩可的答覆。無論如何，在談完他那本《大企業》引發的批判之後，他站起來走到窗邊，對他太太說：「我看到多米尼克修剪玫瑰修得太小心了，待會我可能會出去再剪掉一些。」他的表情使我相信自己知道這宗玫瑰修剪爭議將如何解決。

魚與熊掌兼得的解方：開發資源

李蓮道想要「魚與熊掌兼得」，他最終找到的成功方案便是開發資源公司。這家公司源自李蓮道與安德烈·梅耶在一九五五年春季的一連串談話；李蓮道當時指出，他與數十名曾參訪田納西河谷管理局的外國權貴和技術人員很熟，而從他們對田納西河谷管理局的強烈興趣看來，至少有些國家是有意推動類似發展計劃的。他對我說：「我們成立開發資源公司的目的，不是要改造世界，或是改造世界的某一大部分，而是希望完成一些很具體的工作，並且順便賺點錢。安德烈不是很確定能夠賺到多少錢，我們倆都知道公司起初會有虧損，但他喜歡從事建設工作的構想，結果瑞德集團決定出資支持我們，換取公司一半的股權。」

當時在紐約市當行政官員的戈登·克拉普，也加入成爲該公司的共同創辦人，而隨後的管理人員任命，使得開發資源公司形同田納西河谷管理局之友協會：約翰·奧利佛（John Oliver）成爲公司執行副總裁，他在一九四二年至一九五四年間效力田納西河谷管理局，最後升至總經理；胡度因（W. L. Voorduin）成爲工程總監，他曾在田納西河谷管理局工作十年，規劃了田納西河谷管理局整個水壩系統；沃爾頓．西摩（Walton Seymour）成爲產業發展副總裁，他曾擔任田納西河谷管理局電力行銷顧問十三年之久；此外，高層下面還有十幾位田納西河谷管理局的前員工。

一九五五年七月，開發資源公司在華爾街四十四號開業，開始尋找客戶。李蓮道伉儷當年九月出席世界銀行在伊斯坦堡的一個會議，結果替開發資源公司找到了最重要的客戶。會議期間，李蓮道遇到當時主管伊朗一項七年開發計劃的阿布哈桑．艾特哈吉（Abolhassan Ebtehaj）。伊朗碰巧是開發資源公司的理想客戶：首先，該國將石油業國有化之後，產生的收入令它有可觀的資本來支應資源開發所需；此外，伊朗正好迫切需要資源開發的技術和專業指導。與艾特哈吉相遇，讓李蓮道和克拉普獲邀作爲國王的客人訪問伊朗，看看他們對開發胡齊斯坦有何想法。李蓮道在礦產與化學公司的聘約於當年十二月結束，雖然他留任公司董事，但此後已能將他全部或接近全部的時間用來投入開發資源公司。

一九五六年二月，他與克拉普前往伊朗。他告訴我：「在那之前，我必須慚愧地說，我從來沒聽過胡齊斯坦，但之後我對這個地方的認識大大增加了。它是《聖經．舊約》中以攔王國（Elam）和後來波斯帝國的中心。波斯的波利斯遺址（Persepolis）就在不遠處，大流士一世（Darius I）冬宮所在地蘇薩古城（Susa）的遺跡，正是在胡齊斯坦的中心地帶。該地區在古代有龐大的水利系統，現在仍然可以找到運河的遺跡，它們很可能是大流士在兩千五百年前建造的。但在波斯帝國衰落之後，因為外敵入侵和疏於維護，當地的水利系統毀壞了。印度總督寇松侯爵（Lord Curzon）在約莫一世紀前，曾經這麼描述過胡齊斯坦高地：『綿延多哩的沙漠，一眼望不盡。』我們到達當地時，情況正是這樣。如今，胡齊斯坦是全球最多產的油田之一，著名的阿巴丹（Abadan）煉油廠便設在該地區南端，但是當地的兩百五十萬居民並未因此受惠。在那裡，河水流過無人利用，極其肥沃的土地任其荒廢，除了極少數人之外，當地人仍過著非常貧窮的生活。克拉普和我首次看到當地的情況時，都非常震驚。但是，對我們這兩個田納西河谷管理局老鳥來說，這是一個實現夢想的機會；這個地方迫切需要開發。我們去尋找建水壩的地方和採礦的可能地點，並做一些土壤肥力研究，諸如此類的事。我們看到油田冒出天然氣火焰，那眞是浪費。或許我們可以在這裡建石化廠，利用那些天然氣來製造肥料和塑膠。不過是八天時間，我們已經擬出一項計劃。大約在兩週之後，開發資源公司已與伊朗政府簽訂爲期五年的合約。」

「不過，那一切只是開了個頭。我們的工程總監胡度因飛到那邊，找到一個建水壩的極佳地點，距離蘇薩古城遺址只有數哩。那是一座狹長的峽谷，峭壁幾乎是從迪茲河（Dez River）河床垂直升起。我們發現，除了提供意見之外，我們還必須管理建設計劃。所以接下來的工作，便是建立專案管理團隊。爲了讓你對這項專案的規模有點概念，我來告訴你一些數字：目前這項案子在專業層面有大約七百人投入工作，包括一百個美國人、三百個伊朗人，以及三百個其他地方的人，主要是歐洲人，他們效力於分包商。此外，還有大約四千七百名的伊朗勞工，換言之，總共約有五千多人。整個計劃包括十四道水壩，涉及五條河，需要多年時間才能完成。開發資源公司剛完成爲期五年的首份合約，已簽了爲期一年半的新合約，期滿時可選擇續約五年。我們已完成不少工作，例如第一道水壩，也就是迪茲河那一道，已有巨大進展。這道水壩將有六二〇呎高，也就是比埃及亞斯文水壩（Aswan Dam）高一半以上。它最終將灌溉三十六萬英畝的土地，發電能力達五十二萬千瓦，應該會在一九六三年初完工。在此同時，胡齊斯坦兩千五百年來首座甘蔗種植場已投入運作，靠抽水灌溉，首次收成應是在今年夏天，到時候糖廠應該已經準備就緒。還有另一件事，該地區的電力最終將靠當地的水力電廠供應，目前則是從阿巴丹牽了一條七十二哩長的高壓電纜到阿瓦士（Ahwaz），這在伊朗是空前之舉。阿瓦士這城鎮有十二萬居民，先前除了五、六個常壞的柴油發電機外，完全沒有電源。」

在伊朗專案進行之際，開發資源公司也忙著替義大利、哥倫比亞、迦納、象牙海岸和波多黎各執行開發計劃，還有一些生意則是來自智利和菲律賓的民營企業。此外，開發資源公司剛從美國陸軍工兵團接到的一件案子，令李蓮道興奮極了。這件案子是研究育空河阿拉斯加段一個水力電廠計劃的經濟效應，李蓮道認爲育空河是北美大陸尚可開發的河流中，水電潛力最大的一條。在此同時，瑞德集團保持它在開發資源公司的股權，如今每年滿意地分享該公司的豐厚盈利，而李蓮道則高興地取笑梅耶起初懷疑開發資源公司的營利能力。

晉升商人新典範

李蓮道的新事業，使得他與太太必須經常出門，周遊各地。他給我看他在一九六〇年的海外旅行紀錄，他說這是相當典型的一年，紀錄如下：

● 一月二十三日至三月二十六日：檀香山，東京，馬尼拉；民答那峨島伊利甘；馬尼拉，曼谷，暹粒市，曼谷；德黑蘭，阿瓦士，安迪梅什克（Andimeshk），阿瓦士，德黑蘭；日內瓦，布魯塞爾，馬德里；家。

● 十月十一日至十七日：布宜諾斯艾利斯；巴塔哥尼亞（Patagonia）：家。

● 十一月十八日至十二月五日：倫敦，德黑蘭，羅馬，米蘭，巴黎，家。

然後，他去找來與這些行程相關的日記。我翻到他去年春天在伊朗時的部分，其中特別打動我的是下列幾段：

● 阿瓦士，三月五日：當國王的黑色克萊斯勒大轎車經過時，從機場沿路站了密密一列的阿拉伯婦女發出的叫喊聲，令我想起內戰時南軍士兵的戰吼。然後我發現，那其實是印地安人的喊叫，那種我們小時候將手放到嘴邊發出的抑揚哀號。

●阿瓦士，三月十一日：週三在村民簡陋小屋中的經驗，使我墜入深淵。我徘徊在絕望（我視這種情緒爲一種罪惡）與憤怒（我想這種情緒沒有什麼好處）之間。

●安迪梅什克，三月九日：我們走了很多哩路，經過飛揚的塵土，也經過輕易令車子動彈不得的泥坑。這些「路」的崎嶇，眞是令我開了眼界。我們也像是回到了公元九世紀，或是更早的時候，那些村莊和泥「屋」眞是不可思議，令人永遠難忘。如《聖經》誓言所講：如果我忘了我最動人的一些人類同胞的居住環境，願我的右手枯萎。他們今晚就住在距離這裡數公里處，我們今天下午才去看過。……

　　但是，當我在寫這些筆記時，也十分肯定只有四萬五千英畝、隱藏在遼闊胡齊斯坦中的基比利（Ghebli）地區未來將廣爲人知，就像美國的圖珀洛（Tupelo）、新哈莫尼（New Harmony）或鹽湖城那樣。想當年，鹽湖城就是幾個有奉獻精神的人，在偉大的洛磯山的一個山隘開始建立起來的。

碧托路上東西的影子愈拉愈長，我也該是時候離開了。李蓮道陪我走去停車處，路上我問他是否曾懷念在華府的日子，懷念身爲華府惹火人物所經歷的鬥爭和所受到的注目。他咧嘴笑著說：「當然。」在我們走到停車處時，他繼續說：「無論是在華府或田納西河谷，我從未刻意好鬥，只是當年一直有人跟我唱反調。但話說回來，如果我眞的不想，也不會使自己常常陷入爭議中。所以，我想我是好鬥的。小時候我喜歡拳擊，高中那時在印地安納州密西根城，我常與一名堂兄練拳。當我在印地安納中部的德葩大學（DePauw University）讀書時，在暑假跟一位曾是輕量級職業拳手的人練拳。他當年的外號是『塔科馬虎』（Tacoma Tiger）。跟他練拳是一種挑戰，我一犯錯可能就躺在地上。我只想能重重地打他一拳，那是我當時的目標。當然，我一直做不到，但我成了一名相當好的拳手。在我還是大學生時，就成了德葩大學的拳擊教練。後來我念了哈佛法學院，沒有時間繼續練拳，之後就不曾再認眞打拳了。但我不認爲拳擊只是我表現好鬥精神的一種方式，我想我是認爲守護自己的這種能力，有助於保住個人的自主性。這點我習自我父親，他以前常說：『做你自己。』他是在一八八〇年代，約二十歲時從奧匈帝國來到美國，他的故鄉在現在捷克斯洛伐克的東部。他的成年生活是在中西部的城鎮經營商店，包括伊利諾州莫頓村（Morton），我出生的地方；印地安納州瓦爾帕萊索（Valparaiso）；密蘇里州春田市；印地安納州密西根城；後來的威納馬克鎮（Winamac）。他的眼睛是很淺的藍色，反映出他的內心。你看著他，可以看出他不會爲了安全而犧牲個人的自主性。他不懂僞裝，即使懂也不想僞裝。話題回到我在華府當惹火人物或好鬥之士的日子，的確，當你不再有麥凱勒那種人攻擊你時，你會若有所失。爲了彌補這種損失，我承擔挑戰，盡力不辱使命。對我來說，礦產與化學公司、開發資源公司，就是另一種麥凱勒或塔科馬虎。」

一九六八年初夏，我再度拜訪李蓮道。這次我是去開發資源公司的第三間美國本土辦公室，是位於白廳街一號的一間套房，坐擁極美的海港景色。在此期間，開發資源公司和李蓮道均大步前進。在胡齊斯坦，迪茲水壩已按時完工，一九六二年十一月開始蓄水，一九六三年五月開始供電。如今當地不僅電力自足，過剩的電力還吸引外資到當地設廠。在此同時，因爲水壩造就的灌溉能力，這個一度荒蕪的地區如今農業興盛。現已六十八歲的李蓮道一如往常好鬥，他說：「對其他一些低度開發的國家，悲觀的經濟學家非悲觀不可。」

開發資源公司剛與伊朗政府簽了五年合約，繼續執行開發工作。此外，該公司的客戶已增至十四個國家，當中最富爭議的是越南。在越南，開發資源公司根據它與美國政府的合約，正與一群熟面孔的南越人士合作，擬定湄公河流域的戰後開發計劃。（有些人認爲這意味著李蓮道支持越戰，所以批評他。但他跟我說，他認爲戰爭是一連串「可怕失算」造成的災難，而規劃戰後資源開發則是另一回事。儘管如此，這種批評顯然是傷人的。）在美國本土，開發資源公司正在擴展業務範圍，意外地開始涉足美國的都市發展工作。紐約州皇后郡（Queens County）和密西根州奧克蘭郡（Oakland County）一些由民間基金會支持的團體，委託開發資源公司研究田納西河谷管理局那套，對處理城市中的「荒漠」貧民窟是否有用。這些團體向開發資源公司說了類似這樣的話：「你們就把這裡當作是尚比亞，然後告訴我們你們會怎麼做。」這當然是一種天馬行空的構想，是否可行仍然有待觀察。

至於開發資源公司和它在美國商界的地位，李蓮道說，自從我上次見他以來，公司已擴展到在西岸開了第二間永久辦公室，盈利大增，而且股權基本上由員工擁有，瑞德只保留象徵性股權。最令人鼓舞的是，在老派企業因爲汲汲營利而遭志向崇高的年輕人排斥之際，開發資源公司理想化的目標，幫助公司吸引最優秀的新畢業生加入。因爲這一切，李蓮道終於可以說出他上次還不能說的話：經營私人企業如今所帶給他的滿足感，已經超過他歷來從公職服務上所得到的。

那麼，開發資源公司是否妥善兼顧了對股東和對人類的責任，是未來自由企業的模範？如果是，這眞是諷刺極了，李蓮道這位當年的華府惹火人物，結果成爲商人的模範。

10 股東會季節

年會與企業權力

數年前，《紐約時報》引述了一名歐洲外交官的這段話：「美國經濟已經大到超越人類想像力所能理解的程度。如今除了規模龐大以外，它還在快速成長。由此產生的根本力量，在世界史上是空前未有的。」差不多在同一時間，伯利（A. A. Berle）在一篇有關企業權力的文章中寫道，主導美國經濟的約五百家公司：「代表經濟權力的高度集中，中世紀的封建制度相對之下，有如一種主日學聚會。」至於這些公司的內部權力，實際上顯然是落在公司的董事和專業經理人手上，這些經理人通常不是實際的所有權人。伯利在同一篇文章中暗示，這些人有時構成了一種自我延續的寡頭體制。今日大多數公正的觀察者似乎覺得，從社會的角度來看，這些寡頭經營企業的表現一點也不差，在許多情況下還相當好；無論如何，企業的最終權力理論上根本不屬於他們所有。

根據企業的組織形式，企業的最終權力屬於股東，而美國大大小小、形形色色的營利事業共有逾兩千萬名股東。雖然法院一再裁定，公司董事不必遵循股東的指示，一如國會議員不必遵循選民的指示，但董事仍然是股東選出來的。股東表決時，持有一股便有一票；這種方式有其道理，但未必很民主。股東的實質權力往往遭到剝奪，原因包括：當公司的盈利和股息成長時，股東對自身權力漠不關心；他們對公司的事務相當無知；還有就是人數太多了。不知何故，他們總會表決選出公司管理階層提名的候選人，而且大多數董事選舉具有某種程度的俄羅斯輪盤意味，贊成票高達九九％以上。管理階層能夠感覺到股東存在的主要場合，而且往往是唯一場合，是公司的年度大會。公司年會通常是在春季舉行，在一九六六年的春季，我參加了幾間公司的年會，藉此了解這些理論上掌握巨大權力的人會替自己說些什麼，並了解股東與他們選出來的董事關係如何。

我選擇一九六六年的一大原因，是這年的股東年會，看來勢必特別熱鬧。在此之前，媒體上許多報導指出，企業管理階層將對股東採取一種新的「強硬路線」——你能想像一名候選人在選舉之前，宣布他將對選民採取強硬路線嗎？這個概念深深地吸引了我。媒體報導指出，這種新路線是因為去年股東年會上發生了許多事，這是股東表現空前蠻橫的結果。通訊衛星公司（Communications Satellite Corporation）在華盛頓召開年會時，董事長被迫命令保全人員，將兩名糾纏不休的股東逐出會場。聯合愛迪生公司（Consolidated Edison）董事長哈蘭·富比士（Harland C. Forbes），命令一名擾亂者離開紐約會場。在費城，美國電話電報公司

（AT&T）董事長菲德烈・卡普（Frederick R. Kappel）因爲受到刺激，忽然宣布：「這次會議由我主持，並不遵循《羅伯特議事規則》（*Robert's Rules of Order*）。」〔美國公司祕書協會（American Society of Corporate Secretaries）執行幹事後來解釋，如果嚴格奉行《羅伯特議事規則》，股東的言論自由將不增反減。這名幹事暗示，卡普先生不過是在保護股東免受議會暴政傷害。〕

在紐約州斯克內克塔迪，奇異公司董事長傑拉德・菲利普（Gerald L. Phillippe）迴避股東問題數小時之後，總結出他的新強硬路線：「我想清楚指出，明年以至未來多年，會議主席大有可能採取較爲嚴厲的態度。」據《商業周刊》報導，奇異公司管理階層隨後任命一個特別工作小組，研究如何藉由改變年會的模式，打擊在會議上糾纏不休的人。一九六六年年初，管理聖經《哈佛商業評論》（*Harvard Business Review*）加入議論，刊出小格倫・撒克遜（O. Glenn Saxon, Jr.）的一篇文章，他經營一家專門協助企業管理階層服務投資人的公司，在文中明確建議年會主席：「認識會議主席固有的權力，並決心適當運用這些權力。」理論上掌握「世界史上空前根本力量」的美國企業股東，看來顯然將受到強硬對待，因此認識到自己的眞實地位。

一九六〇年代全球最大企業的股東年會紀實

我瀏覽主要企業今年的年會安排，無法不注意到一個趨勢：有愈來愈多公司選擇不在紐約或附近地區舉辦年會。這些公司總是說，這是爲了方便其他地區的股東參加年會，這些股東以往極少能夠出席在紐約地區舉行的年會。但是，最愛吵的異議股東似乎多數住在紐約地區，而今年是「新強硬路線年」，所以我覺得這兩件事可能密切相關。美國鋼鐵的年會將在克里夫蘭舉行，這是該公司自一九〇一年成立以來，第二次在公司名義主場紐澤西州以外的地方舉辦年會。奇異公司則是近年來第三次不在紐約州舉辦年會，而且這次將會去到喬治亞州；奇異管理階層似乎突然發現，公司有五千六百名股東在喬治亞州，雖然他們只占全體股東人數的約一％，但似乎迫切希望有機會能夠出席公司年會。眾企業中規模最大的AT&T選擇了底特律，這是該公司八十一年歷史中，在紐約市以外的第三個年會舉辦地，第二個是在一九六五年舉行年會的費城。

我自己選擇的第一站，是到底特律出席AT&T的年會。在前往當地的飛機上，我翻閱一些文件，得知AT&T的股東人數，已成長至近三百萬人的歷史新高。我開始想，萬一他們全部（或一半也好）都出現在底特律，要求出席年會，情況將會是怎樣？無論如何，每位股東幾週前都會收到年會通知和邀請出席的正式信函。在我看來，幾乎可以確定的是，美國產業界又創造了一項「第一」：第一次發出近三百萬份參加某項活動的個別邀請函。

此次會議在柯波會堂（Cobo Hall）舉行，這是一個很大的河濱會堂，我到達時馬上就知道不必擔心有太多股東會出席會議。柯波會堂遠未滿座，當紐約洋基隊情況不太差時，平日下午的比賽如果只有這樣的上座率，應該會非常失望。（第二天的報紙說，有四〇一六人出席此次年會。）我環顧四周，注意到人群中有數家人帶著小孩、一名坐輪椅的女士、一個留鬍鬚的男士，而黑人股東只有兩位——最後一點顯示，鼓吹「人民資本主義」（people's capitalism）、強調「人民所有、人民所營、人民所享」的人，或許應該與民權運動協調一下。根據會議通知，此次年會是在下午一點半開始。會議主席卡普準時進場，走往台上的講台，而AT&T另外十八名董事，則一起走到他身後的一排椅子坐下。卡普先生敲了兩下小木槌，示意會議開始。

由於我閱讀過相關資料，也曾經出席過一些公司年會，所以知道最大型的企業召開年會，往往會引來所謂的「職業股東」。這些人的全職工作，便是購買股票或取得其他股東的代理委託書，然後較爲仔細地了解公司相關事務，並且出席公司年會，向管理階層發問或提出決議案。最著名的職業股東是威爾瑪・索斯太太（Wilma Soss）和路易斯・吉伯特（Lewis D. Gilbert），這兩人均來自紐約；索斯太太領導一個女性股東組織，憑著自己的持股和該組織的委託書參與股東年會的表決，吉伯特則是代表他自己及其家族的股權——加起來規模相當可觀。有一件事我以前不知道，但因爲參加了這次AT&T年會，和隨後幾家公司的年會才見識到。那便是除了公司管理階層事先準備的講話之外，許多大公司的年會還會上演會議主席與少數職業股東的對話——有時更像是一場對決。至於非職業股東，則強烈傾向問一些沒頭腦或無害的問題，要不就是空泛地對公司管理階層歌功頌德。因此，有力的批評或尷尬的問題，往往是由職業股東提出的。在這種情況下，這些職業股東自然成了一大群股東僅有的代表，儘管這種代表身分是自封的，但這一大群股東可能迫切需要有人能夠代表自己。

有些職業股東不是很好的代表，有幾個人的表現，甚至惡劣到令人質疑美國人的禮貌。他們會在年會上一再地說些粗魯、愚蠢、無禮或侮辱人的話，雖然公司規則似乎允許這種行爲，但社交場所肯定是不允許的。結果有時讓大公司的年會，變得像一場無賴的口角。索斯太太以前從事公關業，自一九四七年以來，便是一名孜孜不倦的職業股東，而她通常比那些最惡劣的職業股東好得多。沒錯，她確實有點譁衆取寵，喜歡穿著奇裝異服出席年會，也會嘗試藉由奚落倔強的會議主席，逼得對方把她逐出會場（有幾次還成功了），更是經常責罵人，有時甚至到達辱罵的程度，而且沒有人可以指責她講話過度簡潔，雖然我承認她慣常的語氣和態度令我反感，但我也必須承認因爲她有做功課，所以通常言之有物。

吉伯特先生自一九三三年起便是職業股東，可說是這一行的長老。他幾乎總是言之有物，而相對於其他職業股東，他講話非常簡潔，十分注意細節和程序，做事投入又勤奮。索斯太太和吉伯特先生雖是多數公司管理階層鄙視的職業股東，但是他們非常知名，足以登上美國名人錄。此外，或許他們因爲當職業股東而得到某種滿足感，可惜的是，他們只是無名的「阿伽門農」（Agamemnon）*和「大埃阿斯」（Ajax）**，在商界某些敘事史詩中總是被稱爲「個別人士」。（一九六五年AT&T年會的官方紀錄便有下列記載：「討論環節的大部分時間，被少數個別人士的提問和陳述所占用，他們提到的事很難說是重要的。……有兩名人士打斷了主席的開場發言。……主席請打斷他發言的人停止搗亂，或是離開會場。」）而且，撒克遜先生在《哈佛商業評論》的文章，雖然完全是在講職業股東和如何應付他們，但聘用作者的公司尊嚴不允許他提到任何一位職業股東的名字，這件事眞是不容易，但撒克遜先生做到了。

戰火開始

索斯太太和吉伯特先生都在柯波會堂，事實上會議才剛開始，吉伯特先生便站起身來，投訴他要求AT&T納入股東委託書和會議議程的幾項決議案，均未出現在委託書和議程

* 特洛伊戰爭中希臘聯合遠征軍統帥。

** 特洛伊戰爭中希臘聯合遠征軍的英雄之一。

上。卡普先生——表情嚴厲、戴著鋼框眼鏡，無疑是那種老派、冷漠的企業高層模樣，而不是較溫和的新派企業管理者模樣——簡短回覆，這是因爲吉伯特的提案涉及一些不適合提交股東考慮的事，更何況還是太晚才提。然後卡普先生宣布，他將報告公司的營運狀況，那十八名其他董事隨即列隊離開講台。顯然，他們只是出來跟大家見個面，並沒有準備要回答股東的問題。他們就這樣從我的視野中消失，我不知道他們去了哪裡，後來有股東詢問他們的下落，卡普先生簡潔回答「他們在這裡」，但這還是沒能解開我的疑問。唱獨角戲的卡普先生，在他的報告中表示，公司「生意興旺，盈利很好，未來也期望將會如此。」他表示公司熱切期待聯邦通信委員會（Federal Communications Commission）展開電話費率調查，因爲AT&T並沒有任何「見不得人的祕密」。然後，他描述了電話產業的光明前景：視訊電話在未來將會普及，訊息將藉由光束傳遞。

卡普先生的演講結束，在管理階層支持的來年董事人選獲得提名之後，索斯太太站起來發表她自己的提名——心理分析師法蘭西絲．艾爾金博士（Frances Arkin）。索斯太太解釋她的提名，表示她覺得AT&T的董事會應該有一名女性，而且她有時覺得公司的經理人偶爾接受精神鑑定，對他們是有益的。（我覺得後面這一句沒有必要，顯得股東對公司高層無禮。後來在另一場年會上，會議主席暗示公司某些股東應該去看精神科醫師；對我來說，股東與公司高層之間的禮貌問題，至少算是扯平了。）這項艾爾金博士的董事提名，獲得吉伯特先生的附議，但似乎有點勉強，因爲索斯太太與他相隔幾個座位，還特地走過去用力推他的肋部，他才附議。

不久之後，一位名爲伊芙琳．戴維絲（Evelyn Y. Davis）的職業股東抗議年會的地點，表示她被迫大老遠地從紐約坐巴士來到這裡。戴維絲太太一頭黑髮，是職業股東中最年輕、而且可能是最漂亮的一位。但是根據我在 AT&T 和其他公司的年會上所見，她並不是最清楚狀況、最有節制、最嚴肅或最世故的職業股東。這次她的發言引來雷鳴般的噓聲，卡普先生回應她說：「妳違反議事規定，妳剛是在自言自語」，博得響亮的歡呼聲。此時我才明白，企業在紐約以外的地方舉辦年會是得到怎樣一種優勢：雖然它未能因此甩開糾纏者，但它能利用美國人強烈的地區自豪感來打擊這些糾纏者。另一名頭戴花帽、自稱來自伊利諾州德斯普蘭斯（Des Plaines）的女士，站起來強調這一點：「我希望這裡某些人，能夠表現得像有智慧的成年人，而不是兩歲小孩。」（掌聲久久不息。）

即便如此，來自東部人的攻擊持續不休。到了下午三點半，也就是會議已經開了兩個小時，卡普先生顯然已經有點焦躁，開始不耐煩地在台上踱步，回答問題時話說得愈來愈少。舉例來說，有人抱怨他專橫，他只說：「好的，好的。」會議的高潮是索斯太太與卡普先生的一番爭執，事關 AT&T 雖然在會場派發的一份小冊子上，列出了董事提名人的商業關係，但是在寄給股東的郵件中卻未列出這些資料，而且絕大多數股東並未出席此次會議，只是透過委託書參與表決。其他大公司多數在它們寄給股東的委託書中列出這些資料，所以股東顯然有權得到合理的解釋，說明 AT&T 爲什麼沒有這麼做。但公司高層就是沒有提出他們的理由，在索斯太太與卡普先生展開爭論後，前者的語調像是在罵人，後者則是冷淡以對；至於現場觀衆，則是快樂地對索斯太太喝倒采，並替卡普先生加油，就像羅馬鬥獸場的觀衆爲獅子歡呼，並狂噓基督徒那樣。

「先生，我聽不到你的話，」索斯太太一度這麼說。「嗯，如果妳靜靜聽，而不是一直講話……，」卡普先生回應。然後索斯太太講了一些我聽不清楚的話，但顯然是對會議主席的有力攻擊，因爲卡普先生的態度完全改變了，從冷淡變成激烈。他開始搖著手指，說他不再忍受辱罵了。此時，索斯太太在用的麥克風突然被關掉了，但她索性走到講台前站著面對卡普先生，身後十幾呎跟著一名穿制服的保全人員，而現場的噓聲和跺腳聲震耳欲聾。卡普先生告訴索斯太太，他知道她想讓他逐出會場，但他拒絕遵從。

最後，索斯太太回到她的座位上，所有人都平靜下來。會議的剩下時間，主要是由業餘而非職業股東提問和發言，氣氛無疑不如之前熱烈，而內容也未顯著變得比較有智慧。來自大急流城（Grand Rapids）、底特律和安娜堡（Ann Arbor）的一些股東均表示，公司的事務最好留給董事處理；但來自大急流城的一名股東也溫和地抗議，說他所在的地區再也收看不到《貝爾電話音樂會》（*The Bell Telephone Hour*）這個電視節目了。一名來自密西根州消遙嶺

（Pleasant Ridge）的先生則說出已退休股東的心聲，希望AT&T少用一些盈餘擴張業務、多配一些股息。一名來自路易斯安那州鄉下的股東表示，最近他拿起電話，要等五到十分鐘才有接線生接聽。他帶著明顯的腔調說：「『偶』希望你們注意『者』件事。」卡普先生承諾派人調查此事。

然後，戴維絲太太抱怨AT&T的慈善捐獻，卡普先生趁機反擊，表示他很樂見世上有人比她樂善好施。（現場響起「可抵稅的」掌聲。）一名底特律男士說：「我希望你們不會因爲受到幾個不滿的人辱罵，以後就不在這麼棒的中西部舉辦年會。」董事選舉的結果公布：艾爾金博士落選，因爲她僅得票一萬九一〇六股，而公司管理階層提名的每個人均得票約四億股（這包含了藉由委託書參與表決的股東，這些股東支持管理階層提名的人，實際上等同反對現場股東的提名人選，儘管他們對現場的情況並不知情。）世界上最大的公司一九六六年的年會便是這樣——準確點講，這是截至下午五點半的情況；當時現場只剩下幾百名股東，而我也要趕赴機場搭飛機回紐約了。

AT&T的年會使我陷入沉思。我想，公司年會有時可能嚴厲考驗代議民主制的支持者，尤其是當他們發現自己同情遭與會者糾纏的會議主席，並爲此感到愧疚時。當職業股東發飆時，可能反而成爲公司管理階層的祕密武器，因爲像索斯太太或戴維絲太太這樣的股東，在他們最激動的時候，可以讓范德比爾特和老摩根變得像是和藹可親的老紳士，也可以讓後起的大亨如卡普先生，顯得像是畏妻的男士——如果不是股東權益捍衛者的話。在這種時候，職業股東實際上便成了「智慧型異議」（intelligent dissent）的敵人。

另一方面，我想無論我們是否認為他們的做法正當，職業股東是值得同情的，因為他們實際上是在代表一些不想被代表的股東。我們很難想像有人比收取豐厚股息的股東，更不願意要求自己的民主權利，或是更懷疑試圖替他們要求這些權利的人。本章開頭提到的伯利認為，股東這個階層本質上是「被動接受者」，不會積極參與管理和創造；在我看來，底特律年會上的多數AT&T股東，深信公司就像聖誕老人，以致他們已從被動接受進步到主動的虛情假意。我覺得職業股東的工作，幾乎就像在大通銀行低階主管中招收共青團（Young Communist League）成員那般吃力不討好。

主席，您為何賣掉自己的股票？

因為想到奇異公司董事長菲利普，在一九六五年斯克內克塔迪年會上對股東的警告，以及有關該公司成立強硬路線工作小組的報導，我登上開往南方的火車去參加奇異年會時，有一種參與追擊行動的感覺。會議在漂亮的亞特蘭大市政大廳（Atlanta Municipal Auditorium）舉行，禮堂後部因為有一座有樹和草坪的室內花園而生輝。儘管會議是在一個令人倦怠的南方春季雨日早上舉行，有超過一千名股東出現在會場。我看到三名黑人股東，不久後也看到了索斯太太。

菲利普先生去年主持斯克內克塔迪年會時曾經極其惱怒，但他今年主持會議則是能完全控制住自己和場面。無論是詳述奇異公司了不起的資產負債表和研發成果，還是與職業股東爭論，他都是以很平穩的聲調講話，在耐心仔細解釋與嘲諷之間小心把握分寸。撒克遜先生在他的《哈佛商業評論》文章中寫道：「最高階經理人正發現，有必要學會如何減輕少數人搗亂對多數股東的壞影響，同時擴大年會上確實會發生的好事的正面影響。」由於我之前已經知道，奇異請了撒克遜先生當公司的股東關係顧問，所以不禁懷疑菲利普先生的表現，正是奉行「撒克遜主義」的結果。職業股東對此的反應，則是採用一模一樣的模稜兩可作風，結果雙方的對話感覺像是彼此爭執過後決定和好，但是還有些不情不願。（其實職業股東可以問奇異，公司花了多少錢來防止他們失控，但他們錯過了這個機會。）

這場年會中的一段對話，展現了主席的機智。索斯太太以她最溫柔的語調指出，董事候選人菲德烈．霍夫德（Frederick L. Hovde）——普渡大學（Purdue University）的校長，陸軍科學顧問小組前主席——僅持有十股奇異股票，她認爲公司董事應該由持股較多的人出任。菲利普先生以同樣溫柔的語調回答，公司有數以千計的股東持股不超過十股，包括索斯太太，或許這些小股東值得有一名代表出任董事。在此情況下，索斯太太只能被迫承認主席說得好。

但另一件事的結局，則顯然沒有那麼圓滿，雖然雙方也是一直禮貌周周。包括索斯太太在內的數名股東，正式提議奇異採用累積投票制選董事；在這種投票方式下，股東可以將他全部的票數集中投給單一候選人，不必將票數分給某份名單中的全部候選人，小股東選出一名代表進董事會的機會因此可大大增強。基於一些明顯的原因，累積投票制在大公司圈子中是一項富有爭議的議題，但它是完全正當的構想；事實上，美國有超過二十個州強制要求在該州註冊成立的公司採用累積投票制，大約四百家股票在紐約證交所掛牌的公司也採用這種投票法。儘管如此，菲利普先生不覺得有必要正面回應索斯太太支持累積投票制的論點，他選擇訴諸公司在寄給股東的郵件中針對這項問題的一篇簡短聲明，其重點是如果採用累積投票制，選出特殊利益團體的代表進入奇異董事會，可能會產生「造成不和、導致分裂」的效應。菲利普先生當然沒說，他知道（他無疑知道）管理階層掌握的股東委託書，足以否決這項提議。

一如某些動物有牠們非常專門的天敵，有些公司也有專門與它們糾纏不休的人，奇異公司便是這樣。一直困擾該公司的人，是來自芝加哥的路易斯．布薩蒂（Louis A. Brusati）這位先生，他在過去十三年間提出了三十一項議案，但是全數遭到否決，反對票數至少達九七％。在亞特蘭大，頭髮灰白、壯碩如美式足球員的布薩蒂又來了，但這次提出的是問題而非議案。其中一例是，他想知道爲什麼根據股東委託書的資料，菲利普先生個人持有的奇異股票，比去年少了四二三股。菲利普先生說，他將那些股票交給他的家族信託基金，然後溫和但加重語氣表示：「我可以說，這其實不關你的事。我想，我對於自己的事是有隱私的。」

他保持溫和是有道理的，加重語氣則大可不必，因為布薩蒂先生很快便以無懈可擊的冷靜平淡語調指出，菲利普先生很多持股是行使股票選擇權，以其他人無法享有的優惠價格買進，而且他的確切持股數量出現在股東委託書上，清楚顯示證交會認為他的持股數量是關布薩蒂先生的事。至於董事收取的薪酬，在布薩蒂先生的詢問下，菲利普先生透露，在最近七年間，董事年薪先是從兩千五百美元調升至五千美元，然後再調高至七千五百美元。兩人接下來的對話如下：

「對了，董事的薪酬是誰決定的？」

「是董事會決定的。」

「董事決定自己的薪酬？」

「是的。」

「謝謝你。」

「謝謝您，布薩蒂先生」

當天早上稍晚，有幾個人口齒伶俐、洋洋灑灑地讚頌奇異公司和南部地區，但我印象最深刻的還是布薩蒂與菲利普這段優雅簡練的對話，因爲它似乎概括了這場會議的氣氛。在這場年會結束前，菲利普先生宣布，管理階層提名的董事在無對手的情況下當選，累積投票制提案以二．四九％對九七．五一％的票數遭到否決。會議在十二點半結束，此時我才意識到，這場會議並未像AT&T底特律年會那樣充滿跺腳聲、噓聲和喊叫聲，而且也不必訴諸地區自豪感來對付職業股東。我想，地區自豪感是奇異公司的底牌，但這次它不必揭開底牌就已經贏了。

股東會紀念品的功效

我參加的每一場年會，都有顯而易見的獨特基調，而多元化製藥暨化學業者輝瑞公司（Chas Pfizer & Co.）年會的基調便是友善。輝瑞往年慣常地在其布魯克林總部舉辦年會，今年則是打破傳統，選在曼哈頓心臟地帶舉辦年會。這頗有「深入虎穴」的意味，因爲這裡正是最勇於提出異議股東的大本營，但我的所見所聞使我相信，輝瑞這麼做不是因爲管理階層魯莽地決心深入虎穴馴虎，而是他們一反潮流，希望盡可能爭取股東出席年會。看來，輝瑞管理階層有足夠自信放下戒備，與股東坦誠相見。明顯的證據就是，在舉行會議的海軍准將飯店（Commodore Hotel）大宴會廳，沒有人查驗股東入場券或入場者的證件。古巴強人卡斯楚

（Fidel Castro）若出現在這裡，想必也能進場暢所欲言——我有時覺得職業股東是以他的演講風格爲模範。約莫一千七百人坐滿了宴會廳，輝瑞董事會全體成員從頭到尾坐在講台上，一一回答股東對他們的個別提問。

會議主席約翰．麥基恩（John E. McKeen）帶著一點布魯克林口音歡迎股東們蒞臨，他稱呼大家爲「我親愛的寶貴朋友」——我嘗試想像卡普先生和菲利普先生這樣稱呼他們的股東，但我做不到；不過，他們的公司是比輝瑞大。麥基恩說，在場每一個人離開時，都將獲贈一大包輝瑞消費品樣品，包括巴巴索（Barbasol）刮鬍泡、德斯汀（Desitin）尿布疹軟膏和茵普悠（Imprévu）香水。主席態度友善且答應送禮，總裁小約翰．鮑爾斯（John J. Powers, Jr.）發表的公司業績（績效指標全面刷新紀錄）和展望報告（期望創造出更多佳績）無懈可擊；在此情況下，最強硬的職業股東也會發現，要在這場會議上造反極其困難。而事實上，在場的職業股東似乎只有約翰．吉伯特（John Gilbert），也就是路易斯．吉伯特的兄弟。（我後來得知，路易斯．吉伯特和戴維絲太太當天在克里夫蘭參加美國鋼鐵的年會。）

輝瑞管理階層値得遇到約翰．吉伯特這樣的職業股東——他們應該也是這麼希望。約翰．吉伯特態度隨和，講話時不時帶著自貶意味笑一下，令人難以想像有比他更討好的糾纏者——不過，有人告訴我，他並非總是這樣。他提出一些吉伯特家族的標準問題，例如有關公司的審計師是否可靠，以及管理階層和董事的薪酬等，但表現得像是他只是出於職責才問這些不禮貌的問題，而他為此感到抱歉似的。至於在場的業餘股東，他們的問題和評論跟我參加的其他年會差不多，但對職業股東的態度則顯著有別。他們並非一面倒地反對職業股東，從掌聲和不滿聲音的音量看來，大約一半的人認為吉伯特很討厭，另一半則認為他的提問是有益的。鮑爾斯清楚地表達他的感覺，在會議結束前不帶諷刺地說他歡迎吉伯特的提問，並特別邀請他明年再來。事實上，在會議的稍後階段，吉伯特像是閒聊般稱讚公司某些方面，但同時批評另一些事，而台上各董事也同樣輕鬆地回應他的評論，因此我第一次短暫覺得股東與管理階層是可以真正溝通的。

廣受股東愛戴的企業大老

美國無線電公司上兩次年會，都在遠離紐約總部的地方舉行——一九六四年在洛杉磯，一九六五年在芝加哥。今年該公司比輝瑞更激進地一反近年常規，選在曼哈頓的卡內基音樂廳（Carnegie Hall）舉辦年會。樓下座位和兩層包廂均坐滿股東，總共約莫兩千三百人，男性股東比例顯著高於我參加的所有其他年會。不過，索斯太太和戴維絲太太也都在場，路易斯．吉伯特和幾位我不曾見過的職業股東也來了。一如輝瑞年會，美國無線電公司全體董事坐在台上，而眾所矚目的焦點是公司七十五歲的董事長大衛．薩諾夫（David Sarnoff），以及他四十八歲的兒子、年初起擔任公司總裁的羅伯特．薩諾夫（Robert W. Sarnoff）。

對我來說，美國無線電公司的年會有兩方面相當突出：股東顯然很尊敬——幾乎到了崇敬的地步——他們著名的董事長，而業餘股東也異乎尋常地勇於發言。老薩諾夫先生主持會議，他看起來很健壯，而且沉著、自信。他與另外幾名公司主管，報告公司的營運狀況和前景，過程中一再出現「創紀錄」和「成長」等字眼，單調到我這個並非美國無線電公司股東的人開始打瞌睡。不過，當美國無線電公司子公司國家廣播公司（National Broadcasting Company）董事長華特·史考特（Walter D. Scott）談到旗下電視節目時，說「創作資源總是跑在需求前面」，此時我猛然醒過來。

沒有人反對這句話或那些輝煌報告中的任何東西，在報告完畢之後，股東便開始就其他事情發言。吉伯特先生提出一些他愛問的問題，這次是關於會計程序，由負責美國無線電公司會計事務的阿瑟·楊公司（Arthur Young & Co.）代表作答，而吉伯特先生看來滿意他得到的答案。一名自稱是瑪莎·布蘭德（Martha Brand）的女士——令人想起狄更斯年代的老婦人——說自己持有「很多千股」美國無線電公司股票，表示美國無線電公司的會計程序是不該被質疑的。後來，我得知布蘭德太太也是職業股東，但她是這個圈子中的異類，因爲她在各種事情上強烈傾向支持公司的管理階層。

然後，吉伯特先生提議美國無線電公司採用累積投票制，提出的理據與索斯太太在奇異公司年會上所用的大致相同。老薩諾夫先生反對這項提議，布蘭德太太也是；她解釋說，她確信現任董事總是孜孜不倦地爲公司的福祉努力，然後再次強調她持有「很多、很多千股」美國無線電公司股票。另外兩、三名股東發言支持累積投票制——這是我唯一一次在年會上，看到不像是職業股東的公司股東，就重要事務發言反對管理階層。（累積投票制以四．七％對九五．三％的票數遭到否決。）索斯太太看來仍保持亞特蘭大年會時的溫和狀態，表示自己樂見台上美國無線電公司董事中有約瑟芬．楊．凱絲太太（Josephine Young Case）一位女性代表，但她對股東委託書上凱絲太太的職業爲「家庭主婦」表示強烈不滿。她說，一位擔任史基摩學院（Skidmore College）校董會主席的女性，不能至少稱她爲「家務經理」（home executive）嗎？另一名女性股東發言歌頌薩諾夫董事長，稱他爲「二十世紀童話般神奇人物」，引發一輪掌聲。

戴維絲太太稍早曾反對本次年會的舉辦地點，理由是卡內基音樂廳對美國無線電公司來說「太單純」了——這個理由令我大惑不解。她提議美國無線電公司採取措施，「確保往後年滿七十二歲者不會擔任公司董事。」雖然許多公司有類似規定，而且因爲提案不溯及以往，並不影響老薩諾夫先生的地位，但此舉看來是衝著他而來，結果戴維絲太太再次展現了她面對公司管理階層時自陷窘境的神奇本領。她發言時戴著蝙蝠俠面具（我不知道有何象徵意義），這對她的提案顯然是無益的。無論如何，她的提議引來幾個人慷慨激昂地捍衛老薩諾夫先生，其中一人甚至激憤地表示戴維絲太太侮辱了在場所有人的智慧。此時，嚴肅的吉伯特先生站起來說：「我很同意她的服飾相當可笑，但她的提議是有正當理由的。」從吉伯特先生明顯激動的狀態看來，他能做出這種伏爾泰式的明辨，是因為他的理智戰勝了令他付出不少代價的性格傾向。戴維絲太太的提案遭到壓倒性否決，票數差距之大，形同股東在會議結束前，對童話般神奇人物的董事長熱烈投下信任票。

異議者的價值

我在這次年會季節的最後一場活動，是出席通訊衛星公司的年會，而典型的胡鬧是這場會議的基調。通訊衛星公司當然就是美國政府於一九六三年成立，然後在一九六四年著名售股案中將股權交給公眾的那間魅力十足的太空時代通訊公司。當我抵達會議舉辦地點華府肖雷漢姆飯店（Shoreham Hotel）時，發現在約莫一千名股東中有戴維絲太太、索斯太太和路易斯．吉伯特，對此我當然不大感意外。戴維絲太太打扮得像要登台表演似的，頭戴橙色遮陽帽，穿著紅色短裙和白靴子，黑色毛線衣上以白色字寫著「I Was Born to Raise Hell」（我就是天生來搗亂的），站在一列電視台的攝影機前動也不動。索斯太太找了一個遠離戴維絲太太的位置（我現在知道這已成為她的習慣），因此也就遠離電視台的鏡頭。考慮到她通常並不厭惡上鏡頭，我只能說她如此選擇座位，是掙扎之後的良心勝利，類似吉伯特先生在卡內基音樂廳的理智勝利。吉伯特先生選擇坐在索斯太太附近，因此當然也是遠離戴維絲太太。

自去年以來，以強硬態度主持通訊衛星公司一九六五年年會的李奧・威爾許（Leo D. Welch）已卸下董事長一職，由畢業自西點軍校、曾獲羅德獎學金的詹姆斯・麥科馬克（James McCormack）接替。麥科馬克是退役的空軍上將，舉止優雅得無懈可擊，樣子有點像溫莎公爵，今年的年會由他主持。在開場白中，他提到，股東若想臨時發言，內容必須「非常切題」——這句話他說得很順，但語氣有所加重。麥科馬克完成他的熱身發言之後，索斯太太簡短地講了一些可能切題、也可能不切題的話；基本上我聽不到她說什麼，因為她使用的麥克風顯然有問題。直接發言的是戴維絲太太，她的麥克風效果實在是太好了。在攝影鏡頭的注視下，她以震耳欲聾的聲音，猛烈抨擊通訊衛星公司及其董事，原因是他們保留了一道特別的門，僅供「尊貴嘉賓」進入會場使用。戴維絲太太講了很多話，表示她認為這種做法是不民主的。麥科馬克先生回應：「我們為此道歉。您在離開的時候，請走任何一道您喜歡的門。」但戴維絲太太顯然仍不滿意，繼續說個不停。

當索斯太太和吉伯特先生顯然決定與戴維絲太太劃清界線時，現場的鬧劇氣氛便更濃了。戴維絲太太的演講接近高潮時，吉伯特先生看起來很憤慨，就像一個男孩看到自己的球類遊戲，被一個不懂規則或不在乎遊戲的人破壞了似的；他站起來，開始大喊：「程序問題！程序問題！」但麥科馬克先生謝絕他的好意，表示他大喊「程序問題」是違規的，並請戴維絲太太繼續說下去。我覺得麥科馬克的用意很容易推斷，種種跡象明確顯示，他享受眼前的每一刻，這點跟我見過的主持年會的所有其他企業董事長不同。在整場會議的期間，尤其是當職業股東發言時，麥科馬克先生都露出完全入神的旁觀者的夢幻笑容。

最後，戴維絲太太的講話音量和內容均達到高峰，她開始具體指控通訊衛星公司的個別董事。此時，三名保全人員——包含兩名健壯的男士和一名表情堅決的女士，穿著應該可當《彭贊斯的海盜》（*The Pirates of Penzance*）戲服使用的華麗、俗氣深綠色制服——悄悄地出現在會場後方。他們迅速但威嚴地走到中間通道，在距離戴維絲太太很近的通道擺出稍息姿勢，而戴維絲太太則忽然結束講話，坐了下來。仍然咧嘴而笑的麥科馬克先生說：「好了，現在一切都冷靜下來了。」

保全人員退下，會議繼續。麥科馬克先生和公司總裁約瑟夫．查里克（Joseph V. Charyk）就公司事務，做了一些我已經習以爲常的輝煌報告。麥科馬克甚至說，公司明年就可能首次取得盈利，不必等到原本預期的一九六九年——後來它眞的做到了。吉伯特先生問麥科馬克，他在正常薪酬之外，出席董事會會議可以領到多少錢？麥科馬克說不會領到任何錢，吉伯特則說：「很高興你不會領到任何錢，我贊成這種安排。」他的話引來哄堂大笑，而麥科馬克的笑容也變得更加燦爛。（吉伯特顯然是嘗試提出一件他認爲很嚴肅的事，但當天的氣氛似乎不適合談嚴肅的事。）

索斯太太諷刺戴維絲太太，尖銳地表示反對麥科馬克當公司董事長的人是「缺乏判斷力」；不過，她也提到，她無法投票支持前董事長威爾許出任董事，因爲他在去年年會上將她逐出會場。一名充滿活力的老先生說，他認爲公司的運作良好，大家應該對它有信心。吉伯特先生一度說了一些戴維絲太太不喜歡的話，因此她迫不及待地隔著老遠大聲喊出她的異議，此時麥科馬克忍不住笑了出來。這聲短笑，經由主席的麥克風完美地放大，概括了這場年會的氣氛。

在回紐約的飛機上，我回想自己參加的這幾場公司年會，覺得如果這些會議上沒有職業股東，我對這些公司事務的認識大概還是一樣，但我對其最高主管性格的認識則會大大減少。畢竟在某種意義上，是職業股東的提問、干擾和講話，迫使會議主席卸下公務面具，參與人際互動，賦予這些公司一些生氣。這往往是人與人之間找碴與被找碴、一種很難令人滿意的關係，想在重大企業事務中尋找人性的人是無法那麼挑剔的。但我仍然有一些疑問，身處三萬呎的高空有助我放寬眼界，因此當飛機飛過費城上空時，我得出下列結論：基於我的所見所聞，企業管理階層與股東應汲取李爾王（King Lear）得到的教訓——當小丑充當異議者時，災難可能即將來臨。

11 免責咬一口

一個人、他的知識與他的工作

一九六二年秋季，數以千計的年輕科學家在美國企業的研發部門表現優異，當中包括俄亥俄州亞克朗市（Akron）效力於固力奇公司（B. F. Goodrich）的唐納德・沃根武（Donald W. Wohlgemuth）。沃根武一九五四年畢業自密西根大學，獲得理學學士學位，主修化學工程。他畢業後馬上進入固力奇公司的化學實驗室工作，起薪爲每月三百六十五美元。除了當兵那兩年之外，他一直在固力奇做工程和研發方面的工作，在六年半之間總共獲得十五次加薪。一九六二年十一月，在他快要過三十一歲生日時，他的年薪爲一萬零六四四美元。德裔的沃根武是個獨立自主的高個子，戴著一副粗框眼鏡，顯得神情嚴肅。他與妻子和十五個月大的女兒，住在亞克朗市郊沃茲沃思（Wadsworth）一間帶有車庫的平房裡。總的來說，他像是那種事業有成、但此外乏善可陳的美國普通年輕人。不過，他的工作性質絕不尋常：他是固力奇太空衣工程部門的經理；在升上這個職位的過程中，他參與設計和製造美國第一項載人航天計劃「水星計劃」（Project Mercury）太空人進行軌道和次軌道飛行所穿的太空衣，而且是當中的重要角色。

獵頭挖角

就在十一月的第一週，沃根武接到紐約一家獵頭公司的電話，對方說德拉瓦州多佛市（Dover）一家大公司的主管迫切希望見他，討論他跳槽到該公司的可能。雖然獵頭公司並未透露很多資料（它們首次接觸客戶希望挖角的人，通常都是這樣），但沃根武馬上就知道對方所講的大公司是哪一家。國際乳膠公司（International Latex Corporation）就位在多佛市，雖然大眾多數只知道該公司生產束腹和胸圍，但沃根武知道它也是固力奇在太空衣領域的三大競爭對手之一。他還知道，國際乳膠最近獲得一份轉包合約，價值約七十五萬美元，負責研發「阿波羅登月計劃」（Project Apollo）使用的太空衣。事實上，國際乳膠是打敗了固力奇等同業取得這份合約，因此可說是眼下太空衣領域最當紅的公司。另一方面，沃根武當時對自己在固力奇的處境不是很滿意；首先，他的薪水在三十來歲的人當中雖然算是很好，但顯著低於固力奇同級員工的平均薪酬。此外，他不久前要求公司替太空衣部門的工作區域裝冷氣或空氣過濾系統，以求減少灰塵，但遭到管理階層拒絕。因此，在透過電話聯繫獵頭公司所講的大公司主管後（果然是國際乳膠公司），沃根武在隨後的週日便去了多佛一趟。

他在多佛待了一天半，週一當日向固力奇請假，得到「眞正的紅地毯待遇」——這是他後來自己講的。國際乳膠工業產品部總監李奧納・謝帕德（Leonard Shepard）陪沃根武參觀公司的太空衣研發設施，副總裁馬克斯・費勒（Max Feller）在自己家裡招待他，另一名主管則陪他看多佛的居住環境。最後，週一午餐之前，他與這三名主管面談，之後三人「轉到另一個房間談了約十分鐘」——這是沃根武後來在法庭上的敘述。當他們重新出現時，其中一人表示國際乳膠希望聘請沃根武爲工業產品部工程經理，職責包括太空衣的研發，年薪一萬三七〇〇美元，在十二月上任。沃根武致電太座，得到她的同意後，接受了這份工作；她太太本來住在巴爾的摩，很高興可以回到故鄉附近，所以支持沃根武跳槽。當天晚上，他飛回亞克朗；週二早上，沃根武第一件事便是去找他在固力奇的直屬上司卡爾・艾夫勒（Carl Effler），告訴對方他將於月底離開公司，去做另一份工作。

「你是開玩笑的吧？」艾夫勒說。

「不是，我很認眞，」沃根武答道。

根據沃根武後來在法庭上的陳述，兩人講完這兩句之後，艾夫勒抱怨了一下月底前很難找到適任的接替者——上司面對請辭的部屬，通常會說這種話。當天餘下時間，沃根武整理他的部門文件，並清理他桌上的待辦事項。第二天早上，他去見韋恩．蓋洛威（Wayne Galloway），固力奇太空衣業務的一名主管；他倆曾緊密合作，長期以來非常友好。沃根武後來說，雖然當時在公司的組織架構下，他不是蓋洛威的部屬，但是他覺得基於人情，應該親自向蓋洛威「解釋他的情況」。沃根武一見到蓋洛威，便有點濫情地將一枚水星計劃太空船徽章交給對方；那是他參與水星計劃太空衣研發工作獲贈的，他說他覺得自己沒有資格再用這枚徽章了。蓋洛威問他：「那你爲什麼要走呢？」沃根武說，很簡單，因爲國際乳膠公司的工作，使他在薪水和職責方面都前進一步。蓋洛威說，沃根武跳槽，會將一些不屬於他的東西帶去國際乳膠公司，特別是固力奇製造太空衣的方法。在兩人交談的過程中，沃根武問蓋洛威，換作是他得到類似的工作機會，他會怎麼做？蓋洛威說他不知道，但又補了一句：如果有一群人帶著一個天衣無縫的銀行搶劫計劃，找他加入，他不知道自己會怎麼做。他說，沃根武的決定，必須基於忠誠和道德。沃根武覺得這句話是在指責他心存惡意，一時衝動之下便脫口而出：「忠誠和道德是有價格的，國際乳膠公司已經爲它們買單。」他後來解釋，自己在當時忍不住說了氣話。

此後事情便急轉直下。當天早上稍後，艾夫勒將沃根武叫進辦公室，告訴他管理階層已經決定請他盡快離開公司；他只需要列出手上在做的工作和完成一些手續，即可離去。當天下午，沃根武在忙這些事時，蓋洛威打電話給他，說公司的法務部門想見他。在法務部門，他被問到，他是否打算在國際乳膠公司使用屬於固力奇的機密資料？根據固力奇一名律師後來提供的宣誓陳述書，沃根武再度魯莽地回答：「你們要如何證明我有做這些事？」法務部的人告訴他，在法律上，他並非可自由地跳槽到國際乳膠公司。雖然他並沒有與固力奇簽訂美國產業界常見的競業禁止協議，承諾在某段時間內不跳槽到競爭對手做類似工作，但他從陸軍退役回到公司時，簽了一份例行文件，同意「替受雇期間接觸的所有資料、紀錄和文件保密」——在固力奇的律師提醒沃根武之前，他已經完全忘記自己簽過這份文件。這名律師告訴他，即使他沒有簽過這份文件，根據商業機密法已確立的原則，他也不能替國際乳膠公司做太空衣方面的工作。此外，如果他堅持自己的跳槽計劃，固力奇可能會控告他。

沃根武回到自己的辦公室，打電話給他在多佛見到的國際乳膠副總裁費勒。在他等候電話接通之際，他與前來看他的直屬上司艾夫勒交談，對方對他跳槽一事的態度看來已顯著轉趨強硬。沃根武抱怨自己受到固力奇支配，覺得公司不合理地妨礙他的自由。而艾夫勒的話更令他惱火，他說過去四十八小時發生的事將不會被忘記，大有可能影響沃根武在固力奇的前途；如果他離職，公司可能會告他，但他要是留下來，則可能會遭到奚落。在打到多佛的電話接通之後，沃根武告訴費勒，從新的情況來看，他將無法去國際乳膠公司工作。

但是，當天傍晚，沃根武的前途看來轉趨光明。在沃茲沃思，他去看相熟的牙醫師，對方介紹了一位當地律師給他。沃根武將他的事告訴這名律師，對方透過電話諮詢另一名律師，兩位律師認爲固力奇很可能只是在嚇唬沃根武；如果他跳槽到國際乳膠，估計固力奇不會眞的控告他。第二天週四早上，國際乳膠公司的人致電沃根武，向他保證如果發生訴訟，將會承擔他的法律費用，並補償他在薪酬上可能遭受的損失。受到這通電話的鼓舞，沃根武在接下來數小時內做了兩件事：親自去告訴艾夫勒兩名律師給他的意見，並且致電法務部門，表示他改變主意，決定去國際乳膠公司上班。當天，在他清理好自己的辦公室之後，便永久離開了固加奇辦公室，並未帶走任何文件。

隔天週五，固力奇法務總顧問基特（R. G. Jeter）致電國際乳膠產業關係總監艾默生・巴雷特（Emerson P. Barrett），提出固力奇對沃根武跳槽到國際乳膠可能洩露固力奇商業機密的疑慮。巴雷特說，雖然「沃根武是受雇從事太空衣的設計和製造工作」，國際乳膠對取得固力奇的商業機密完全沒有興趣：「我們只是希望借助沃根武先生的一般專業能力。」但這個答案未能滿足基特或固力奇，這點在三天之後的次週一獲得證實。週五傍晚，沃根武在亞克朗一間名爲布朗德比（Brown Derby）的餐廳，參加四、五十位朋友替他辦的送別會。一名女服務生告訴他，外頭有人找他，那個人是亞克朗所在地薩米特郡（Summit County）一位副警長，他將兩份文件交給沃根武：一份是傳喚沃根武約一週後出席民事法院聆訊，另一份是當天固力奇向同一法院提交的申請書副本，內容是請求法院永久禁止沃根武做某些事，包括向任何未獲授權的人透露任何屬於固力奇的商業機密，以及「替原告以外的任何公司做任何與高海拔增壓衣、太空衣和／或類似防護衣的設計、製造和／或銷售相關工作。」

怎樣才算違反商業機密？

在中世紀，人們充分認同有必要保護商業機密；當時各種手工業的公會，熱心捍衛自身行業的機密，嚴格限制會員跳槽。採行不干涉主義的工業社會，因爲強調個人有權把握機會出人頭地，對於雇員跳槽寬容得多，但仍然尊重各組織保護自身機密的權利。在美國法律中，有關商業機密的基本規定是小奧利弗．溫德爾．霍姆斯大法官（Oliver Wendell Holmes）在一九〇五年芝加哥一宗訴訟中確立的。他在判決書中寫道：「原告有權利將自己的工作成果，或付錢取得的工作成果只留給自己。其他人如果能做類似工作，並不代表他們有權竊取原告的工作成果。」此後，幾乎每一宗商業機密訴訟，都引述這項直白得可敬、但或許不大縝密的裁決。然而，在多年之後，隨著科學研究和產業組織變得極其複雜，怎樣才算是商業機密、怎樣才算是竊取商業機密的問題，也變得極其複雜。

美國法律協會（American Law Institute）一九三九年發表權威文件《侵權法重述》（*Restatement of the Law of Torts*），勇敢地處理前述第一個問題，提出下列說明或重述：「商業機密可以是某個人在其業務中使用的任何方案、模式、裝置或資料組合；當事人因爲這些機密，有機會在與並不知道或使用它們的對手競爭時占得優勢。」不過，在一九五二年一宗訴訟當中，俄亥俄州一法院裁定，亞瑟・馬瑞（Arthur Murray）的舞蹈教學法雖然是獨特的，而且對他與同業競爭顧客應該有幫助，但不算是商業機密。該法院認爲：「人人都有做各種事情的『自己的方法』——無論是梳頭髮、擦鞋子或修剪草坪，我們都有自己的方法」，因此商業機密不僅應該是獨特、有商業價值的，還必須有固有價值（inherent value）。至於怎樣才算是竊取商業機密？在密西根州一九三九年一宗訴訟當中，荷蘭餅乾機器公司（Dutch Cookie Machine Company）指控一名前員工有意利用該公司高度機密的方法自行製造餅乾機器。初審法院裁定，荷蘭餅乾機器公司在製造機器的過程，至少涉及了三項祕密工序，因此禁止那名前員工以任何方式使用那些工序。但是，當密西根最高法院審理該案的上訴時，發現被告雖然知道那些祕密工序，但並未計劃在自己的生意中使用它們，因此最高法院撤銷了下級法院的禁制令。

隨著憤怒的舞蹈教師、餅乾機器製造商和其他人在美國的法院提出訴訟，有關保護商業機密的法律原則牢牢確立，困難主要在於將這些原則應用在個別案件上。近年來，此類訴訟的數量大幅增加，這是因爲民間企業的研發投資也大幅增加——民間企業一九六二年的研發支出高達一一五億美元，是一九五三年的三倍以上。沒有公司希望自己投資產生的發明，被人藏在公事包中帶走，它們甚至不希望相關知識被另謀高就的年輕科學家藏在腦中帶走。在十九世紀的美國，如果有人發明更好的捕鼠器，只要他能夠正確地取得專利，自身權益應該就能夠得到有效的保護。那個年代的科技相對簡單，專利已能保護商業上的多數所有權，所以商業機密訴訟相對罕見。然而，今天的「先進捕鼠器」，就像製造太空衣所涉及的工序，往往是無法取得專利的。

由於固力奇控告沃根武一案的結果，可能影響數以千計的科學家和上百億美元的研發投資，它自然特別受到公衆矚目。在亞克朗，此案審訊的過程，獲得當地報紙《亞克朗燈塔報》（*Akron Beacon Journal*）大篇幅的報導，也成爲當地人的熱門議題。固力奇是老派公司，在處理員工關係上有強烈的家長作風，而且極其重視它眼中的商業道德。固力奇一名非常資深的主管表示：「沃根武的行爲令我們很不高興。在我看來，這件事在公司引發的疑慮，是多年來僅見的。事實上，固力奇成立九十三年來，從不曾訴諸法院阻止前員工洩露我們的商業機密。當然，歷年來有許多從事敏感工作的員工離開公司。但在那些個案中，聘請這些離職員工的公司，都認識到它們的責任。有一次，固力奇一名化學家跳槽到另一家公司，我們覺得他將在新工作中使用我們的一些技術，所以我們找這名前員工和他的新雇主討論，結果是該公司從未曾推出它請我們這名前員工去研發的產品。這名前員工和他的新雇主都做了負責任的事。至於沃根武這件事，本地社會和我們的員工，起初對我們有些敵意：他們覺得我們一家大公司在欺負一個小人物，諸如此類的看法。但後來，他們逐漸轉向支持我們的立場。」

亞克朗以外的地方對這件案子的興趣，展現在寄到固力奇法務部詢問此案的大量信件上；此案顯然已成爲衆所矚目的指標案件。有些詢問是來自遇到或預期將遇到類似問題的公司，但也有意外數量的詢問是來自年輕科學家的家人，例如有人問：「這是否表示我兒子終其一生，都將被鎖在他現在的工作上？」事實上，這件案子確實涉及重要議題，無論法官怎麼判都必須避開危險的陷阱。危險之一，是法院的判決可能使得企業無法保護研發成果，最終導致民間研發投資枯竭。另一方面的危險，則是法院的判決可能使得數以千計的科學家，因爲自身的聰明才智，被永遠鎖在一種可悲且可能違憲的知識牢籠裡——因爲知道太多東西，所以被禁止換工作。

我不會洩密

此案在亞克朗審理，由法蘭克・哈維（Frank H. Harvey）法官主持，一如所有此類案件，不設陪審團。審訊從十一月二十六日開始，持續到十二月十二日，中間休庭一週。沃根武本來十二月三日就要開始在國際乳膠公司上班，但遵照他與法庭的自願協議，留在亞克朗，並出庭就案情各方面積極作證自辯。固力奇尋求的禁制令（injunction），是機密遭竊的人所能尋求的主要救濟形式，源自羅馬法，古時稱爲「interdict」（現在蘇格蘭仍然沿用此詞）。固力奇的訴求，實際上是要求法院直接下令，禁止沃根武洩露固力奇的機密，同時禁止他在其他公司從事太空衣方面的工作。違反這種命令將構成藐視法庭罪，可處罰款或監禁（或罰款加監禁）。固力奇的律師團隊由基特親自領軍，可見該公司非常重視這件案子——基特是固力奇副總裁、公司祕書，也是該公司在專利法、一般法律事務、員工關係、工會關係和工人傷殘賠償等事務上的最終權威，之前十年一直找不到時間親自出庭打官司。辯方首席律師是亞克朗當地巴金漢杜立德伯若斯（Buckingham, Doolittle & Burroughs）律師事務所的李察・車諾維斯（Richard A. Chenoweth），國際乳膠雖然不是本案被告，但爲了兌現它對沃根武的承諾，聘請該律師事務所替沃根武辯護。

審訊一開始，控辯雙方便認清，固力奇若要勝訴，必須證明下列三件事：一、公司確實有商業機密；二、沃根武也掌握這些機密，而且有洩密的實質危險；三、如果法院不發出禁制令，固力奇將遭受無可彌補的傷害。有關第一點，固力奇的律師藉由審問艾夫勒、蓋洛威和公司另一名員工，嘗試證明固力奇在太空衣方面有一些無可爭議的機密，包括一種製造太空頭盔硬殼的方法、一種製造遮陽板封條的方法、一種做襪尾的方法、一種做手套襯裡的方法、一種將頭盔扣緊太空衣其他部分的方法，以及一種將耐磨的氯丁橡膠用在雙面彈性布料上的方法。沃根武藉由其律師的交互詰問，嘗試證明這些方法完全不是機密。例如，氯丁橡膠工序在艾夫勒口中，是固力奇「非常關鍵的商業機密」，但車諾維斯指出，國際乳膠有一款名爲「布蕾特」（Playtex Golden Girdle）的束腹，就是用加了氯丁橡膠的雙面彈性布料製造的。

這項產品既非機密，也不會用在該公司的太空衣上；爲了強調他的論點，車諾維斯拿了一件布蕾特束腹到庭上給所有人看。

雙方也都沒忘記帶一套太空衣上法庭，而且都找人穿上。固力奇展示的太空衣，是一九六一年的款式，希望藉此呈現該公司的研發成果；它打這場官司，正是不想因爲有人洩露公司機密而損害其研發成果。國際乳膠也是展示一九六一年款的太空衣，希望藉此證明該公司在太空衣研發上已領先固力奇，所以沒有興趣竊取固力奇的機密。國際乳膠的太空衣樣子特別古怪，在庭上穿著它的國際乳膠員工看起來極不舒服，好像他不習慣地球或亞克朗的空氣似的。「因爲空氣管沒有接好，所以他覺得很熱，」《亞克朗燈塔報》在第二天的報導中解釋。無論如何，在辯方律師就這套太空衣審問一名證人時，穿著太空的人坐著受苦十或十五分鐘之後，突然很難受地指著他的頭盔；接下來的法庭紀錄在歷來的審訊紀錄中，很可能是獨一無二的：

太空衣中的人：我們可以脫掉它嗎？（頭盔）……

法庭：可以。

固力奇要證明的第二點，是沃根武知道該公司的機密，這點不必爭論，因爲辯方律師承認，固力奇有關太空衣的一切，沒有什麼是沃根武不知道的。於是，辯方基於下列兩點辯護：一、沃根武無疑並未從固力奇帶走任何文件；二、即使他希望記下固力奇的機密工序，也不大可能記得那些複雜科學程序的細節。至於控方要證明的第三點，也就是固力奇將遭受無可彌補的傷害，基特指出，固力奇製造出史上首套全壓飛行服，供已故的懷利．波斯特（Wiley Post）於一九三四年的高海拔實驗使用，隨後投入巨資研發太空服，在這個領域無疑是先驅，也是這一行目前公認的領導廠商。

基特嘗試將一九五○年代中期才開始製造全壓衣的國際乳膠描繪成暴發戶，意圖藉由招攬沃根武，卑鄙地掠奪固力奇多年來努力研發的成果。他表示，即使國際乳膠和沃根武抱持最大的善意，沃根武替國際乳膠的太空衣部門工作，仍將無可避免地洩露固力奇的機密。基特無論如何都不願假設對方心存好意，至於他們不懷好意的證據，國際乳膠的部分展現在他們刻意找上沃根武這點，而沃根武的部分則是他對蓋洛威講的那句話：「忠誠和道德是有價格的。」辯方質疑洩密是無可避免的說法，當然也否認有人不懷好意。他們在總結時，安排沃根武在庭上宣誓：「對於我認為屬於固力奇公司的所有機密，我絕不會洩露給國際乳膠公司。」但這當然消除不了固力奇的疑慮。

在聽取雙方的證詞和律師的總結之後，哈維法官宣布將擇日宣判，同時發出臨時命令，禁止沃根武洩露固力奇所稱的機密，同時禁止他在國際乳膠公司做太空衣方面的工作；他可以在國際乳膠受薪工作，但在法院宣判之前，不得參與太空衣相關事務。十二月中，沃根武留下家人，前往多佛替國際乳膠公司做太空衣以外的工作；一月初，他已賣掉沃茲沃思的房子並在多佛購屋，家人也就搬到多佛。

在狗咬人之前，你不能假定牠是凶惡的

在此同時，控辯雙方的律師均向法院提交意見書，嘗試藉此左右哈維法官的決定。他們博學地辯論各種法律細節，但無法一錘定音。不過，在這項過程中，有一件事愈來愈清楚：此案的本質實際上很簡單。相關事實其實並無爭議，有爭議的是下列兩個問題：一、如果一個人尚未洩密，而且也不清楚他是否有洩密之意，是否應該正式禁止他洩露商業機密？二、是否應該只是因爲某份工作令某人面對違法的獨特誘惑，就禁止這個人做這份工作？辯方律師搜尋法律書籍，找到了一些文字，明確支持這兩個問題的答案均爲否定的立場。（法律著作的作者在書中的陳述，在任何法院均無法律效力，這點與歷來的法院判決截然不同；不過，若能明智地運用這種資料，律師可以引述他人來表達自己的看法，引用「參考文獻」支持自己的觀點。）

辯方引述律師理思達・艾利斯（Ridsdale Ellis）於一九五三年出版的著作《商業機密》（*Trade Secrets*），當中寫道：「通常要到有證據顯示，已跳槽的員工明確或含蓄地並未履行保密的契

約義務，前雇主才能夠提起訴訟。侵權法中有句格言：每條狗都有免責咬一口的法律保護，在一條狗咬人之前，你不能假定牠是凶惡的。據此原則，前雇主必須在前員工做了某些顯然違約的事之後，才能夠提起訴訟。」這段話非常生動，而且看來恰恰適用於沃根武一案。爲了反駁此說，固力奇的律師在同一本書中找到了另一段話。（控辯雙方在他們的意見書中，一再地引用艾利斯的《商業機密》，很可能是因爲雙方都主要靠薩米特郡法律圖書館做研究，而該館討論商業機密的書只有這本。）固力奇的律師發現，艾利斯在書中表示，在商業機密訴訟中，被告若是一家公司，被指控挖走另一家公司掌握機密的員工，則「這名員工到被告公司上班時，我們可以做出下列推論來補強間接證據：被告聘請這名員工，是出於取得原告機密的意圖。」

換句話說，艾利斯顯然認爲當情況可疑時，不應容許「免責咬一口」。那麼，他是自相矛盾，或只是提出了較爲精細的意見？這是個好問題，但由於艾利斯早在數年前已過世，我們無法請他澄清。

一九六三年二月二十日，哈維法官在研究過意見書並深思熟慮之後，發表他九頁的判決書，內容充滿懸疑。法官首先寫道，他相信固力奇確實有一些與太空衣相關的商業機密，沃根武或許能記得其中一些並洩露給國際乳膠公司，造成固力奇無可彌補的傷害。他然後說：「國際乳膠公司無疑試圖得到沃根武在這個專門領域的寶貴經驗，因爲他們手上握有與政府的『阿波羅』合約；如果沃根武獲准在國際乳膠公司的太空衣部門工作，他無疑有機會洩露固力奇公司的機密資料。」此外，哈維法官相信，從國際乳膠公司的代表在法庭上的表現看來，該公司挖角沃根武是想得到「他所握有的資料的好處」。

看到這裡，辯方的情況看來非常不樂觀，但是——法官寫到第六頁後頭才提出這個「但是」——哈維法官研究雙方律師有關「免責咬一口」的爭論後，認爲在洩露商業機密的行爲發生之前，除非有清楚的實質證據顯示被告不懷好意，否則法院不能發出禁止洩露商業機密的命令。法官指出，本案被告是沃根武，如果有人不懷好意，看來是國際乳膠公司而非沃根武。基於這個理由和一些技術性因素，他的結論是：「本庭認爲，不應該對被告發出禁制令，先前針對他的禁制令因此撤銷。」

固力奇隨即上訴，薩米特郡上訴法院在審案之際，同樣是先發出限制令，但和先前哈維法官發出的內容不同，這次禁止沃根武洩露固力奇所稱的商業機密，但允許他替國際乳膠公司做太空衣方面的工作。因此，先勝一仗但仍官司纏身的沃根武，便開始在國際乳膠公司研發登月太空衣。

基特和他的同事在提交上訴法院的意見書中，明確表示哈維法官不僅在判決的某些技術問題上出錯，而且他認爲必須有證據顯示被告不懷好意才能發出禁制令也是錯的。固力奇的意見書明白指出：「法官要判斷的，並不是被告心存好意或惡意，而是商業機密是否有遭到洩露的危險。」但這種說法可能有點前後不一，因爲該公司之前耗費大量時間和精力，嘗試證明國際乳膠公司和沃根武兩者皆不懷好意。沃根武的律師當然不會忘記指出這項矛盾，他們在意見書中寫道：「固力奇挑剔哈維法官的這項意見，看來著實奇怪。」他們顯然對哈維法官極有好感，以致很想維護他。

上訴法院在五月二十二日做出裁決，判決書由阿瑟・道爾（Arthur W. Doyle）法官撰寫，在另外兩名上訴法院法官的支持下，推翻了哈維法官的部分判決。三位法官認爲「即使沒有實際的洩密行爲，但存在著實質的洩密危險」，而「禁制令可以防止未來可能出現的違法行爲」，因此法院決定發出禁制令，禁止沃根武向國際乳膠公司透露固力奇視爲商業機密的所有工序和資料。另一方面，道爾法官寫道：「我們認爲，沃根武無疑有權從事與原雇主競爭的工作，並利用他的知識（不包括原雇主的商業機密）和經驗服務他的新雇主。」換句話說，沃根武終於獲准接受國際乳膠公司太空衣業務方面的長期職位，條件是他在工作中不洩露固力奇的商業機密。

你自己思考是否已和工作結婚

控辯雙方均未進一步上訴（再上一級的法院是俄亥俄州最高法院，然後是聯邦最高法院），薩米特郡上訴法院的判決，解決了沃根武一案。審訊結束後，大衆對此案的興趣很快就消退，但業界的興趣則繼續增加，在上訴法院於五月判決之後仍然持續。紐約市律師協會（New York City Bar Association）與美國律師協會，在當年三月合辦了一個有關商業機密的研討會，焦點正是沃根武一案。當年稍後，擔心失去商業機密的各產業雇主，針對前員工提起多項訴訟，想必是以沃根武案爲判例。一年之後，各地法院審理中的商業機密訴訟有二十多宗，最受矚目的一宗是杜邦公司（E. I. du Pont de Nemours & Co.）提起的，它希望阻止一名前研究工程師在美國鉀肥化工公司（American Potash & Chemical）參與製造若干罕見的顏料。

我們可以合理假設，基特也許會擔心上訴法院的命令難以執行，他可能會擔心沃根武關起門來在國際乳膠的實驗室工作，由於對固力奇心存怨恨，所以會不顧法院禁令，本著不會被抓到的想法，行使他「免責咬一口」的權利。然而，基特看來並非這麼想，他在該案塵埃落定後表示：「除非我們得知相反的情況，否則我們假設沃根武和國際乳膠公司既然知道法院的命令，就會遵守法律。固力奇並未採取任何具體措施監督法院命令的執行，也並未考慮這麼做。但如果有人違反法院命令，我們很可能從各種管道得知消息。畢竟，沃根武是和其他人一起工作，這些人是會流動的。工作上經常接觸他的可能有二十五人，他們當中可能會有一、兩個人，在兩年內離開國際乳膠公司。此外，我們可以從同時與國際乳膠和固力奇往來的供應商那裡，還有客戶那裡得到很多消息。話說回來，我不覺得有人會違反法院的命令。沃根武經歷了一場官司，這對他來說是非常難忘的經驗。現在他知道根據法律，自己有哪些責任，而他之前可能並不清楚這些責任。」

沃根武在一九六三年稍後表示，自從案件審結以來，他接到業界其他科學家的大量詢問，基本上是問他：「你的案子是否意味著我和我的工作結婚了？」他告訴那些人，他們必須自己得出結論。沃根武也表示，法院的命令對他在國際乳膠太空衣部門的工作並無影響：「法院的命令並未確切說明我不能洩露固力奇哪些機密，所以我假設他們宣稱是機密的，全部都是機密。儘管如此，我的效率並沒有因爲我必須避免透露那些東西而受損。舉例來說，固力奇宣稱利用聚氨酯做內襯是他們的商業機密，但國際乳膠公司其實也曾經嘗試這麼做，但認爲效果不佳，所以無意繼續朝這方向研究下去，直到現在也還是這樣。法院的禁制令對我在國際乳膠公司的工作效能毫無影響，但我必須要這麼說，如果現在有其他公司提供更好的工作機會給我，我肯定會非常審慎評估自己的處境，這是我上一次沒有做的事。」

沃根武——經歷訴訟之後的新沃根武——講話顯然變慢了，而且十分謹慎，不時停頓良久思考措辭，就像說錯話會慘遭五雷轟頂似的。他是一個對未來有強烈歸屬感的年輕人，期望自己能對人類登月計劃有實質貢獻。在此同時，基特可能是對的：沃根武最近才被法律訴訟折磨了將近六個月，他現在和未來工作時都會記得，不小心說錯話，可能會招致罰款、監禁和事業破產之災。

12 英鎊捍衛戰

銀行家、英鎊與美元

紐約聯邦準備銀行（Federal Reserve Bank of New York）大樓所在的街區，四周是自由街、拿索街、威廉街和少女巷。這棟大樓就在曼哈頓商業區碩果僅存的一個小山丘斜坡上，四周是推土機鏟平的土地，高樓密布。大樓入口面向自由街，外觀莊嚴冷酷。大樓底層的拱形窗戶，模仿佛羅倫斯彼提宮（Pitti Palace）和美第奇里卡迪宮（Riccardi Palace），保護它們的鐵欄由粗如男孩手腕的鐵條做成。大樓底層以上的各樓層外部，有一列列的小直長方形窗戶，十四層樓高的沙岩和石灰岩外牆看起來像峭壁。牆上一塊塊的石頭曾經各有顏色，從棕色、灰色到藍色皆有，但煤灰已將它們染成共同的灰色。大樓正面十分樸素，稍微增添一些趣味的，只有十二樓的佛羅倫斯式涼廊。大門兩側立了兩個巨大的鐵燈籠，與裝飾佛羅倫斯斯特羅齊宮（Strozzi Palace）的那兩個幾乎完全一樣，但它們看來不像是爲了討好進入大樓的人或替他們照明而設，反而像是要恫嚇他們。大樓內部也沒有顯著比較活潑、感覺好客，一樓有洞穴狀的拱頂，鐵柵欄上有複雜精細的幾何、花卉和動物圖案，一群群穿著深藍色制服的保全人員看起來很像警察。

這座巨大嚴峻的銀行大樓，會喚起觀察者各種各樣的感覺。對那些喜歡自由街對面大通銀行新大樓的人來說，新大樓不但具現代感，主要特色包括巨型窗戶、明亮的瓷磚外牆，還有時髦的抽象表現主義畫作；對照之下，紐約聯邦準備銀行儼然成爲十九世紀笨拙銀行建築的代表作，儘管它其實是在一九二四年落成的。對一九二七年一位驚奇不已的《建築》雜誌（*Architecture*）作者來說，紐約聯邦準備銀行看起來「像直布羅陀巨巖（Rock of Gibraltar）那麼不可撼動，像虔誠的敬禮那麼激勵人心」，而且具有「一種特質——我想來想去，最接近的形容詞是『壯麗』（epic）。」對那些在這裡當祕書或服務人員的年輕女孩的母親來說，它看起來像是特別邪惡的一種監獄。銀行搶匪顯然也敬畏這座看似不可侵犯的大樓，他們似乎從不曾打它的主意。紐約市政藝術協會（Municipal Art Society of New York）現已將它評爲頂級地標，直到一九六七年時它還只是二級地標，備注爲「對本地或本區域非常重要的建築物，應當保存」，而不是像現在這樣備注爲「對全國非常重要的建築物，應當不惜代價保存」的一級地標。另一方面，相對於彼提宮、美第奇里卡迪宮和斯特羅齊宮，紐約聯邦準備銀行有一項無可爭議的優勢：它大過它們任何一個。事實上，這座佛羅倫斯式宮殿，比佛羅倫斯史上所有宮殿都要大。

世界貨幣的首要堡壘

從成立宗旨、功能到建築物外觀，紐約聯邦準備銀行均與華爾街其他銀行截然不同。該行是十二家區域聯邦準備銀行中最大、最重要的一家，也是美國中央銀行系統的主要作業單位——十二家區域聯邦準備銀行，加上華府的聯邦準備制度理事會（Federal Reserve Board），以及旗下的六千兩百家會員商業銀行，構成整個美國聯邦準備系統（Federal Reserve System）。其他國家多數只有一間中央銀行，例如英國央行、法國央行等，而不是像美國這樣有一個央行網絡。不過，所有的國家央行都有相同的雙重目標：一、藉由控制本國貨幣的供給，包括調整人們借入本幣資金的難易程度，維持本幣在健康狀態；二、在必要時，捍衛本幣對其他國家貨幣的價值。

爲了達成前述第一個目標，紐約聯準銀行與華府聯準會和另外十一家聯準銀行合作，不時調整一些貨幣指標，其中最受矚目的一項，便是它借錢給其他銀行的利率，儘管這未必是最重要的指標。至於第二個目標，紐約聯準銀行是聯邦準備系統和美國財政部與其他國家往來的唯一代理人；這一來是出於傳統，二來是因爲它位居美國和世界最重要的金融中心。因此，紐約聯準銀行肩負捍衛美元的主要作業責任，在一九六八年的貨幣大危機期間，這些責任重重地壓在紐約聯準銀行身上；而事實上，因爲捍衛美元有時涉及捍衛其他貨幣，在一九六八年之前的三年半間，該行同樣肩負這種重任。

紐約聯準銀行和其他區域聯準銀行肩負服務國家利益的職責，除此之外別無其他目的，因此它們顯然是政府的一部分。但是，紐約聯準銀行在某些方面，卻像是自由市場體制中的一家公司；該行可說是橫跨政府與企業的分界線，而有些人可能會認爲這是一種美國特色。雖然它的職能像是一個政府機構，它的股份由全美的會員銀行私下持有，會支付股息，但受到法律限制，每年爲六%。雖然該行最高主管就任時，必須像聯邦政府官員那樣宣誓，但他們並非由美國總統任命，甚至也不是聯準會任命的，而是由該行自己的董事會選出，而他們的薪酬並非由聯邦政府支付，而是從該行自身的收入中支取。紐約聯準銀行的收入雖然源源不絕（眞好啊！），但完全是它履行職責附帶產生的，如果在支付營運費用和股息後仍有盈餘，會自動轉交給美國財政部。在華爾街，沒有什麼銀行會視盈利爲附帶產生的，這種態度賦予紐約聯準銀行員工獨特的優越社會地位，因爲他們的銀行畢竟是一家民間擁有的銀行，而且是有盈利的，他們不能被貶爲純粹的政府官僚；另一方面，因爲他們追求的目標堅定地超越貪財的層次，所以有資格獲譽爲華爾街銀行業的知識人——如果不是貴族的話。

紐約聯準銀行大樓底下藏有黃金，而黃金仍然是所有貨幣名義上的基石，儘管近來各種貨幣地震已憾動這塊基石，產生令人擔心的情況。*一九六八年三月，價值一三〇億美元、占自由世界貨幣性黃金（monetary gold）四分之一以上的一萬三千噸黃金，藏在自由街底下七十六呎、海平面以下五十呎的金庫裡，如果地下的水泵系統不將原本流經少女巷的一條溪流導向別處，這座金庫將被水淹沒。十九世紀著名英國經濟學家沃爾特・白芝浩（Walter Bagehot）曾對他的朋友說，在他情緒低落時，只要走到他銀行的金庫：「把手放進一堆金幣中」，通常就能夠振作起來。

如果能夠下去紐約聯準銀行的金庫看黃金，那可眞是令人興奮；這裡的黃金不是金幣，而是發出曖曖光芒的金條，形狀和大小像是建築用的磚塊。不過，即使是最尊貴的訪客，也不准動手玩這些黃金，因爲一來每塊金條重約二十八磅，**不適合拿來玩，二來它們並不屬於紐約聯準銀行或美國所有。美國自己的黃金藏在陸軍基地諾克斯堡（Fort Knox），以及紐約金屬檢驗所（New York Assay Office）和各鑄幣廠。紐約聯準銀行儲存的黃金，大約屬於七十個其他國家所有，其中歐洲國家占最大部分，它們發現將本國黃金準備的一大部分放在這裡比較方便。這些國家將黃金放在紐約，起初多數是希望在二戰期間妥善保管這些財物。二戰之後，歐洲國家除了法國以外，不僅將這些黃金繼續留在紐約，還隨著本國經濟的復

---

* 作者撰寫本文時，美國仍承擔各國央行用美元向其兌換黃金的義務，但隨後美國於一九七一年宣布不再承擔這項義務，主要貨幣的價值從此不再有黃金作爲後盾。

**約十二・七公斤。

甦，大量增加儲存黃金在紐約。

這些黃金也不如紐約聯準銀行的外資存款那麼重要；一九六八年三月，各種投資使得外資在這裡的存款增至逾二八〇億美元。作爲服務非共產世界多數央行的銀行，以及代表世界最重要貨幣的中央銀行，紐約聯準銀行無疑是世界貨幣的首要堡壘。拜此地位所賜，它有一種透視國際金融狀況的能力，可以一眼看出某檔貨幣開始「生病」，某個經濟體正在搖搖欲墜。舉例來說，倘若英國國際收支出現赤字，紐約聯準銀行馬上能在它的帳上，看到英國央行的帳戶餘額減少。一九六四年秋季，英國正是陷入了這種困境，漫長、英勇、偶爾緊張萬分，最終失敗的英鎊捍衛戰由此展開（目的是保護現行的世界金融秩序），而領導多國及其央行參與這場戰役的正是美國和聯準會。氣勢宏偉的大樓通常有一個問題：它們往往令置身其中的人與事顯得微不足道；紐約聯準銀行在多數時候確實就像一般銀行，經常覺得無聊的人將平平無奇的日常工作文件傳來傳去，種種活動極少能使人虔誠地敬禮。但從一九六四年起，這裡發生的一些事，眞的具有某種史詩特質。

國際貨幣遊戲

一九六四年年初，數年來國際收支大致平衡的英國（即每年流出境外與流入國內的資金大致相同），顯然開始出現大幅赤字。這不是因爲英國國內景氣蕭條，反而是因爲國內經濟過度熱絡所致；由於商業興旺，重新富起來的英國人向海外購入大量昂貴商品，但英國商品出口額卻遠遠未能同步成長。簡言之，英國正處於「入不敷出」的窘境。即使是相對自足的國家如美國，國際收支出現大幅赤字也是值得擔心的事——事實上，這個問題當時也正在困擾著美國，而且此後多年仍然無解。而像英國這種仰賴貿易的國家，整個經濟體約四分之一仰賴國際貿易，國際收支大幅赤字更是嚴重的危機。

這種情況愈來愈受到紐約聯準銀行的關注，而最關注這項問題的，是該行負責國外業務的副總裁查爾斯·康伯斯（Charles A. Coombs），他的辦公室位在紐約聯準銀行大樓的十樓。整個夏天，螢幕上的資料顯示英鎊病了，而且情況愈來愈嚴重。在海外業務部研究小組每天送交康伯斯的報告顯示，有大量資金正在離開英國。大樓底下的金庫傳來消息：儲存英國黃金的櫃子，流失數量可觀的金條，但不是遭人竊取，而是許多金條都被轉移到其他國家的金櫃，來抵償英國的國際債務。七樓外匯交易部每天下午傳出的消息，幾乎都是英鎊兌美元的公開市場報價當天又下跌了。七月和八月間，英鎊匯價從二·七九美元跌至二·七八九〇，然後是二·七八七五。自由街的人認為事態非常嚴重，康伯斯平常自己處理外匯事務，僅向上頭提交例行報告，但現在卻是經常和他上司——紐約聯準銀行總裁、輕聲細語的冷靜高個子艾弗烈·海斯（Alfred Hayes）——討論外匯問題。

國際金融交易或許看似異常複雜費解，但其實道理與一般家庭財務相差無幾。國家的財務煩惱一如家庭，是入不敷出的結果。賣商品到英國的出口商賺到的英鎊不能直接使用，必須兌換成他們本國的貨幣，所以他們在外匯市場賣出英鎊，就像在證交所賣出證券那樣。英鎊的市價因應英鎊的供需波動，一如所有其他貨幣——除了有如貨幣太陽系中的太陽美元以外，因爲美國自一九三四年起，承諾接受任何國家無限量地按照每盎司三十五美元的固定價格，拿美元向它兌換黃金。

英鎊的匯價在賣壓下走低，但其波動受到嚴格限制。當局僅允許英鎊兌美元在其標準値上下數美分的範圍內波動，不允許市場力量將英鎊匯價壓低或推高到該範圍以外。如果當局允許英鎊匯價不受約束地急升暴跌，世界各地與英國有業務往來的銀行業者和商人，將發現自己被迫參與一場賭博遊戲，就會傾向停止與英國往來。因此，根據一九四四年新罕布夏州布雷頓森林（Bretton Woods）達成的國際貨幣協議，以及隨後在多個其他地方達成的補充協議，一九六四年英鎊的標準匯價是二．八〇美元，而當局允許的波動範圍爲二．七八美元至二．八二美元。負責調節英鎊的供需、確保英鎊匯價不失控的是英國央行，當一切順利時，英鎊在外匯市場可能報出二．七九九〇美元，較上日收盤升高〇．〇〇一五美元——〇．一五美分看似微不足道，但應用在一百萬美元上也有一千五百美元，而國際貨幣交易一般以百萬美元爲基本單位。如果是這種情況，英國央行什麼都不用做。

但如果英鎊在匯市表現強勁，升至二．八二美元（在一九六四年是完全看不到可能出現這種情況的跡象），英國央行按照承諾必須接受別人拿黃金或美元，按此價格向它買進英鎊，以免英鎊升破該價位；英國央行將非常樂意這麼做，因為該行的黃金和美元準備會因此增加，而這些準備資產是支持英鎊的後盾。但如果英鎊在匯市表現疲軟並跌至二．七八美元（這在一九六四年是較可能出現的情況），則英國央行有責任干預市場，拿出黃金或美元買進英鎊，消化所有掛在二．七八美元的英鎊賣盤，無論它將因此損失多少準備資產。也就是說，揮霍的國家央行，一如揮霍的家長，最終將被迫動用資本支付帳單。但當本國貨幣嚴重疲弱時，因為奇特的市場心理，央行的準備資產損失超乎許多人的想像。審慎的進出口商為了保護自己的資本和利潤，將盡可能減少手頭的英鎊和縮短持有英鎊的時間。匯市投機客一直致力培養自己嗅出弱勢貨幣的能力，他們會對走跌的英鎊落井下石、大量賣空英鎊，期望能從英鎊的進一步跌勢中獲利。而無論是進出口商或投機客的英鎊賣盤，英國央行都必須概括承受。

貨幣若不受約束地走疲，最終後果是災難性的，嚴重程度遠非家庭破產所能相比。貨幣不受約束地走疲，結果便是貨幣貶值（官方調低本幣的標準匯價），而像英鎊這樣重要的國際貨幣貶值，是所有央行官員一再面對的惡夢——無論他們身處倫敦、紐約、法蘭克福、蘇黎世還是東京。如果英國的準備資產流失到英國央行再無能力或意願，履行它維持英鎊在二．七八美元的職責，英鎊將只能被迫貶值。也就是說，二．七八美元至二．八二美元的匯價界限將驟然取消；政府簡單地發出命令，英鎊的標準匯價就會設在某個低於二・七八美元的水準，然後圍繞著該水準設定新的交易界限。這種貶值的核心危險，在於接下來出現的亂局並不僅限於英國。貶值作爲治療有病貨幣最大膽、最危險的藥方，令人恐懼是有道理的。一國的貨幣貶值之後，其商品對其他國家將變得比較便宜，這將促進該國的出口，進而縮減或消除該國的國際收支赤字；但在此同時，進口和國內的商品將變得比較昂貴，進而損害國民的生活水準。

因此，這是一種激進的手術，治病之餘會損害病人的某些力量和福祉，往往還會損害他的自尊和聲望。最壞的情況是，貶值的貨幣爲國際貿易中廣泛使用的貨幣（如英鎊），此時疾病（準確點講是療法）很可能將傳染出去。有些國家有大量準備資產是以突然貶值的貨幣計價，它們會覺得自己像是遭遇盜竊。這些國家和其他一些國家發現，自己因爲某國貨幣貶值，陷入不可接受的貿易劣勢，因此它們可能訴諸競爭性貶值，也將自身貨幣的匯價調低。如果落入這種情境，將產生一種惡性循環：更多貨幣將貶值的傳言將不時出現；對其他國家的貨幣失去信心將使人厭惡跨國交易；攸關世界各地數億人生計的國際貿易將傾向萎縮。史上最經典的貨幣貶值——英鎊一九三一年脫離舊金本位制度——發生後，正是引發了前述災難；如今人們仍普遍認爲，該次貶值是一九三〇年代世界經濟蕭條的一大原因。

類似的過程，也發生在國際貨幣基金組織（International Monetary Fund）一百多個成員國的貨幣上，該組織源自布雷頓森林協定。任何一個國家出現國際收支盈餘，該國央行手頭累積的美元便會直接或間接增加，而這些美元可自由兌換成黃金；如果國際間對該國貨幣的需求夠強，當局可調高該貨幣的標準匯價，這便是與貶值相反的貨幣升值——德國與荷蘭在一九六一年便是這麼做。相反地，國際收支出現赤字，則會揭開一連串事件的序幕，最終結果可能是赤字國的貨幣被迫貶值。貨幣貶值對國際貿易的干擾程度，取決於該貨幣在國際上的重要性。舉例來說，印度盧比在一九六六年六月大幅貶值，這對印度是嚴重的事，但對國際市場卻幾乎毫無影響。世界各地所有人無意中都參與了這場錯綜複雜的國際貨幣遊戲，而即使是貨幣中的王者——美元——也絕非可以不受國際收支赤字或外匯投機活動影響。

由於美元的價值與黃金掛鉤，它是所有其他貨幣的基準，價格因此確實不會在市場上波動。但是，美元可能出現一種較不明顯、但同樣不祥的疲勢。當美國輸出的美元顯著多於它收到的美元時，收到美元的人可以拿手上的美元自由兌換本國貨幣，這會推高這些貨幣對美元的價格，而輸出美元的活動包括爲進口商品買單、對外援助、投資海外、對外放款、海外旅遊消費，以及軍事開銷等。本幣升值使這些國家的央行得以收到更多美元，而它們可以拿這些美元向美國兌換黃金，因此美元疲軟時美國會流失黃金。光是法國——法郎是強勢貨幣，而法國當局不怎麼愛美元——在一九六六年秋季之前，數年間每月至少拿三千萬美元向美國兌換黃金，一九五八年當美國開始出現嚴重的國際收支赤字，到了一九六八年三月中旬，美國的黃金準備便減少一半，從相當於二二八億美元降至一一四億。如果黃金準備降至不可接受的低位，美國將被迫食言，調高黃金的美元兌換價，或甚至完全停止接受他國拿美元來兌換黃金。無論美國選擇哪種做法，美元都將被迫貶值，而因爲美元的王者地位，如果貶值對世界貨幣秩序的干擾，將比英鎊貶值嚴重。

工黨政府vs英鎊空頭

由於海斯和康伯斯太年輕，並未親身經歷一九三一年的英鎊貶值事件。但兩人都是國際金融事務勤奮、敏銳的研究者，所以都像是親身經歷過當年事件似的。他們發現，隨著一九六四年的炎熱日子一天天過去，他們有必要幾乎每天都透過跨大西洋長途電話，與在英國央行的同儕保持聯繫。這些同儕包括第三代克羅默伯爵羅蘭·霸菱（Rowland Baring, 3rd Earl of Cromer），他是當時的英國央行總裁，以及他的外匯顧問羅伊·布里奇（Roy A. O. Bridge）。海斯和康伯斯從這些跨大西洋對話和其他消息來源得知，英國的問題遠非只是國際收支失衡，人們對於英鎊是否可靠正在醞釀一場信心危機，主要原因看來在於英國保守黨政府面臨的十月十五日大選。國際金融市場最厭惡和害怕的是不確定性，而所有選舉都有某種程度的不確定性，因此每次在英國選舉之前，英鎊都會經歷一段緊張不安的時間。然而，對參與外匯交易的人來說，十月十五日這場選舉特別危險，因爲他們對可能上台的工黨政府有自己的看法。倫敦以至歐洲大陸的保守金融業者，對工黨的首相人選哈羅德．威爾遜（Harold Wilson），有近乎不理性的懷疑；威爾遜的一些經濟顧問，在他們早年的理論著作中，曾經明確宣揚英鎊貶值的好處。此外，人們很難不聯想到英國工黨上次執政時，在一九四九年將英鎊從四．〇三美元貶至二．八〇美元。

在這種情況下，全球匯市幾乎所有交易者，無論是一般跨國生意人，還是純粹的外匯投機客，都急著出脫英鎊——他們希望至少等到英國大選之後才考慮持有英鎊。一如所有投機攻擊的目標，英鎊出現了自我助長的跌勢。英鎊匯價每次小跌，都令市場人士進一步失去信心，英鎊匯價因此在國際匯市跌跌不休。國際匯市是個分散各處的奇特交易市場，並非集中在某棟大樓裡面進行買賣，而是由散布世界主要城市的銀行交易台，透過電話與電報買賣各種貨幣。在此同時，在英國央行勉力支撐英鎊之際，英國的準備資產不斷減少。九月初，海斯前往東京參加國際貨幣基金組織會員年會，在會場的通道間，他聽到一名又一名的歐洲國家央行官員，表達他們對英國經濟狀態和英鎊前景的擔憂。他們問了下列這些問題：爲什麼英國政府不在國內採取措施，抑制支出並改善國際收支？爲什麼英國央行不調高其放款利率（該行稱之爲「銀行利率」，當時位於五％）？英國央行若調升該利率，將全面推高英國各種利率，而這有一箭雙鵰的作用：既能壓低英國的通膨率，還能吸引投資資金從其他金融中心流向倫敦，有助英鎊站穩腳跟。

在東京，這些歐洲央行官員無疑也向他們的英國央行同儕提出了這些問題，其實英國央行和財政部的官員自己也想過這些問題。但當局可以考慮的措施，肯定是不受英國選民歡迎的，因爲它們無疑意味著當局將厲行緊縮政策。執政保守黨政府一如以前的許多政府，似乎因爲深怕在即將舉行的選舉中慘敗，於是失去行動能力，沒做任何事。不過，當年九月，英國在純貨幣層面，確實採取了一些防禦措施。數年前，英國央行與聯準會簽訂了一項長期有效的協議：雙方皆可隨時向對方借入五億美元的短期貸款，而且幾乎不必辦任何手續。現在英國央行動用了這筆備用貸款，而且著手向其他歐洲國家和加拿大的央行，借入另一筆五億美元的短期貸款。總共十億美元的資金，加上英國僅存的黃金和美元準備，總共約有二十六億美元，構成英國數量可觀的彈藥。倘若投機客對英鎊的攻擊持續或加劇，英國央行將在自由市場的戰場上還擊，以美元大量買進英鎊，理論上投機客將在英國猛烈的美元砲火下潰敗。

結果，工黨在英國十月的大選中勝出，而且一如不少人的預期，匯市中針對英鎊的攻擊確實變得更激烈。新上台的英國政府一開始便認識到，它正面臨一場嚴重的危機，必須立即採取斷然措施。據市場傳言，新任首相和他的財經顧問——經濟事務大臣喬治．布朗（George Brown）與財政大臣詹姆斯．卡拉漢（James Callaghan）——曾認眞考慮盡快將英鎊貶値。但他們否決了貶値建議，而新政府在十月和十一月初實際採取的措施，是對進口商品課徵十五%的緊急附加費（這等同全面調高關稅），並且調升燃料稅、課徵嚴厲的新資本利得和公司稅。這些手段無疑是支撐英鎊匯價的緊縮措施，但未能消除國際匯市的疑慮。新稅項的性質，看來令英國國內外的金融業者感到不安，甚至是激怒了他們，尤其是因爲在新財政預算中，英國政府的福利支出其實不減反增。結果在大選之後的數週中，英鎊的賣家（市場術語稱爲「空頭」），繼續主導匯市中的英鎊交易，英國央行則忙於動用它借來的十億美元寶貴彈藥掃射他們。到十月底，英國央行已經用了近五億美元，但英鎊空頭仍然步步進逼，令英鎊兌美元的價格一次〇・〇一美分地逐漸下跌。

海斯、康伯斯和他們在自由街的國外業務部同事眼看著這一切，在日感焦慮之餘，對於捍衛本國貨幣的央行無法辨明攻擊來自何方，與英國人一樣惱怒。投機是外匯交易中固有的，而拜其性質所賜，投機幾乎不可能辨明或隔離出來，甚至是很難界定。投機有程度之分，一如「自私」或「貪婪」，「投機」一詞本身含有一種評斷，但其實每次貨幣兌換或許都可以稱爲一種投機：代表當事人看好他買進的貨幣（認爲該貨幣將升值），或看衰他賣出的貨幣（認爲該貨幣將貶值）。有關投機，尺度的一端是一些完全正當的商業交易，但它們會產生某種投機效果。比方說，訂購美國商品的英國商人，在收到商品之前先以英鎊付清貨款，是正當的做法；如果他這麼做，他的行爲可說是看衰英鎊的一種投機。訂購英國商品的美國進口商，若是按照合約必須以英鎊支付貨款，他可以堅持等一段時間之後，才購入支付貨款所需要的英鎊，這也是正當的做法；如果他這麼做，他的行為同樣是看衰英鎊的一種投機。〔這兩者均是常見的商業操作，人們分別稱為「提早支付」（leads）和「延後支付」（lags）。這些作業對英國的意義極其重大，如果在正常時期，世界各地購買英國商品的人全都拖延付款，只需要兩個半月，英國央行的黃金和美元準備將消失殆盡。〕至於尺度的另一端，則是外匯交易者借入英鎊資金，然後將它們換成美元。這種交易者並非只是試圖保護自己的商業利益，而是在做「賣空」這種不折不扣的投機交易，他們打的算盤是等英鎊匯價下跌之後，再以較便宜的價格買回英鎊。他們只是嘗試藉由自己預期中的英鎊貶值賺一筆，因為國際匯市的交易佣金普遍相當低，這種操作是世界上最誘人的大手筆賭博之一。

這種賭博在促成英鎊危機上的作用，其實很可能遠不如緊張的進出口商的自保做法；儘管如此，人們還是普遍將一九六四年十月和十一月的英鎊困境，歸咎於外匯投機活動。在英國國會，有議員憤怒地提到「蘇黎世地精」（gnomes of Zürich），暗指蘇黎世銀行業者的投機活動。他們特別提到蘇黎世，是因為瑞士銀行法嚴格保護存戶隱私，使得該國金融中心蘇黎世有如國際銀行業的一個黑箱，源自世界許多地區的外匯投機活動，因此有很大一部分透過蘇黎世進行。除了佣金便宜、身分保密之外，外匯投機還有另一個誘人之處：拜時差和良好的電訊服務所賜，國際匯市基本上是從不關門的，這點與證券交易所、賽馬場和賭場顯然不同。每天倫敦外匯交易比歐洲大陸晚一小時開盤（但從一九六八年二月起，英國採用歐陸時間，兩者不再有時差），五小時（現在是六小時）後紐約開盤，舊金山再三小時後開盤，然後當舊金山差不多收盤時，東京便開始新一天的交易。賭癮極重的外匯投機客無論身處何地，只要有錢，是可以每天二十四小時買賣的──如果他不需要睡覺的話。

「殺低英鎊匯價的，並不是蘇黎世地精，」蘇黎世一位重要的銀行業者後來堅稱──他可能差點想說蘇黎世根本沒有地精。無論如何，英鎊確實是遇到了有組織的賣空（市場人士稱爲「空頭襲擊」），而身處倫敦的英鎊捍衛者和他們在紐約的支持者，大概會願意爲了知道敵人的身分，付出不菲的代價。

國際間的金融合作

正是在這種氣氛下，世界主要央行的官員，在始於十一月七日的週末，於瑞士巴塞爾（Basel）舉行他們的定期月度聚會。這種聚會自一九三〇年代起便定期舉行，只有在二戰期間暫停。聚會的場合，是國際清算銀行（Bank for International Settlements）的董事會月會。國際清算銀行在一九三〇年成立於巴塞爾，當時的主要功能，是充當一戰戰敗國支付賠款的結算所，但隨後成了國際金融合作的一個機構，順帶也成了各國央行官員的一個俱樂部。就此而言，國際清算銀行的資源不如國際貨幣基金組織，會籍也比國際貨幣基金組織狹窄，但一如其他尊貴的俱樂部，它往往是重大決策的現場。在國際清算銀行有董事代表的國家，包含英國、法國、西德、義大利、比利時、荷蘭、瑞典和瑞士等西歐經濟強國，而美國是幾乎每月必到的嘉賓，加拿大和日本的代表則沒那麼常到訪。聯準會幾乎總是由康伯斯代表出席，海斯和紐約聯準銀行其他主管偶爾也會出席。

各國央行的利益，本質上是有衝突的；各國央行官員的關係，幾乎就像是撲克牌局的對手。即使如此，考慮到國際間源自金錢問題的紛爭，歷史幾乎就像個人之間的錢財糾紛那麼悠久，國際金融合作最令人驚訝的一點，便是它的歷史竟然那麼短。在一戰之前的所有年代，根本談不上有國際金融合作這回事。在一九二〇年代，國際金融合作主要仰賴個別央行官員之間的密切個人關係；即使他們的政府對此漠不關心，這些央行官員往往能夠維持某種合作關係。在官方層面，國際金融合作是從國際聯盟（League of Nations）的金融委員會開始，不過出師不利。該委員會的宗旨，是鼓勵各國聯合行動以防止金融災難。但一九三一年的英鎊崩盤和隨之而來的經濟蕭條，足以證明該委員會是失敗的。後來終於迎來較好的日子，一九四四年在布雷頓森林舉行的國際金融會議，不僅產生了國際貨幣基金組織，還建立了整個戰後的金融規則結構（以建立和維持固定匯率制度爲宗旨）；另外，還成立了旨在促進富國資金流向窮國或受戰爭蹂躪國家的世界銀行。布雷頓森林會議在國際經濟合作上的里程碑意義，可媲美成立聯合國以處理國際政治事務。一九五六年蘇伊士運河危機期間，國際貨幣基金組織向英國放款逾十億美元，防止了一場重大的國際金融危機，這便是布雷頓森林會議的成果之一。

此後多年，經濟變化一如其他變遷，步伐愈來愈快。一九五八年之後，開始出現幾乎一夜之間爆發的貨幣危機，而國際貨幣基金組織因爲組織運作緩慢，有時無法獨力應付這些危機。此時，新的合作精神再度適時出現應付挑戰，這次是由最富裕的美國帶頭。自一九六一年起，紐約聯準銀行在聯準會和美國財政部的同意下，與其他主要央行建立起一個隨時可用的循環信用額度系統，外界很快稱之爲「貨幣互換網絡」（swap network）。這個網絡的目的，是補充國際貨幣基金組織的較長期放款機制，爲各國央行提供立即可用的短期資金，以便它們能快速有力地捍衛貨幣。貨幣互換網絡的效能很快便受到考驗，在一九六一年建立後至一九六四年秋季的短短三年間，該網絡至少三次發揮重大作用，成功幫助當局擊退針對成員國貨幣的猛烈突襲：一九六一年尾的英鎊、同年六月的加元，以及一九六四年三月的義大利里拉。一九六四年秋季，央行之間的貨幣互換協議（法文稱爲「L’accord de swap」，德文爲「die Swap-Verpflichtungen」），已成爲國際金融合作的基石。事實上，剛好發生在英國央行高層前往巴塞爾開會的那個十一月週末，英國央行被迫動用的那五億美元短期貸款，正是這個貨幣互換網絡的一部分，而該網絡剛建立時規模要小得多。

至於國際清算銀行，作爲一家銀行，它在國際金融合作體制中的地位較爲次要，但作爲央行官員的俱樂部，它多年來扮演了相當重要的角色。它每月的董事會會議，至今仍然是央行官員在輕鬆氣氛下交流的重要場合。他們交換傳言、觀點和直覺想法，而這種交流是他們不方便透過信件或國際電話進行的。巴塞爾是中世紀流傳至今的萊茵河畔城市，主教座堂的哥德式尖塔巍然屹立，長期以來是興盛的化學產業中心。當初，國際清算銀行的總部選在這裡，是因爲它是歐洲的鐵路樞紐。但現在央行官員出國都習慣搭飛機，所以巴塞爾原本的優點反倒變成缺點，因爲國際間並無長途航班飛到巴塞爾，各國央行代表必須先飛到蘇黎世，然後轉搭火車或汽車到巴塞爾。

不過，巴塞爾有幾間一流的餐廳，而各國央行代表可能認爲這項優點，足以抵銷交通不便的缺點有餘，因爲央行的運作向來與優質餐飲關係密切，至少在歐洲是這樣。比利時曾有一位央行總裁一臉嚴肅地對一名訪客表示，他認爲自己的職責之一，是在離任時留下更好的藏酒在央行的酒窖。客人出席法國央行的午餐會時，主人一般會帶著歉意表示：「按照本行的傳統，我們只提供簡單的餐飲。」但在接下來的餐會上，與會者往往興致勃勃地談論各年分的葡萄酒佳釀，使得任何有關銀行事務的議論顯得尷尬——如果還有可能討論的話。而餐會期間的簡單餐飲傳統，顯然便是在上干邑之前，只提供一杯葡萄酒。義大利央行的餐廳同樣雅緻，有些人還認爲是羅馬最好的，而且牆上還掛著無價的文藝復興時期畫作，它們是銀行收不回貸款時沒收的擔保品。至於紐約聯準銀行，幾乎從不提供酒精飲料，聚餐時討論銀行事務是官員習以爲常的事，而如果有官員評論餐飲，即使是批評，餐飲部主管看來都滿心感激似的，這幾乎令人覺得有點可悲——當然，自由街不在歐洲。

在目前的民主時代，歐洲的央行圈子被視爲貴族式銀行傳統的最後堡壘；在這個圈子中，機智、優雅和教養毫無障礙地與商業上的機敏乃至冷酷共存。如果說，歐洲的央行官員像貴族，那麼他們的美國同儕——自由街的金融保全人員，便像是穿著晨禮服的侍者。十幾年前，各國央行官員彼此稱呼時都還很正式，有些人認爲打破這項傳統的是英國人，據說在二戰期間英國當局下達祕密命令，要求官員和軍官直接以名字、略去姓氏，來稱呼他們的美國同儕。無論如何，歐美央行官員如今常以名字彼此稱呼，而這無疑與戰後美元的影響力上升有關。〔另一個原因是，在國際金融合作初興的年代，各國央行官員比以前更常碰面——不僅是在巴塞爾，也在華府、巴黎和布魯塞爾；他們到這些地方出席各家國際組織五至六個銀行特別委員會的定期會議。同一批央行高官時常出現在這些城市的飯店大廳，以至當中有人認爲他們一定予人聲勢浩大的印象，就像歌劇《阿依達》（*Aida*）凱旋場面中數以百計的持矛士兵。〕

語言及其使用方式，向來傾向跟隨國際經濟勢力格局演變。以前，歐洲各國央行官員彼此交談總是講法語（在某些人看來是「很破的法語」），但隨著英鎊後來在很長一段時間裡成爲世界的首要貨幣，英語成了央行圈內的第一語言。在美元取代英鎊的地位之後，這種情況也就延續下去。除了法國，所有國家的央行高官都樂意講英語，而且都講得流利；而法國央行官員也被迫帶著口譯員在身邊，因爲多數英國人和美國人看來都不願意或沒能力掌握流利的第二語言。（不過，擔任英國央行總裁的克羅默伯爵，則是一反民間傳統，說著一口無懈可擊的法語。）

在巴塞爾，央行官員重視好食物和便利性更甚於氣派；許多央行代表喜歡巴塞爾主要火車站一間外觀簡陋的餐廳，而國際清算銀行辦公樓也只是座落於一間茶館和一間理髮廳之間。在一九六四年十一月的那個週末，紐約聯準銀行副總裁康伯斯，是聯準會出席巴塞爾會議的唯一代表。事實上，在當時醞釀中的英鎊危機的早中期階段，康伯斯是美國央行的關鍵代表人物。他與其他央行代表盡情地吃喝，但他絕非美食家，這點倒是很符合紐約聯準銀行的傳統。期間他顯得若有所思，因爲他眞正想做的，是掌握會議的意義，並了解與會者私下的感受。而他也是擔任這項任務的理想人選，因爲他的國際同儕絕對信任和尊敬他。其他央行高官習慣性地以他的名字稱呼他，而且看來主要是因爲他們非常喜歡和欽佩他，而不是爲了遵循央行圈內的新習俗。他們彼此談到康伯斯時，會講「查理康伯斯」；拜他們長期以來的習慣所賜，查理與康伯斯連在一起，成爲了一個單字，在央行圈內代表鼎鼎大名的康伯斯。他們會告訴你，查理康伯斯雖然言語有點乾寡，顯得有點冷酷和超然，但其實是那種熱情直率的新英格蘭人——他來自麻省牛頓市（Newton）。查理康伯斯雖然是一九四〇年畢業的哈佛畢業生，但爲人樸實、一頭灰白頭髮，戴著一副半框眼鏡，言行有板有眼，看起來就像典型的美國小鎮銀行總裁，而不是極其複雜的央行事務高手。金融界普遍承認，如果央行的貨幣互換網絡背後有一名天才，這個人便是來自新英格蘭的查理康伯斯。

戰事開啓

十一月的這次巴塞爾聚會，照例有一連串各有議程的正式會議，但也照例有發生在辦公室和飯店房間的非正式會後會。週日的正式晚宴並無議程，出席者自由討論「當時最熱門的話題」——這是康伯斯後來的說法。這個話題無疑便是英鎊的狀況——事實上，康伯斯整個週末幾乎沒聽到人們討論其他問題。他說：「從我聽到的議論看來，大家對英鎊的信心無疑正在流失。」多數央行官員在想兩個問題，其一便是英國央行是否打算升息，藉此減輕英鎊的貶值壓力。英國央行的代表雖然就在巴塞爾，但要知道這個問題的答案，並不是問他們的意願便可以。他們即使願意回答，也沒辦法提供確定的答案，因爲英國央行必須得到英國政府的同意才可以調整利率（在實際運作上，該行往往是奉政府命令調整利率），而民衆選出來的政府自然厭惡會導致貨幣供給吃緊的措施。至於另一個問題則是，如果投機客持續攻擊英鎊，英國是否有足夠的黃金和美元可以用來捍衛英鎊。除了貨幣互換網絡下的十億美元，以及英國在國際貨幣基金組織還未動用的提款權外，英國就只剩下它的官方準備資產，而這些資產在過去一週，已萎縮至不足二十五億美元，這是數年來最低的。更糟的是，這些準備資產正以可怕的速度減少；專家估計，在之前一週，它們一天可以減少八千七百萬美元。如果一整個月都是這樣，英國官方準備資產將消失一空。

康伯斯表示，即使如此，出席此次巴塞爾會議的人，沒有一個想得到英鎊會在十一月稍後遭受那麼激烈的壓力。他回紐約時雖然擔心英鎊，但仍確信它將度過難關。但在巴塞爾會議之後，英鎊攻防戰的主戰場並非移到紐約，而是去了倫敦。眼前的大問題，是英國是否將在這一週調高其銀行利率，而答案將在十一月十二日週四揭曉。一如英國許多其他事情，銀行利率的調整有它的習俗儀式。如果銀行利率有調整，週四正午英國央行大樓的一樓大廳，會出現一個宣布新利率的告示牌（只會在週四正午出現），而一名公務員將同時致電政府的經紀商，後者將穿著粉紅大衣、頭戴大禮帽，急步經過思羅克莫頓街（Throgmorton Street），走進倫敦證交所，站在一個講臺上正式宣布新利率。

十一月十二日週四正午，英國央行並未調整利率；新上台的工黨政府顯然也難以做出升息決定，一如選舉前的保守黨政府。世界各地的投機客看到當局這種懦弱表現，行動變得非常一致。十三日週五這天，英鎊遭受可怕的重創，收盤時跌至二．七八二九美元，僅比官方的底線高〇．二五美分多一點，而英國央行因爲頻頻干預以阻止英鎊進一步下跌，又損失了兩千八百萬美元的準備資產。在週五之前，英鎊原本整週都保持溫和強勢，這是因爲投機客預期英國將升息。週六《泰晤士報》（*The Times*）的金融評論員，署名爲「我們的金融城主編」

（Our City Editor），在一篇文章中不再抑制自己，寫了這麼一句：「看來，英鎊不像我們希望看到的那麼穩固。」

類似狀況在接下來一週再度上演，而且情況更誇張。威爾遜首相週一仿效邱吉爾（Winston Churchill），嘗試把豪言壯語當作武器使用。當天他在倫敦金融城市政廳的一場正式宴會上演講，現場有許多要人，包括坎特伯里大主教、大法官、樞密院議長、掌璽大臣、倫敦金融城市長，以及他們的太太。威爾遜有力地宣稱：「我們有信心，也有決心維持英鎊的強勢，並且看到它高漲」；他並斷言政府將果斷採取一切必要措施以達成這項目標。一如整個夏季期間的所有英國官員，威爾遜煞費苦心地避免使用可怕的「貶值」一詞，但也嘗試明確宣示：政府現在認爲英鎊貶值是不可能的事。爲了強調這一點，他還特別警告投機客：「無論是國內還是國外，任何人如果懷疑我們的決心不夠堅定，請準備爲你們對英國缺乏信心付出代價。」或許是首相的猛烈砲火嚇到投機客，又或許是他們因爲預料英國央行週四可能升息而暫緩攻擊英鎊，英鎊在週二和週三雖然稱不上高漲，總算從上週五的低點略微回升，而且不需要英國央行出手相助。

根據後來的報導，到週四時，英國央行與英國政府就銀行利率問題，爆發了激烈的私下爭論。代表英國央行的克羅默伯爵，認爲絕對有必要升息一個百分點，甚至是兩個百分點，而威爾遜、布朗和卡拉漢則仍然反對升息。結果是週四當天英國並未升息，而當局按兵不動的結果，便是英鎊危機迅速加劇。十一月二十日週五是倫敦金融城黑色的一天，密切追蹤英鎊波動的英國股市投資人經歷了可怕的黑色星期五。英國央行現在已決心將英鎊的最後防線設在二．七八二五美元，也就是比官方底線高○．二五美分。英鎊週五開盤正是報二．七八二五美元，而且在投機客冰雹般的賣盤打壓下，一整天都停留在這個水準；英國央行則忙於消化在此價位的所有英鎊賣盤，英國當然也因此損失更多準備資產。

英鎊賣盤如今蜂擁而出，賣方也不再費力掩飾他們的所在地，英鎊賣盤顯然是來自世界各地，主要是歐洲的金融中心，但也來自紐約，甚至是倫敦。英鎊即將貶值的傳言，席捲了歐洲大陸的交易所。倫敦也出現了士氣潰散的不祥之兆，如今連這裡也有人公開議論英鎊貶值。瑞典經濟學家暨社會學家綱納．繆達爾（Gunnar Myrdal），週四在倫敦一場午餐會演講中表示，英鎊小幅貶值可能是眼下解決英國問題的唯一辦法。此一外來評論打破僵局之後，英國人也開始使用「貶值」這個可怕的詞彙。在第二天早上的《泰晤士報》上，「我們的金融城主編」這麼說道：「胡亂議論英鎊貶值可能是有害的。但是，將使用『貶值』一詞視為禁忌，可能造成更大的傷害。」他的語氣，就像一名為軍隊可能投降做準備的指揮官。

隨著夜幕降臨，英鎊和它的捍衛者迎來週末的喘息時間，英國央行也得到評估局勢的機會。英國央行看到的情況令人很不安：英國九月時透過貨幣互換協議取得的十億美元，在捍衛英鎊的行動中幾乎已全部用完。英國還可動用的國際貨幣基金組織提款權可說是毫無價值，因爲這些資金需要幾週才能取得，而眼下的情勢是分秒必爭。英國央行現在基本上只剩下英國的官方準備資產可用，而週五這天這些資產減少了五千六百萬美元，如今剩下約二十億美元。後來不止一名評論者表示，英國當時的情況，在某種程度上就像二十四年前在不列顛戰役最險惡的時刻，當時這個頑強的國家在納粹德國攻擊下，只剩下幾個戰鬥機中隊。

英鎊的歷史

儘管這種比擬是過度的，但如果我們想想英鎊歷來對英國人的意義，便會發現，它並非不著邊際。在物質主義的時代，英鎊的象徵意義可媲美君主實權時代的王冠，英鎊的地位幾乎等同英國的地位。英鎊是現代貨幣中最古老的一檔，「pound sterling」（英鎊）一詞據信遠在諾曼征服（Norman Conquest）之前便已出現。當時的撒克遜君主鑄造銀便士，人們稱之爲「sterlings」或「starlings」，即爲「小星」之意，因爲它們有時會刻上星星，而兩百四十個銀便士等於一磅純銀。（至於等同十二銀便士的先令，則是在諾曼征服之後才出現。）因此，打從一開始，英國的大額付款便是以「鎊」來計算的。但是，在它面世後的頭幾個世紀，英鎊絕非無懈可擊的可靠貨幣。這主要是因爲早期的君主有個很不好的習慣，喜歡在鑄幣時減少貴金屬的含量，藉此減輕他們的長期財務困難。這些不負責任的君主可能蒐集一定數量的銀便士，加入一些不值錢的金屬，然後像變戲法一樣，將一百英鎊的硬幣變成一百一十英鎊，諸如此類地施展魔法。

英女王伊莉莎白一世終止了這種做法，一五六一年，在當局審慎籌劃的一項突擊行動中，她收回了之前的英國君主鑄造的全部劣幣（含銀量不足的貨幣）。這項行動加上英國貿易成長，使得英鎊的地位迅速大幅提升。不到一百年，「sterling」作爲形容詞，便有了流傳至今的意思，表示「極其優秀，經受得起一切考驗。」十七世紀末，英國成立央行處理政府財務，此時人們開始普遍接受紙幣，而紙幣是以黃金和白銀作爲後盾。久而久之，黃金在貨幣上的地位穩步上升，超越了白銀——到了現代，白銀作爲支撐貨幣的準備資產已經沒有地位，只有幾個國家以白銀作爲鑄造輔幣的主要金屬。但英國要到一八一六年才採用金本位貨幣制度，也就是承諾隨時接受人們拿英鎊紙幣向當局兌換金幣或金條。一八一七年，價値一英鎊的英國金幣（gold sovereign）面世，成爲穩定和富裕的象徵，在維多利亞女王的時代帶給很多人喜悅——遠非只有把手放入金幣中重獲振作的白芝浩。

繁榮引來仿效。其他國家看到英國如此繁榮，認爲金本位制度至少是原因之一，因此也紛紛採用這種制度：一八七一年是德國；一八七三年是瑞典、挪威和丹麥；一八七四年是法國、比利時、瑞士、義大利和希臘；一八七五年是荷蘭；一八七九年是美國。結果令人失望，這些後來者沒有一個能馬上變得富有，而英國仍然是國際貿易無可爭議的王者。事後看來，金本位對英國經濟的影響可能是好壞參半。在一戰之前的半個世紀中，倫敦是國際金融的中間人，而英鎊則是國際金融的準官方媒介。如一九一六年至一九二二年擔任英國首相大衛・勞合・喬治（David Lloyd George），後來帶著懷舊之情寫道，在一九一四年之前，由倫敦的銀行簽發的英鎊信用狀：「在文明世界的每一個港口，都像黃金戒指一樣廣受歡迎。」

一戰結束了英鎊的這種美好時光，它擾亂了支撐英鎊的微妙權力格局，促成美元崛起，成爲英鎊至尊地位的有力挑戰者。一九一四年，英國因爲軍費而承受巨大的財政壓力，當局採取措施阻礙人們兌換黃金，因而使得英鎊金本位制度名存實亡。在此同時，英鎊兌美元大幅貶值，從四・八六美元跌至一九二〇年的低點三・二〇美元。一九二五年，英國全面恢復金本位，嘗試重拾昔日的光輝，當局設定英鎊對黃金的價格時，特意選擇令英鎊恢復兌四・八六美元的水準。但是，如此大膽高估英鎊價值的結果，是英國國內經濟長期蕭條，而下此命令的財政大臣邱吉爾，政治生涯也因此黯淡了約十五年。

但是，一九三〇年代各國貨幣普遍崩盤，並非始於倫敦，而是從歐洲大陸開始：一九三一年夏天，奧地利主要銀行信貸銀行（Creditanstalt）突然發生擠兌，並且因此倒閉。銀行倒閉的骨牌效應——假設確實有這種現象——開始出現。德國因爲這次相對小型的災難蒙受損失，結果釀成德國的銀行業危機。英國因爲有大量資金凍結在歐陸破產的機構中，金融恐慌渡過英吉利海峽，入侵輝煌貨幣英鎊的大本營。以英鎊換黃金的要求，很快就強勁到讓英國央行招架不住，即便英國獲得法國和美國借出黃金相助。英國面對嚴峻的抉擇，必須考慮將銀行利率提升至近乎高利貸的水準（八至十％），以求留住資金在倫敦並抑制黃金流失，又或者放棄金本位制度。第一項選擇會令英國經濟雪上加霜，而英國當時已有超過兩百五十萬人失業，當局因此認爲大幅升息是很沒良心的。結果，在一九三一年九月二十一日，英國央行宣布暫停履行出售黃金的義務。

此舉有如晴天霹靂，重創了金融世界。英鎊在一九三一年時地位非常尊貴，以致當時已經出名的英國經濟學家凱因斯可以並非純粹諷刺地表示，英鎊並未離棄黃金，是黃金離棄了英鎊。無論如何，舊體制的支柱消失了，結果是一片混亂。幾週之內，在當時受英國政治或經濟支配的大半個世界，所有國家都離開了金本位制度，其他主要貨幣也多數放棄了金本位或已經大幅調低幣値；而在自由市場，英鎊兌美元已從四・八六美元跌至三・五〇美元左右。然後，可能成爲新支柱的美元也開始不穩。

一九三三年，美國在該國史上最嚴重的經濟蕭條逼迫下，放棄了金本位制度。一年之後，美國恢復採用一種經修正的金本位制度，也就是所謂的金匯兌本位制度（gold-exchange standard）：當局停止鑄造金幣，聯準會承諾僅接受其他央行以美元向它兌換黃金，當局同時大幅調高黃金的美元價格，使得美元對黃金大幅貶值四一％。美元貶值令英鎊兌美元得以回到以前的價位，但英鎊匯價與美元穩固掛鉤未能使英國安心，因爲美元本身並不穩固。在接下來五年間，以鄰爲壑的政策成爲國際金融的常態，但英鎊對其他貨幣並未顯著走貶。二戰爆發時，英國政府勇敢地將英鎊匯價定在四・〇三美元，並且無視自由市場，實施管制以支持該匯價。英鎊維持該匯價十年之久，但那只是官方的價格。在中立國瑞士的自由市場，英鎊匯價在整個二戰期間，隨著英國的軍事情勢波動，最黯淡的時候曾跌至二美元。

二戰之後，英鎊幾乎是麻煩不斷。經濟強國一九四四年在布雷頓森林擬定國際金融新體制時，承認舊金本位制度過度僵固，而一九三〇年代的「紙本位」制度則太不穩定；與會者因此選擇了一個折中方案：貨幣新王者美元保留金匯兌本位制度，價值仍與黃金掛鉤，而英鎊和其他主要貨幣則是與美元而非黃金掛鉤，但它們與美元維持固定匯率，當局容許匯率在某個界限內波動。事實上，戰後年代幾乎可說是由英鎊貶值揭開序幕，貶值幅度之大可媲美一九三一年那次，但後果則輕微得多。布雷頓森林會議替英鎊和多數歐洲貨幣設定的匯價，相對於這些國家受戰火蹂躪的經濟體是嚴重偏高了，而它們也僅能靠政府的管制來維持這樣的匯價。因此，在一九四九年秋季，經過歷時一年半的貶值傳言、英鎊黑市迅速發展，以及黃金流失導致英國準備資產降至危險低位之後，英鎊從四・〇三美元大幅貶值至二・八〇美元。除了美元和瑞士法郎這兩個少數例外，非共產世界所有的重要貨幣，幾乎都立即仿效英鎊貶值。

不過，一九四九年的貶值潮並未導致國際貿易萎縮或其他混亂，因爲它與一九三一年或後來的貶值潮不同，並不是經濟蕭條的國家失控試圖藉由貨幣貶值，不惜一切占得競爭優勢，只是在戰爭中受創的國家認識到本國經濟已基本復原，不必仰賴人爲的支持措施，就能承受相對自由的國際競爭。事實上，國際貿易並未因爲這次貶值潮而萎縮，反而強勁成長。但即使在貶值後較合理的新價位，英鎊仍然不時遭遇千鈞一髮的危急情況。一九五二年、一九五五年、一九五七年和一九六一年，英鎊經歷了嚴重程度不一的危機。英鎊過往的波動，準確記錄了英國作爲世界首要強權的崛起和衰落，而眼下英鎊一再出現貶值壓力，似乎正是以一種無情和笨拙的方式提醒世人：英國雖然在一九四九年已大幅貶低英鎊的價值，但英鎊的匯價相對於英國衰落的國力仍然是太高了。

一九六四年十一月，這種暗示及當中蘊含的恥辱意味，英國人絕非沒有注意到。許多英國人思考英鎊問題時顯然相當激動，這點呈現在英鎊危機正值高峰時，《泰晤士報》著名的讀者來信版的一次意見交鋒上。一位名爲李特爾（I. M. D. Little）的讀者撰文表示，他對於人們爲了英鎊搥胸頓足，尤其是心神不寧地議論英鎊可能貶值，感到十分悲哀，因爲他認爲這是一個經濟而非道德議題。這封信很快就引來哈德斐（C. S. Hadfield）等讀者的回應。哈德斐質問：還有什麼比李特爾的信，更能清楚顯示時代已失去靈魂呢？英鎊貶值不是道德議題？「拒絕履行償債義務——這是貨幣貶值不折不扣的事實——已成爲正當的事！」哈德斐明確發出了愛國者的義憤之聲，這種語氣在英國與英鎊一樣古老。

英國當局發布升息攻勢

巴塞爾會議之後的十天當中，紐約聯準銀行人員最關注的是美元而非英鎊。美國的國際收支赤字，不知不覺之間已增加至一年近六十億美元的驚人水準，而從當時的情勢看來，如果英國調升銀行利率而美國不跟進升息，針對英鎊的投機攻擊可能將有一部分轉移到美元身上。海斯、康伯斯與華府的金融事務要員，包含聯準會主席威廉・麥徹斯尼・馬丁（William McChesney Martin）、財政部長道格拉斯・迪隆（Douglas Dillon），以及財政部次長羅伯・羅薩（Robert Roosa）就此達成共識：英國一旦升息，聯準會出於自衛，將被迫調升當時位於三・五％的政策利率，以維持美元的競爭力。海斯就此敏感問題，與英國央行總裁克羅默伯爵通了無數次電話。克羅默伯爵是純正的貴族，英王喬治五世的教子，第一代克羅默伯爵伊夫林・霸菱（Evelyn Baring）的孫子——伊夫林・霸菱曾任英國駐埃及代表，一八八四年至一八八五年間是英國軍官查理・喬治・戈登（Charles George Gordon）的死敵。克羅默伯爵也是公認的傑出銀行家，四十三歲便出任英國央行總裁，是該行歷來最年輕的總裁；他與海斯因為經常在巴塞爾和其他地方碰面，成了相當親近的朋友。

無論如何，十一月二十日週五下午，紐約聯準銀行有機會展現對英國的善意，代替英國央行在前線捍衛英鎊。英鎊因為倫敦市場收盤而得到的喘息空間只是虛幻的，因為倫敦下午五點只是紐約的正午，不知足的投機客因此可以在紐約市場繼續拋售英鎊數小時；結果紐約聯準銀行的交易室暫時代替了英國央行的交易室，成爲守護英鎊的指揮所。紐約聯準銀行的交易員利用英國人的美元（準確點講，是美國在貨幣互換協議下借給英國的美元），堅定地維持英鎊在二・七八二五美元上方，而這當然也使得英國流失愈來愈多的準備資產。紐約市場收盤之後，投機客彷彿展現了一點仁慈，並未在接下來的舊金山和東京市場繼續攻擊英鎊，顯然他們暫時得到了滿足。

接下來的週末，是那種奇怪的現代週末：表面上在世界各地休息放鬆的一些人討論重要事務，並且做出重要決定。威爾遜、布朗和卡拉漢，在首相的鄉間別墅契克斯（Chequers），參加一項原定討論國防政策的會議。克羅默伯爵在他位於肯特郡威斯特漢（Westerham, Kent）的鄉間住所。馬丁、迪隆和羅薩在他們位於華府或附近的辦公室或家裡。康伯斯在他位於紐澤西州綠村（Green Village）的家裡，而海斯則是在紐澤西其他地方探訪朋友。在英國契克斯，威爾遜和他的兩名財經大臣留下軍官討論國防政策，走到樓上去討論英鎊危機。爲了讓克羅默伯爵加入討論，他們接通一條電話線到肯特郡，而且使用防竊聽電話，以免敵人——不知身在何處的投機客——截聽他們的對話。

週六某個時候，英國當局做出了這項決定：他們不但將調升銀行利率，還將一次加兩個百分點至七％，而且將一反傳統，週一一早便宣布升息，而不是等到週四中午。他們認爲如果等到週四中午才升息，在之前的三個半工作日中，英國的準備資產幾乎肯定將以致命的速度流失，而且大有可能加速流失；此外，刻意違反傳統，可以戲劇性地突顯政府捍衛英鎊的決心。英國當局做出決定後，駐華府的英國代表轉告當地的美國金融官員，再由後者轉告在紐澤西的海斯和康伯斯。這兩人知道，根據先前的共識，紐約銀行利率必須盡快跟隨英國調升，因此他們透過電話，安排紐約聯準銀行董事會在週一下午開會，因爲這是調整利率的必要程序。非常重視禮貌的海斯，後來相當懊惱地表示，他那個週末恐怕令接待他的女主人十分失望，因爲他不僅一直在打電話，而且因爲必須保密，完全無法稍微解釋一下自己的無禮行爲。

英國當局已做的事——準確點講，是將要做的事——足以震撼國際金融界。自一戰爆發以來，英國央行的銀行利率從不曾超過七％，而且也只曾偶爾觸及七％。至於銀行利率在週四以外的日子調整，上一次是在一九三一年，眞不是個好兆頭。由於預期週一倫敦市場開盤時（紐約時間早上五點左右）交投將會非常熱絡，康伯斯週日下午便回到自由街，準備在紐約聯準銀行大樓過夜，以便在週一第一時間觀察大西洋對岸英鎊攻防戰重新開打時的情況。在自由街過夜的，還有資深外匯主管湯馬斯．羅奇（Thomas J. Roche），他因爲發現自己常常必須在這裡過夜，所以在辦公室裡留了一個裝滿個人用品的行李箱。羅奇帶他的上司康伯斯到位於十一樓的住宿區，那是一列像汽車旅館的小房間，每一間都有楓木家具、老紐約版畫、電話、鬧鐘收音機、浴衣和刮鬍工具包。兩人討論了一下週末的情況，然後各自就寢。早上四點多，鬧鐘收音機叫醒了他們。吃過夜班人員提供的早餐後，他們去七樓的外匯交易室，盯住他們的螢幕。

早上五點十分，他們接通英國央行的電話，了解倫敦的情況。倫敦市場開盤時，當局隨即宣布調升銀行利率的消息，引發市場很大的騷動。康伯斯後來聽說，政府的經紀商進入證交所時，場內的人喧鬧不已（以前通常是很安靜的），以致他好不容易才得以宣布升息的消息。至於英鎊的即時反應，則像一匹吃了藥的賽馬（這是後來一名評論者的說法）：升息消息公布後短短十分鐘，英鎊便衝上二．七八六九美元，遠高於週五的收盤價。幾分鐘之後，兩名早起的紐約人接通了法蘭克福西德央行德國聯邦銀行（Deutsche Bundesbank）的電話，然後是蘇黎世的瑞士央行，了解歐陸市場的反應。他們得到的消息，是英鎊在這些市場的表現一如倫敦那麼好。接著，他們又與英國央行聯繫，得知情況愈來愈好。做空英鎊的投機客潰不成軍，急著回補他們的空頭部位。晨光開始照在自由街的窗戶上時，康伯斯得知英鎊在倫敦已升到二．七九美元，創出七月分英鎊危機開始以來的最高水準。

當日，英鎊一整天都保持強勢。「七%可以將月球上的錢都吸引過來，」一名瑞士銀行業人士套用白芝浩的話說道；白芝浩曾以他「務實」的維多利亞風格表示：「七%可以將地底的黃金吸引出來。」在倫敦，人們因爲深信英鎊已轉危爲安，又投入了慣常的政治口水戰。在國會裡，在野保守黨的主要經濟權威雷金納・麥德寧（Reginald Maudling）把握機會，表示如果不是工黨政府失策，英鎊根本不會出現危機；財政大臣卡拉漢非常禮貌地回應他：「我必須提醒這位尊貴的先生，他不久前才告訴我們，我們承接了他留下的問題。」所有人似乎都鬆了一口氣，因爲英鎊買盤蜂擁而至，英國央行難得看到機會補充它嚴重損耗的美元資產。週一下午某段時間，英國央行的信心強到敢於改變操作方向，在略低於二・七九美元的水準賣英鎊買美元。倫敦市場收盤後，英鎊的強勢在紐約延續下去。看到英鎊的情況，紐約聯準銀行的董事問心無愧地在下午遵照原定計劃，將該行的放款利率從三・五%調升至四%。康伯斯後來說：「週一下午這裡的人普遍覺得他們成功了，再次度過了難關。大家普遍鬆了一口氣，英鎊危機似乎已經過去。」

美國援軍駕到

但事實不然。「我記得十一月二十四日週二當天，情勢急轉直下，」海斯後來說。那天英鎊開盤報二・七八七五美元，看來仍然保持強勢。大量英鎊買盤來自德國，似乎預示了接下來一天並無問題。一切順利，直到紐約時間早上六點，也就是歐陸時間正午。歐洲各交易所，包括最重要的巴黎和法蘭克福交易所，在這時候爲各貨幣定價，作爲涉及外幣的股票和債券交易的結算匯率；這些定盤價勢必會影響匯市，因爲它們清楚顯示影響力最大的歐陸市場人士對各檔貨幣的看法。英鎊當天的定盤價顯示，市場對英鎊再度明顯地缺乏信心。事後看來，世界各地的外匯交易商，尤其是歐洲的交易商，此時改變了他們對週一英國央行升息方式的看法。起初他們大感意外，因此熱烈回補英鎊空頭部位，但現在似乎覺得英國迫不及待於週一宣布升息，顯示當局正失去控制局勢的能力。一位歐洲銀行業者據稱這麼問他的同事：「如果英國人將足球決賽安排在週日，那意味著什麼？」答案只能是：英國人恐慌了。

市場人士改變想法的結果，便是市場方向出現驚人的逆轉。紐約早上八點至九點期間，康伯斯在交易室裡看著原本平靜的英鎊突然崩盤潰敗，一顆心直往下沉。金額空前的英鎊賣盤來自世界各地。英國央行拿出拚命的勇氣，將英鎊最後防線從二．七八二五美元推前至二．七八六〇美元，不時進場干預，阻止英鎊跌破新防線。但很明顯，這麼做的代價很快將是英國無法承受的。紐約早上九點之後幾分鐘，康伯斯算出英國正以每分鐘一百萬美元的空前速度流失準備資產——這顯然不是英國可以撐得住的。

海斯在九點過後不久，抵達紐約聯準銀行。他剛在辦公室坐下來，就接到七樓傳來令人不安的消息。康伯斯告訴海斯：「眼前是一場颶風」，表示英鎊眼下的壓力極其凶猛，英國眞的可能在本週之內被迫將英鎊貶值，或是實施全面的外匯管制——由於許多原因，這是不可接受的。海斯馬上致電歐洲主要央行的總裁，懇請他們不要調升他們國家的銀行利率，以免加重英鎊和美元的壓力。他們當中有些人因爲本國市場尙未充分感受到危機的嚴重程度，所以在聽到海斯轉述的危急情況時，感到非常地震驚。由於紐約聯準銀行才剛升息，他此次求援可眞不容易。其後，海斯請康伯斯到他辦公室，兩人都認爲英鎊已被逼到牆角，英國升息顯然未能達到原定目標，而以每分鐘流失一百萬美元的速度，英國的準備資產不到五個交易日就會消失一空。眼下唯一的希望，是在幾個小時之內，或者最多一天左右，替英國籌集一筆巨額貸款，好讓英國央行能夠頂住攻擊，並且擊退投機客。這種緊急貸款此前僅安排過幾次，如一九六二年援助加拿大、一九六四年幫助義大利、一九六一年則是支持英國，而這次所需要的貸款規模，顯然遠遠超過之前任何一次。各國央行與其說是得到機會在國際金融合作的短短歷史上立下一個里程碑，不如說是被迫這麼做。

此外，還有兩件事是顯而易見的：從美元的麻煩看來，美國不能期望自己獨力拯救英鎊；但儘管美元本身有麻煩，美國因爲經濟勢力強大，將必須與英國央行攜手發起救援行動。康伯斯提議，聯準會提供給英國央行的備用信用額，立即從五億美元提高至七億五千萬美元。可惜，根據《聯邦準備法》（Federal Reserve Act），這項決定只能由聯邦準備系統的一個委員會做出，而該委員會的成員因爲散布美國各地，無法馬上通過這項提議。海斯透過長途電話，與華府的金融高官——馬丁、迪隆和羅薩——商談，此時英鎊處境危急的消息，已透過電報傳遍世界，他們都不反對康伯斯的提議。馬丁辦公室因此致電這個關鍵委員會，即「公開市場委員會」（Open Market Committee）的成員，召集他們當天下午三點開電話會議。財政部次長羅薩建議，美國可以透過財政部出資和擁有的進出口銀行，爲英國提供兩億五千萬美元的貸款，藉此擴大對英國的援助規模。海斯和康伯斯自然支持這項建議，因此羅薩啓動發放這筆貸款的官僚程序，不過他警告，這肯定要到傍晚才能完成。

紐約的午後時光逐漸消逝，英國的準備資產正以每分鐘約一百萬美元的速度流失；海斯、康伯斯和他們的華府同事則忙於策劃下一步。如果貨幣互換額度順利獲得提升，而進出口銀行也通過放款給英國，美國提供給英國的貸款總共將達到十億美元。紐約聯準銀行高層與受圍攻的英國央行商議，開始認爲其他主要央行必須爲英國提供十五億美元或更多的額外貸款，拯救英鎊的行動才能成功。在央行圈內，英美以外的主要央行簡稱「歐陸」，雖然加拿大和日本央行也是當中的成員。這項提議將令歐陸央行對整個救援行動的貢獻超過美國，而海斯和康伯斯認識到，歐陸央行官員和他們的政府可能會覺得這件事有點難以接受。

十一月二十四日下午三點，聯邦準備系統公開市場委員會召開電話會議，總共十二人參加，他們分別身處從紐約到舊金山的六個城市。康伯斯以平淡、嚴肅的語氣描述當前情勢，並提出他的建議。委員會成員很快便被說服了，不到十五分鐘，他們就一致同意將貨幣互換額度提高至七億五千萬美元，條件是其他央行也相應增加對英國的貸款援助。

接近傍晚時，華府傳來初步消息：進出口銀行看來可以順利批准貸款，預計午夜之前會有確切結果。因此，美國的十億美元貸款看來已十拿九穩，現在要看歐陸那邊了。眼下歐洲已經是晚上，紐約這邊沒辦法聯繫歐陸的官員了。第二天歐陸市場開盤時，可說是拯救行動的關鍵起點，而英鎊的命運很可能就決定於之後的幾個小時。海斯交代員工在第二天早上四點，派車到他位於康乃狄克州新迦南鎮（New Canaan）的家裡接他，然後就在下午剛過五點時，依慣例到紐約中央車站搭火車回家。

海斯後來表示，他在那麼戲劇性的時刻還那麼正常下班，自己覺得有點抱歉。他說：「我離開銀行大樓時，其實是很不情願的。事後看來，我希望自己當時沒那麼做。並不是說我照常下班有什麼實際影響，因爲我在家裡一樣能有效工作，而事實上，那天晚上我大部分的時間，都與留在銀行的康伯斯通電話。我感到遺憾，只是因爲這種事並非銀行界人士每天都能遇到的。我想，我是習慣性的動物。此外，堅持私人與職業生活保持適當平衡，也算是我個人的原則之一。」雖然海斯沒有提到，但他可能也考慮到另外一件事。我們應該可以假定，央行總裁一般認爲自己不可以在辦公室過夜。海斯可能會想到，如果外界流傳做事向來規律的海斯，在這種時候在辦公室過夜，人們會認爲這代表紐約聯準銀行已陷入恐慌狀態，就像他們理解英國央行在週一宣布升息那樣。

在此同時，康伯斯再一次留在自由街過夜。他前一晚有回家，因爲當時英鎊看來已度過難關，但他現在又被迫與上週末之後不曾回家的羅奇留守聯準銀行大樓。接近午夜時，康伯斯收到來自華府的消息，表示進出口銀行的兩億五千萬美元貸款已確認獲准，一如稍早的預期。因此，現在一切就看第二天早上的努力了。康伯斯再次回到十一樓一個平平無奇的小房間，並在最後整理遊說歐陸央行官員所需要的事實後，設定鬧鐘收音機在早上三點半叫醒他，然後便上床睡覺。一名熱愛文學且思想浪漫的聯準會員工後來表示，那天晚上的紐約聯準銀行，就像莎士比亞筆下阿金庫爾戰役（Battle of Agincourt）前夕的英國軍營——當時英王亨利五世非常有力地宣稱，即使是軍隊中最卑劣的士兵，也將因爲參與即將發生的戰鬥而變得高貴，而在家鄉安睡的紳士事後將對自己不能參與這場戰役悔恨不已。踏實的康伯斯對自己的處境，並沒有這種誇張的想法；即使如此，在他斷斷續續地淺眠、等待歐洲開始新的一天時，他充分意識到自己正在參與的事，是國際銀行界從不曾發生過的。

準備聯絡歐陸盟軍

一九六四年十一月二十四日週二傍晚，海斯於六點半左右，回到他在康乃狄克州新迦南鎮的家，時間一如往常，因爲他照常搭上了紐約中央車站五點零九分開出的列車。海斯五十四歲，身材高瘦，說話溫和，圓框眼鏡後面是銳利的眼睛，氣質有點像一名校長，出了名的冷靜沉著。他後來打趣地說，他在這種非常時期還如此規律地準時下班，他的同事一定對此印象深刻，覺得他的鎮定沉著實在名不虛傳。他的房子原本是一八四〇年左右的工友宿舍，約在十二年前買進改建。到家時，妻子一如往常地迎接他。海斯太太是一名漂亮、活潑的英義血統女子，名叫薇爾瑪（Vilma），但人們總是叫她貝巴（Bebba）。她愛旅遊，對銀行業幾乎毫無興趣，是紐約大都會歌劇院（Metropolitan Opera House）已故男中音湯瑪士・查墨斯（Thomas Chalmers）的女兒。因爲在這個季節，海斯回到家時天已全黑，他便沒有做自己傍晚最喜歡的放鬆活動——走到屋旁的草坡頂部，那裡可以眺望長島海灣和長島，景觀很美。無論如何，他的心情沒有放鬆下來；他覺得自己處於興奮狀態，而且認爲就這樣保持興奮狀態也不錯，因爲紐約聯準銀行的車，第二天一早就要來接他去工作。

晚餐期間，海斯和太太閒話家常，例如談到他們的兒子湯姆，哈佛大學的大四生，第二天將回家過感恩節。晚餐之後，海斯坐在扶手椅上看了一會書。在銀行界，他被視爲學者型的人，而相對於多數銀行業人士，他確實比較像一位學者。即使如此，他在銀行業以外的書籍閱讀上，往往不如他太太那麼穩定和全面；海斯的閱讀往往是零散、易變和密集的，例如可能有一陣子密集地看有關拿破崙的所有書籍，然後停止閱讀一段時間，然後再瘋狂閱讀有關南北戰爭的書。最近他集中閱讀有關希臘科孚島（Corfu）的資料，因爲他和太太打算去那裡旅行。不過，他才開始看一本有關科孚島的新書沒多久，就有電話打到家裡找他。那是紐約聯準銀行打來的，因爲事情有新的進展，而康伯斯覺得海斯總裁有必要知道。

在此扼要重述當時的最新發展：英國面臨英鎊崩盤的危機，紐約聯準銀行與英國央行聯手，準備以斷然措施拯救英鎊，而這需要非共產世界主要國家的央行攜手合作，在第二天早上倫敦和歐陸金融市場開盤之後（紐約時間早上四至五點），盡快達成必要的協議。英國面臨迫在眉睫的破產威脅，因爲該國之前多個月出現巨額的國際收支赤字，導致英國央行手上的黃金和美元準備資產嚴重流失。世界各地的人都擔心新上台的工黨政府，會選擇或被迫將英鎊從目前兌二．八〇美元的標準匯價大幅貶值，以求舒緩英國的窘境，這將導致避險者和投機客的英鎊賣盤在國際匯市上蜂擁而出。英國央行爲了履行它阻止英鎊跌破二．七八美元的國際責任，每天損失以百萬美元計的準備資產，而它手上的準備資產現在只剩下約二十億美元，是多年來的最低水準。

眼下的希望，是搶在爲時已晚之前，也就是盡可能在數小時之內，集結世界主要經濟強國的央行，爲英國提供空前巨額的美元短期貸款。有了這些美元資金，英國央行理論上就可以非常積極地消化所有英鎊投機賣盤，最後成功擊退投機客，爲英國爭取到整頓好經濟所需要的時間。拯救英鎊到底需要多少資金，這是一個可以爭論的問題，但週二稍早美英貨幣當局的結論是至少需要二十億美元。美國透過紐約聯準銀行和財政部擁有的進出口銀行，在週二已替英國爭取到十億美元，現在的任務是說服其他主要央行——在央行圈內被統稱爲「歐陸」，雖然加拿大和日本央行也是當中的成員——爲英國提供至少十億美元的短期貸款。

無論是透過貨幣互換網絡或其他管道，歐陸央行從不曾被要求提供如此巨額的貸款。一九六四年九月，歐陸央行提供了迄今最大一筆集體緊急貸款，金額總共五億美元，正是供英國央行捍衛英鎊使用。雖然那場英鎊攻防戰之前已告一段落，但那五億美元尚未償還，眼下英鎊的狀況還遠比之前惡劣，而歐陸央行又被要求提供十億美元以上的貸款給英國，實際金額還可能高達二十五億美元。即將受到考驗的，顯然是國際合作的精神，甚至是相關國家的仁慈程度。這天晚上，紐約聯準銀行總裁海斯，心裡頭很可能在想這些事。

由於心裡記掛著如此嚴重的事，海斯發現自己很難集中精神在科孚島上。此外，因爲聯準銀行的車早上四點就要來載他去上班，他覺得自己應該早一點去睡。在他準備就寢時，海斯太太說，因爲他必須半夜起來，照理說她應該同情他，但因爲他顯然很期待第二天將要發生的事，所以反而羨慕他。

在自由街，康伯斯斷斷續續地淺眠，直到鬧鐘收音機在紐約時間三點半左右叫醒他，此時正是倫敦時間早上八點半，歐陸時間九點半。因爲經歷了一連串涉及歐洲的外匯危機，康伯斯非常習慣歐美時差，而且傾向以歐洲時間爲標準，例如將紐約早上八點稱作是「午餐時間」，早上九點則是「午後不久」。因此，他是在他心中的「早晨」起床，儘管當時自由街上空仍是繁星閃亮。康伯斯穿好衣服，去到他位於十樓的辦公室，吃了大樓食堂夜班人員提供的一些早餐，然後開始打電話給非共產世界的各個主要央行。所有電話均由一名接線員接通，他負責處理正常辦公時間以外紐約聯準銀行的所有接線工作。這裡的主管打出的電話，必要時可以使用政府提供的特別優先線路，但這次不必這麼做，因爲康伯斯早上四點十五分就開始打電話，而這時候跨大西洋的電話線路根本沒有什麼人在用。

康伯斯的這些電話，基本上是爲了替後續行動打好基礎。他最早打出的其中一通電話，是給英國央行，而他得到的消息，是情況與前一天相同：針對英鎊的投機攻擊毫無減弱的跡象，而英國央行正動用更多準備資產，將英鎊維持在二．七八六〇美元。康伯斯有理由相信，紐約匯市約五個小時後開盤時，大西洋的這邊將會有更多英鎊賣盤湧現，而英國將損失更多美元和黃金。他將這個緊急情況，告訴他在法蘭克福德國央行、巴黎法國央行、羅馬義大利央行，以及東京日本央行的同儕。（因爲紐約與東京有十四小時的時差，當康伯斯致電日本時，東京已經是下午六點之後，因此他必須打電話到央行官員的家裡。）康伯斯談到重點，告訴各國央行代表，美國這邊很快將代表英國央行，要求各國央行提供貸款，而且金額將遠大於他們以前遇到的所有貸款要求。「我嘗試在不提具體數字的情況下，告訴他們這是最嚴重的那種危機，而他們當中很多人還未意識到這點，」康伯斯後來表示。一名德國央行官員對英鎊危機嚴重程度的認識，在倫敦、華府和紐約以外的人當中算是最清楚的，但他後來表示，德國央行雖然對可能被要求爲此事提供有力援助已做好心理準備，但直到康伯斯來電的那一刻，他們還在期望針對英鎊的投機攻擊自行平息，而即使在康伯斯來電之後，他們也不知道德國央行將被要求提供多少貸款。無論如何，在康伯斯來電之後，德國央行總裁召開了高層會議，而且開了一整天。

不過，這一切都只是準備工作。金額明確的實際貸款要求，必須由一國央行總裁向另一國的央行總裁提出。康伯斯在打他的事前遊說電話時，紐約聯準銀行總裁正坐在新迦南開往自由街的公務大轎車裡，而這輛汽車竟然不如詹姆士・龐德（James Bond）執行國際任務時使用的交通工具那麼先進，連一部電話都沒有。

英美指揮官登場

不久前，海斯擔任紐約聯準銀行總裁滿八年，而他獲選出任此職，當年幾乎所有人均感到困惑，包括他自己。因爲他不是從類似的重要職位轉任，也不是從聯準會內部晉升，而是從紐約大量的商業銀行副總裁中脫穎而出。此項人事任命當時顯得非常奇特，但事後看來卻像是上天注定的。海斯早年的生活和職業生涯給人這樣的印象：他的所有經歷，似乎都是在爲他日後處理英鎊崩盤這種國際金融危機做好準備，一如某些作家或畫家的一生，似乎都是在爲他們創造某件藝術作品做準備。如果上天，或是天上的金融部門，在英鎊危機迫在眉睫之際，需要評估海斯的資歷以了解他能否擔當處理危機的重任，而如果天上有獵頭公司，海斯的檔案大概會是這樣：

「一九一〇年七月四日出生於紐約州伊薩卡市（Ithaca），主要是在紐約市長大。父親爲康乃爾大學（Cornell University）憲法學教授，後來成爲曼哈頓一名投資顧問；母親以前是教師，強烈主張女性有權參政，是服務貧困社區組織睦鄰之家（settlement house）的志工，政治上的自由派。父母親都是觀鳥愛好者。家庭氣氛重知識、思想自由和公益精神。就讀紐約市和麻省的私立學校，通常是學校裡的頂尖學生。然後去了哈佛大學（只讀了一年）和耶魯大學（念了三年，起初主修數學，三年級時入選斐陶斐榮譽學會，是划艇隊中不重要的隊員，一九三〇年以文學士第一名的成績畢業。）一九三一年至一九三三年以羅德學者（Rhodes scholar）的身分，在牛津大學新學院（New College, Oxford University）學習，期間成爲堅定的親英派，並寫了題爲〈一九二三年至一九三〇年的聯準會政策和金本位制度運作〉的論文，雖然他不曾想過要加入聯準會。眞希望他現在手頭有這篇論文，因爲說不定裡面有年輕人了不起的慧見，可惜他和新學院都已找不到這篇論文。一九三三年開始在紐約商業銀行界工作，緩慢但穩定地晉升（一九三八年年薪兩千七百美元）。一九四二年升任紐約信託公司（New York Trust Co.）副祕書（雖然頭銜很弱）；在海軍服役一段時間之後，一九四七年成爲紐約信託公司協理，兩年之後成爲該公司國際業務部門主管，雖然在此之前完全沒有國際銀行業務的經驗。他顯然學得很快，使同事和上司大感吃驚，一九四九年因爲提前數週準確預測英鎊將從四・〇三美元貶值到二・八〇美元，獲同事和上司譽爲外匯奇才。」

「一九五六年獲任命爲紐約聯邦準備銀行總裁，他自己和紐約銀行界對此均非常驚訝，銀行界許多人根本沒聽過這個相當害羞的人。獲任命後表現沉著，帶家人去歐洲度假兩個月。現在人們普遍認爲，紐約聯準銀行董事會在美元開始走疲和國際金融合作變得至關緊要之際，任命海斯這樣一位外匯專家爲總裁，是展現了令人難以置信的先見之明——又或者是極其幸運。歐洲的央行官員普遍喜歡他，他們以艾爾（Al）稱呼他，但發音往往像『All』。年薪七萬五千美元，是美國總統以外最高薪的聯邦政府官員；當局設定聯邦準備銀行的人員薪資時，希望它們在銀行業中多少具有競爭力，因此這些人的薪資與一般公務員有顯著差異。海斯很高、很瘦，他努力維持正常的上下班時間，而且出於個人原則，堅持他的個人生活是不可侵犯的：他認爲經常在辦公室加班到晚上是『非常離譜』的事。他抱怨他兒子看不起商界，並認爲這是一種『反向的勢利眼』，但即使他在抱怨這些事的時候，仍然能夠保持冷靜。」

「結論：這正是在英鎊危機中，代表美國央行的理想人選。」

海斯確實就像上天精心安排、賦予一切必要能力，肩負某項複雜任務的一個人。但是，他還有其他面向，而他就像一般人那樣，性格中也有不少矛盾之處。雖然銀行界人士在形容海斯時，幾乎一定會用「學者型」和「知識分子」等字眼，但海斯通常認爲自己作爲學者或知識分子表現平庸，卻是高效能的行動者；而就後一點而言，一九六四年十一月二十五日發生的事，似乎證明他是對的。海斯在某些方面來說，可說是完美的銀行業者，一如威爾斯（H. G. Wells）筆下的完美銀行業者，海斯似乎「認爲賺錢是理所當然的，一如梗犬認爲抓老鼠是理所當然的」，因此對金錢缺乏哲學上的好奇心，但他對金錢以外的幾乎所有事物，似乎都有哲學上的好奇心，這點在銀行業人士當中實在很不尋常。雖然泛泛之交有時會說他這個人很乏味，但他的好友則認爲他有享受生活和保持內心平靜的罕見能力；這種能力似乎使他得以避免像許多同代的人那樣，因爲精神緊張和內心焦慮而生活混亂。當海斯坐著紐約聯準銀行的公務車前往自由街時，他內心的平靜無疑即將受到非常嚴峻的考驗。

海斯在早上五點半左右抵達辦公室，第一件事便是拿起電話，按下打給康伯斯的快速鍵，了解這位國外業務部主管的最新情勢評估。一如他的預期，英國央行仍正以可怕的速度流失美元資產，情況毫無改善的跡象。更糟的是，康伯斯表示，他的消息來源告訴他，紐約銀行界一些同樣因爲情況緊急而一大早上班的人（他們是大型商業銀行，如大通和花旗銀行的外匯部門人員），通知他們那邊累積了大量的英鎊賣單，等著紐約市場一開盤就要掛出。幾乎已經沒頂的英國央行，在四小時後將遭遇來自紐約的新一波浪潮。因此當局更有必要加快緊急行動，海斯和康伯斯同意，紐約開盤之後，有必要盡快（可能早至十點），便公布當局正在爲英國安排緊急國際貸款的消息。爲了建立國際通訊的單一中心，海斯決定放棄自己的辦公室（非常寬敞，牆上裝了飾板，壁爐周圍有舒服的椅子），讓樓下的康伯斯辦公室（小得多，也樸素得多，但布置對工作效率比較有利），成爲緊急行動的指揮所。他一走進康伯斯的辦公室，便拿起三部電話的其中一部，要求接線員幫他接通英國央行的克羅默伯爵。電話接通後，英鎊拯救行動的兩位關鍵人物，最後一次檢視他們的計劃，確認他們初步決定要求各家央行提供的貸款金額，然後說好各自聯繫哪些人。

在某些人眼中，海斯與克羅默伯爵是不大相配的一對夥伴。後者全名爲喬治・羅蘭・史丹利・霸菱（George Rowland Stanley Baring），是第三代克羅默伯爵，除了是純正的貴族外，還是純正的銀行家。他的祖先創辦了著名的倫敦商人銀行霸菱兄弟（Baring Brothers），而他是英王喬治五世的教子，伊頓公學（Eton College）和劍橋大學三一學院的畢業生，在家族的銀行當了十二年董事總經理之後，一九五九年至一九六一年出任英國經濟事務官員兩年，是英國財政部駐華府首席代表。如果說海斯是藉由耐心學習掌握國際銀行業務的專門知識，絕非學者型人物的克羅默伯爵，則是靠遺傳、本能或偶然的見聞而掌握相關知識。儘管海斯異常高瘦，但在人群中很容易被忽略；而克羅默伯爵雖然只是中等身材，但因爲溫文爾雅而且穿著時髦，走到哪裡都能引人注目。海斯通常不大願意與陌生人親近，克羅默伯爵則是以待人熱誠著稱——他與美國銀行界人士見面時，對方通常因為他的伯爵頭銜而心生敬畏，但他總是很快便鼓勵他們叫他羅利（Rowley），這令他們在受寵若驚之餘，心裡也很微妙地感到失望（這當然不是他有意造成的。）一名美國銀行界人士曾說：「羅利是個非常自信和果斷的人。他從不怕插嘴突然提出要求，因為他確信自己的言行是合理的。他確實是個通情達理的人，是那種在危機之中，能夠拿起電話做些事，產生重要作用的人。」但說這話的那名銀行界人士承認，在一九六四年十一月二十五日之前，他並不認為海斯是這種人。

情況危急，我們應當團結一致

那天早上約六點開始，海斯確實拿起了電話，與克羅默伯爵一起找人幫忙。世界主要央行的總裁，包括德國的卡爾．布萊辛（Karl Blessing）、義大利的奎多．卡利博士（Guido Carli）、法國的賈克．布內（Jacques Brunet）、瑞士的華特．施韋格勒博士（Walter Schwegler）和瑞典的佩爾．艾斯布靈克（Per Asbrink），陸續接到電話，得知英鎊危機昨天已去到極其嚴重的程度，美國已答應向英國提供十億美元的短期貸款，而他們也被要求拿出自己國家的大筆準備資產，以幫助英鎊度過難關。他們當中有些人對這些消息感到十分驚訝，有些人是先接到海斯的電話，有些人是先接到克羅默伯爵的電話，而無論如何，來電者不是泛泛之交，也不純然是某國的官員，而是「巴塞爾兄弟會」的熟人。因為海斯代表已答應提供巨額貸款的美國，他幾乎自動被視為此次行動的領袖，但他在每一通電話中都審慎解釋，正式提出貸款要求的是英國央行，他的任務是傾聯準會之力支持英國央行的要求。

海斯以他的沉著語氣，向歐陸央行的總裁說這樣的話：「英鎊情況非常危急，我知道英國央行正請求你們提供兩億五千萬美元的信用額度。我想你一定明白，當前情況要求我們團結一致。」（海斯和康伯斯當然總是講英語。儘管海斯最近在上法語重溫課，而且在耶魯時曾以記憶力驚人著稱，但外語仍然不好，沒有信心以英語以外的語言談重要公務。）他與特別熟的歐陸央行總裁講話時，會使用比較非正式的措辭，例如會按央行圈內的習慣、假定金額單位為百萬美元，很流利地說類似這樣的話：「你想，你們可以提供一百五十嗎？」他說，無論措辭是正式或非正式，對方的第一反應，普遍是小心翼翼，往往夾帶著震驚。他記得曾有幾個人說過這種話：「艾爾，情況真的那麼糟嗎？我們還在期望英鎊自己復原呢！」海斯向他們保證情況真的那麼糟糕，而且英鎊無論如何不可能自己復原，對方的反應通常是：「我們必須研究一下可以怎麼做，稍後再打電話給你。」有些歐陸央行總裁後來表示，海斯首次來電令他們印象最深刻的，不是他講了什麼話，而是他來電的時間。他們知道海斯來電時紐約遠未天亮，而海斯以堅持正常工作時間著稱，因此他們在那時候接到他的電話，馬上便覺得事態應該非常嚴重。海斯與每一家歐陸央行打過招呼之後，康伯斯便馬上接手，與這些央行負責相關事務的主管商談細節。

打完第一輪電話，海斯、克羅默伯爵和他們在自由街與針線街（位於倫敦金融城，英國央行就在這條街上）的同事，都覺得情況相對樂觀。沒有一家央行明確拒絕他們，連法國央行也沒有這麼做（海斯他們對此感到欣喜），雖然法國在金融和某些其他事務上已明顯改變方向，不再那麼願意與英國和美國合作。此外，有幾位央行總裁令人喜出望外，因為他們表示，他們貢獻的貸款或許可以比美英提議的數額更大一些。受此鼓勵，海斯與克羅默伯爵決定提高目標。他們原本希望籌集二十五億美元的貸款，但考慮到各國的反應，他們認為有機會加碼到三十億。海斯說：「我們決定這裡加一點、那裡加一點，因為我們沒有辦法確切知道，扭轉局面最少需要多少美元。我們只知道，我們在很大程度上必須仰賴宣布消息所產生的心理作用——這當然是假定我們有好消息可以宣布。而三十億美元，似乎是一個很好的整數。」

但他們仍然遇到不少困難，隨著各國央行開始回電，最大的困難顯然是盡快完成籌集貸款這件事。海斯與克羅默伯爵發現，最難向歐陸央行傳達的訊息，是英國的準備資產每過一分鐘便流失一百萬美元（甚至更多）。如果一切按照正常程序辦理，貸款無疑將來得太晚，無法幫助英鎊逃過被迫貶值的命運。在某些國家，法律要求央行答應提供貸款之前徵詢政府的意見，而即使在沒有這種法律規定的國家，央行也堅持這麼做以示尊重當局。這件事需要時間，尤其是因為不止一名財政部長暫時無法聯繫上（有一位財政部長剛好正在國會參與辯論），他們並不知道有人要找他們立即批准巨額貸款，而且除了克羅默伯爵和海斯的口頭保證外，沒有人提供這些貸款非批不可的證據。

而即使能夠找到財政部長，他也可能不願意在如此倉促的情況下做決定；在有關錢的事情上，政府的行動比央行審慎一些。有些財政部長的回應實質上是在說：如果能按規矩提交英國央行的資產負債表和要求緊急貸款的正式書面申請，他們樂意考慮這件事。此外，有些央行本身展現出令人發狂的「形式主義」傾向，如某家央行的外匯主管據說如此回應緊急貸款的請求：「啊，眞是太巧了！我們剛好明天開董事會，我們會討論這件事，然後跟你們聯繫。」與他對話的是紐約的康伯斯，他確切講了什麼並未留下紀錄，但據稱他當時的態度是一反常態地激烈。連出了名冷靜沉著的海斯，也曾有一、兩次差點失控（至少在場的人是這麼說的）：他的語氣一如既往的沉著，但他的音量遠遠超過平常的水準。

在歐陸央行當中，財力最雄厚、影響力最大的一家是德國央行，而該行遇到的問題，最能彰顯各國央行在批准貸款這件事上遇到的困難。因爲康伯斯的來電，德國央行的管理委員會召開了緊急會議，而當海斯致電該行總裁布萊辛、告訴他美英希望德國提供多少貸款時，這個緊急會議還未結束。那天早上，美英要求各央行提供多少貸款是從未公開的資料，但從後來已知的事實看來，我們可以合理地假定美英要求德國提供五億美元的貸款——這是聯準會以外各國央行中最高的，而且也是各國央行歷來被要求在數小時內答應的最大一筆貸款。

布萊辛接完海斯如此刺激的電話後不久，倫敦的克羅默伯爵接著來電，向他證實海斯所講的有關危機嚴重程度的一切都是眞的，並且重申了英國的貸款請求。德國央行的管理層可能有點被嚇到了，他們原則上同意必須提供這筆貸款，但此時他們的麻煩才開始。

布萊辛和他的同事決定遵循正當程序：採取任何行動之前，必須徵詢德國在歐洲共同市場中的經濟夥伴與國際清算銀行，而他們必須徵詢的關鍵人物，是當時擔任國際清算銀行總裁的馬呂斯・侯卓普博士（Marius W. Holtrop）；侯卓普博士也是荷蘭央行的總裁，而荷蘭央行當然也被要求提供貸款。法蘭克福方面因此緊急致電阿姆斯特丹，但獲告知侯卓普博士不在阿姆斯特丹，他當天早上剛好搭火車去政府所在地海牙（The Hague）見荷蘭的財政部長，商量其他事情。荷蘭央行當然不可能在總裁不知情的情況下，答應提供緊急貸款這麼重要的事，而比利時因爲貨幣政策與荷蘭密切相關，該國央行也不願意在荷蘭答應之前承諾提供貸款。因此，這天早上有一個多小時，在英國央行持續流失以百萬美元計的準備資產、世界金融秩序岌岌可危之際，整個救援行動陷入了僵局，因爲侯卓普博士正在穿越荷蘭低地的火車上，又或者是已經抵達海牙，但遇到塞車，因此沒有人能聯繫到他。

十二國同盟成立

這一切當然使得紐約聯準銀行這邊苦不堪言、萬分無奈。紐約的早晨終於來到時，海斯和康伯斯得到華府方面的協助。美國金融事務的主要官員——聯準會的馬丁，財政部的迪隆和羅薩——密切參與了昨天的拯救行動規劃，而他們的決定之一，當然是授權向來替聯邦準備系統和財政部執行國際金融行動的紐約聯準銀行，成爲本次行動的指揮中心。華府的幾位高官因此可以回家睡覺，然後在正常時間回辦公室。馬丁、迪隆和羅薩，在聽到海斯轉告紐約方面遇到的困難之後，自己打電話向歐陸相關官員強調美國對事態的關注。但無論電話是從哪裡打出，再多通也不能使時間暫停，當然也還是找不到侯卓普博士。最後，海斯和康伯斯必須放棄在紐約時間早上十點左右，對外宣布各國已爲英國籌得巨額貸款的計劃。此外，還有其他原因，使得海斯他們對情勢轉趨悲觀。紐約市場開盤後，市況清楚顯示，昨天收盤以來，金融市場確實已陷入人心惶惶的狀態。紐約聯準銀行七樓的外匯交易部表示，紐約一開盤，針對英鎊的攻擊一如預期的可怕，市場氣氛非常接近恐慌狀態。紐約聯準銀行的證券部門，也報告了令人不安的消息：美國公債市場出現了多年來最沉重的壓力，反映債券交易商對美元缺乏信心——這實在是不祥之兆。這些消息無情地提醒海斯和康伯斯一件他們原本就知道的事：英鎊兌美元貶値可能觸發連鎖反應，導致美元對黃金被迫貶値，而這可能擾亂全球金融秩序。

如果海斯和康伯斯曾經幻想自己只是無私奉獻的「好撒瑪利亞人」（Samaritans），*美債遭受壓力的消息應該足以使他們恢復清醒。他們接著收到消息，華爾街的種種荒唐傳言看來正在凝聚爲單一說法：英國政府將於紐約時間正午左右宣布英鎊貶值；因爲非常具體，使得這項傳言顯得十分可信，眞是令人洩氣。但這項傳言是可以斷然駁斥的，至少傳言中的貶值時間不可能是眞的，因爲各國還在磋商貸款，英國顯然不可能在這種時候宣布英鎊貶值。海斯希望壓下這則可能造成嚴重後果的謠言，但他又必須在有結果之前替貸款磋商保密，左右爲難之下他選擇妥協。他請一名同事打電話給幾位重要的華爾街銀行業者和交易商，以最有力的語氣告訴他們，據他所掌握到的可靠消息，最新的英鎊貶值傳言是假的。這名同事被問及：「你可以講得具體一點嗎？」而他因爲沒有其他話可以說，只能回答：「不，我不能。」

雖然沒有實質證據支持，海斯的放話還是產生了一定的作用，不過仍不足以根本扭轉局面，因爲匯市和債市只是短暫回穩。海斯和康伯斯後來承認，那天早上他們曾經數度放下電話，在康伯斯的辦公室隔桌對望，無言地交換一個念頭：看來這次是來不及了。但是，一如俗濫的煽情劇情節，在一切看似絕望的時候，好消息便開始出現——這種俗濫情節雖在藝術上已宣告死亡，但在現實中似乎頑強地生存下來。荷蘭方面，已經找到了侯卓普博士，他與荷蘭財政部長維特芬博士（J. W. Witteveen），正在海牙某間餐廳吃午飯，而且已經決定支持拯救英鎊的行動。至於徵詢荷蘭政府也沒問題，因爲負責此事的荷蘭官員，就坐在侯卓普博士的對面。拯救行動的主要障礙因此得以清除，接下來的困難就只剩一些煩人的事，例如因爲必須在東京時間午夜前後吵醒日本官員，不斷地向他們說抱歉。形勢已決定性地轉好，在當日紐約的正午之前，海斯與康伯斯，以及倫敦的克羅默伯爵及其副手，已經知道十家歐陸央行，包含西德、義大利、法國、荷蘭、比利時、瑞士、加拿大、瑞典、奧地利和日本，以及國際清算銀行，原則上同意提供貸款給英國。

但是，每家央行還必須完成一些必要手續，以滿足法規的要求，而過程慢得令人難耐。最守規矩的德國央行，必須尋求董事會的核准，而其董事多數身處德國各地。兩名德國央行主要代表分工合作，致電不在法蘭克福的董事，遊說他們支持貸款——這種遊說有點微妙，因爲央行總部實際上已答應這件事。在歐陸時間下午三點多，這兩名代表仍在努力遊說外地董事之際，法蘭克福接到了倫敦又一通電話。來電者是克羅默伯爵，他表達了自身處境所能允許的最大怒氣，告訴德國央行：英國準備資產的流失速度，已經加快到英鎊無法再撐一天。儘管還有手續要完成，貸款再拖下去就來不及了！（英國央行從未公布當天它損失多少準備資產，但《經濟學人》（*The Economist*）後來估計金額可能高達五億美元，也就是英國這天之前所剩的準備資產的約莫四分之一。）克羅默伯爵來電之後，德國央行兩名代表盡可能長話短說，得到董事一致同意批出貸款；在法蘭克福時間下午五點過後不久，他們已經可以通知克羅默伯爵和海斯，德國央行將提供美英要求的五億美元貸款。

＊《聖經》中耶穌所講的寓言人物，指無私的見義勇爲者。

其他央行有些已經答應，尚未答應的也陸續傳來好消息。加拿大和日本各出兩億美元，而它們無疑樂意幫忙，因爲加元和日圓分別受惠於一九六二年和一九六四年的類似國際救援行動，雖然規模遠比這一次小。如果《泰晤士報》後來的報導正確，則法國、比利時和荷蘭也各自貢獻了兩億美元，但這三個國家均不曾公布它們提供了多少貸款。瑞士據信提供了一億六千萬美元，瑞典則是一億，剩餘部分由奧地利、日本和國際清算銀行分擔，金額至今未公布。在紐約午餐時間之前，一切已準備就緒，只差公布消息。此次行動的最後一部分，是盡可能有力地宣布消息，以最快的速度對市場產生最大影響。

吹響勝利的號角

這項任務，將紐約聯準銀行負責公開資訊的副總裁——湯馬斯．奧拉夫．華格（Thomas Olaf Waage）帶到幕前。華格〔他的姓「Waage」與「saga」（英雄傳奇）押韻〕，幾乎整個早上都在康伯斯的辦公室忙個不停，透過電話擔當紐約與華府的聯絡人。他是土生土長的紐約人，他挪威出生的父親是紐約當地的拖船舵手和漁船船長。華格的興趣廣泛，而且都是出自眞心愛好，他喜歡的東西包括歌劇、莎士比亞、英國長篇小說家安東尼．特洛普勒（Anthony Trollope）的小說，以及祖傳的航海活動。他還有一項強烈的愛好：努力幫助心存懷疑、而且往往不感興趣的大衆，進一步認識央行的運作，不僅告訴他們事實，還帶他們感受當中的戲劇性、懸疑和刺激感。簡言之，華格是銀行界裡浪漫得無可救藥的一個人。因此，當海斯請華格起草一份新聞稿，盡可能有力地向世人宣傳此次國際救援行動時，他欣喜若狂。在海斯和康伯斯努力替國際貸款案收尾時，華格忙著與相關機構的負責人協調發表新聞稿的時間，包括參與發表美國聲明的聯準會和財政部，以及將於同一時間發表自身聲明的英國央行——這是海斯與克羅默伯爵業已同意的事。

華格回想當時的情況說：「當時，我們同意在紐約時間下午兩點宣布消息，這是我們在情況顯示下午兩點前有方案可以宣布時所做的決定。當然，這代表我們趕不及在歐陸和倫敦市場收盤前公布消息。但如果在下午兩點發表聲明，接下來紐約市場在五點左右收盤之前，還有一整個下午的交易。如果英鎊可以在紐約戲劇性地扭轉疲勢，那麼第二天美國因爲感恩節休市時，英鎊將有很大機會在歐陸和倫敦市場繼續走強。至於我們打算公布的貸款總額，則仍然是三十億美元。但我記得最後時刻出現了意想不到的障礙，情況特別尷尬。就在最後關頭，當我們認爲大局底定時，查理康伯斯和我爲了避免出錯，算了一下各國承諾的貸款總額，結果是二八・五億美元。顯然，我們在某處漏掉了一億五千萬美元。好在我們很快就找出問題所在，所以沒有耽誤消息的公布。」

就這樣，三十億美元的緊急貸款及時籌到。在紐約時間下午兩點、倫敦時間下午七點，美國聯準會、財政部和英國央行同時向媒體發出聲明。在華格的影響下，美國新聞稿激動人心的效果，雖然比不上歌劇《紐倫堡的名歌手》（*Die Meistersinger von Nürnberg*）的最後一幕，但以央行的聲明稿來說，無疑是異常地感情豐富。它以一種有所節制的激昂語氣，指出貸款金額的空前性質，還講到各國央行：「迅速行動，動員了針對英鎊投機賣盤的大規模反擊行動。」而倫敦的聲明稿則顯然不同，彰顯了英國人似乎保留給重大危機時刻的典型風格，它只是簡單表示：「英國央行已藉由某些安排得到三十億美元，可用來支持英鎊。」

結果證實，當局的保密工作顯然是成功的：貸款消息對紐約匯市有如晴天霹靂，市場反應之迅猛足以令當局喜出望外。做空英鎊的投機客當機立斷，決定收手。消息一宣布，紐約聯準銀行馬上在二．七八六八美元掛出英鎊買單，這個價位略高於英國央行當天盡全力守住的水準。由於投機客一面倒地急著買進英鎊，以回補他們的空頭部位，紐約聯準銀行發現，很少人在二．七八六八美元這個水準賣出英鎊。下午兩點十五分左右，紐約匯市出現了幾分鐘的異常情況：無論在什麼價位，根本沒有人掛出英鎊賣單，而這令當局振奮不已。最後，在較高的價位終於有英鎊賣單掛出，然後馬上有人搶著買進。英鎊整個下午於是持續上漲，收盤時已升至略高於二．七九美元。

成功了！英鎊脫離了險況，國際救援方案證實有效。各界紛紛對此成功行動致敬。連權威的《經濟學人》也很快表示：「無論哪些其他網絡失敗了，央行官員看來都有產生即時效果的驚人能力。我們或許可以說，央行網絡總是傾向短暫支撐現狀，因此並不理想，但它卻是唯一能有效運作的網絡。」

在英鎊回到合理高位的情況下，紐約聯準銀行關門休感恩節，各官員都回家了。康伯斯記得自己以快得異常的速度，喝下一杯馬丁尼。海斯回到新迦南的家，發現兒子湯姆已從哈佛回來。他太太和兒子注意到他異常興奮，便問他發生了什麼事，海斯說他剛經歷了整個職業生涯中最滿足的一天。他們追問詳情，海斯便提供了救援行動的濃縮版簡化敘述，而且沒有忘記妻子對銀行業完全不感興趣，兒子則是看不起商界。但他在敘述完畢時，得到很好的反應——像華格那樣的人，或是任何熱心向冷漠的外行人闡述銀行業英勇事跡的人，都會因為得到這種反應而滿心溫暖。海斯太太表示：「我一開始有點聽不懂，但在你結束前，我們都完全被吸引住了。」

華格住在紐約市皇后區道格拉斯頓（Douglaston），他以他典型的方式告訴妻子當天的事。「今天是聖克里斯賓節（St. Crispin's Day），而我跟亨利在一起！」他衝進家門時高喊。*

永不止息的戰役

我最初對英鎊及其險況產生興趣，是在一九六四年英鎊危機的期間，然後我發現自己從

* 英王亨利五世正是在聖克里斯賓節當天，率領英軍以寡敵眾，在阿金庫爾戰役中大敗法軍。

此對這個題材著迷不已。在接下來的三年半中，我透過美國和英國新聞媒體追蹤英鎊的起伏，此外也不時前往紐約聯準銀行，與官員維持聯繫，並嘗試從他們身上得到更多啓發。這段經驗完全證實了華格所講的：央行的運作確實可以是充滿懸疑的。

英鎊無法從此高枕無憂。一九六四年的大危機過後一個月，投機客再度攻擊英鎊，而到該年結束時，英國央行借來的三十億美元貸款已經用了超過五億。新年到來也未能帶給英鎊安寧，在一九六五年，英鎊經過相對強勢的一月之後，二月再度承受壓力。去年十一月的貸款爲期三個月，在它們即將期滿之際，放款國家決定延期三個月，以便英國有更多時間整頓好經濟。但是到三月底時，英國經濟狀況仍然不穩，英鎊再次跌破二．七九美元，而英國央行也再次干預市場。四月分英國宣布了緊縮支出的財政預算，英鎊隨後上漲，但漲勢很快結束。到了初夏時節，英國央行爲了應付與投機客的攻防戰，已動用了三十億美元貸款的三分之一以上。投機客受此鼓舞，加緊攻擊英鎊。六月底，英國高官公開表示，他們認爲英鎊危機已經過去，但這不過是夜行人吹哨；儘管英國人進一步緊縮支出，英鎊在七月仍再度下挫。到了七月底，國際匯市已確信新的英鎊危機正在形成。到了八月底，危機爆發了，而且在某些方面比去年十一月的危機更危險。問題在於市場似乎相信各國央行已厭倦了投入資金作戰，因此將不顧後果地任由英鎊下跌。當時我打電話給一位我認識的紐約匯市重要人物，問他怎麼看當前局勢，他的回應是：「據我所知，紐約市場百分之百確信英鎊今年秋天將會貶值——我是說百分之百，不是九五%之類的。」然後在九月十一日，我從報紙上得知同一群央行（這次少了法國），再度於最後關頭為英國提供緊急貸款——金額並未公布，後來的報導聲稱是十億美元左右。而接下來幾天，我看到英鎊的市價逐步上漲，月底時升破二．八〇美元，創十六個月以來的最高水準。

這些央行捍衛英鎊的行動再次成功了。不久之後，我前往紐約聯準銀行了解此次行動的詳情。我見到康伯斯，發現他異常的熱情和健談。我告訴我：「今年的行動與去年完全不同。這次，我們是主動出擊，不是苦守最後防線。今年九月初，我們認為英鎊是嚴重超賣了，也就是說做空英鎊的投機部位，遠遠超過經濟基本面所能支持的規模。事實上，英國今年頭八個月的出口，比一九六四年同期增加逾五%，而英國一九六五年的國際收支赤字，看來可能只有去年的一半。這些都是非常好的經濟進步，但是看空英鎊的投機客，似乎完全忽略了這些事實。他們基於市場技術因素，持續做空英鎊。現在處於危險位置的，變成是他們了。我們認為官方發動反擊的時機已經成熟。」

康伯斯接著解釋，這次反擊是在很從容的情況下策劃的，並不是透過電話，而是各國央行官員九月五日週末在巴塞爾面對面談好的。康伯斯一如往常地代表紐約聯準銀行出席這次會議，而海斯也縮短他計劃已久的科孚島假期，趕到巴塞爾。行動計劃的精準程度有如軍事行動，各國央行決定這次不公開貸款規模，以求擾亂敵方投機客的耳目。當局選擇由紐約聯準銀行的交易室發起攻擊，時間選在九月十日紐約時間早上九點——這個時候倫敦和歐陸匯市仍未收盤。時間一到，英國央行先放「禮炮」，宣布新的央行協議很快將使當局得以在匯市採取「適當行動」。當局給予市場十五分鐘的時間，來消化這個故作輕描淡寫的威脅訊息，然後紐約聯準銀行便出手了。

紐約聯準銀行在英國的授權下，利用新的國際貸款作爲彈藥，與紐約匯市中所有的主要銀行，同時在當時市價二·七九一八美元掛出英鎊買單，總額接近三千萬美元。受此刺激，英鎊兌美元立即上漲，而紐約聯準銀行則緊隨其後，一步步提高英鎊的買入價。當英鎊升至二·七九三四美元時，該行暫停行動，一方面是爲了觀察市場自己會怎麼走，另一方面是再次擾亂敵人耳目。結果英鎊持穩，證明在這個水準，英鎊的獨立買盤與賣盤勢均力敵，而做空英鎊的投機客則開始恐慌起來。但紐約聯準銀行遠未滿足，再度回到場內大力買進英鎊，當天將英鎊推升至二·七九四五美元。然後英鎊漲勢就像滾雪球那樣自行擴大，結果便是我從報紙上看到的。「這是一次成功的軋空，」康伯斯告訴我。他洋洋得意得有點可怕，但這其實不難理解；我想，央行官員毫不留情地痛擊對手，打得敵人潰不成軍，而且是爲了公益而非個人或機構的金錢利益，想必可以從中得到罕見、純粹的滿足感。

後來，我從另一名銀行界人士那裡，得知英鎊空頭在此役中被軋得多慘。投機客一般利用保證金帳戶做外匯交易，他們要做空價值一百萬美元的英鎊，一般只需要拿出三萬或四萬美元的現金。多數投機客的部位高達數千萬美元，如果一名投機客的部位有一千萬英鎊或兩千八百萬美元，英鎊兌美元的價格每改變〇．〇一美分，他的帳戶價值便會出現一千美元的變化。因此，英鎊從九月十日的二．七九一八美元，升至九月二十九日的二．八〇一〇美元，這名投機客如果做空英鎊，他將損失九萬兩千美元——理論上足以令他對再次做空英鎊心生恐懼。

當局的軋空行動過後，市場出現了頗長時間的平靜期。之前一年，市場多數時間瀰漫著英鎊危機將臨的氣氛，但這種氣氛消失了；在超過六個月的時間裡，英鎊在匯市的情況是數年來最樂觀的。「英鎊捍衛戰如今已經結束，」多位英國官員十一月宣稱；當時是一九六四年國際救援行動一週年，這些官員是匿名發表這個觀點——眞是明智。他們還說：「我們現在是在爲經濟作戰。」他們的經濟戰役顯然也正邁向勝利：英國一九六五年的國際收支赤字，大幅縮減至不到去年的一半，比人們原本預期的縮減一半還要好。此外，因爲英鎊強勢，英國央行不僅得以還清其他央行提供的短期貸款，還得以拿重新受人青睞的英鎊在公開市場換取美元，增加了逾十億美元的寶貴準備資產。在此情況下，英國的準備資產在一九六五年九月至一九六六年三月期間，從二十六億美元增加至三十六億——這是相當安全的水準。然後英鎊輕鬆度過了英國的大選，而大選向來是英鎊的嚴峻考驗。一九六六年春天我見到康伯斯時，他對英鎊充滿信心，但又似乎有點厭倦的感覺，就像一名紐約洋基隊老球迷對他支持的球隊那樣。

擺脫不了的危機

不過，當英鎊再度爆發新危機時，我幾乎已經認定追蹤英鎊的走勢，再無樂趣可言。受海員罷工影響，英國再度出現貿易逆差，英鎊於一九六六年六月再次跌破二・七九美元，英國央行據稱又回到市場中，以它的準備資產捍衛英鎊。六月十三日，主要國家的央行再度爲英國提供短期貸款，就像資深消防員有點漫不經心地執行例行任務那樣。但英鎊僅僅獲得短暫的支撐，七月底威爾遜首相爲了杜絕國際收支赤字、根治英鎊的頑疾，推出英國和平時期歷來最嚴厲的經濟管制措施，包含加稅、無情地緊縮信貸、凍結薪資和物價、削減政府的福利支出，並且規定每個英國人每年海外旅行支出不得超過一四〇美元。康伯斯後來告訴我，英國宣布這套緊縮措施之後，聯準會助英國一臂之力，立即進場支撐英鎊，而且獲得令人滿意的市場反應。是年九月，聯準會再送好禮，將它與英國央行的貨幣互換額度，從七億五千萬美元增至十三億五千萬。我在九月見到華格，他熱烈地談到英國央行已恢復累積美元資產。「英鎊危機已成爲一件令人生厭的事，」《經濟學人》這次如此表示，帶著令人放心的英式淡定。

英鎊再度迎來平靜期，但這次同樣僅維持了半年左右的時間。一九六七年四月，英國還清了短期債務，而且手頭有充裕的準備資產。但隨後一個多月間，英國遭遇一連串慘痛的挫折。阿拉伯國家與以色列的短暫戰爭，導致大量阿拉伯資金從英鎊轉爲其他貨幣，英國的貿易大動脈蘇伊士運河也因此關閉。這兩件事幾乎令英鎊一夜之間陷入危機，到了六月，英國央行被迫大量動用聯準會提供的貨幣互換額度——此時總裁已經換人，克羅默伯爵於一九六六年卸任，由萊斯利・歐布萊恩爵士（Leslie O'Brien）接任。七月時，英國政府被迫恢復去年痛苦的經濟管制措施，但即使如此英鎊仍於九月跌至二・七八三〇美元，觸及一九六四年危機以來的最低水準。當時，我打電話給我認識的外匯專家，問他爲什麼英國央行會允許英鎊跌至如此接近絕對低點二・七八美元的危險水準（假設英鎊不貶值）——該行一九六四年十一月將英鎊的最後防線設在二・七八六〇美元——而根據它的最新聲明，它手頭的準備資產超過二十五億美元。這位專家回答：「嗯，英鎊的情況，其實不像數字所暗示的那麼危險。迄今爲止，英鎊面臨的投機壓力，絕對沒有一九六四年那麼強。而英國今年的經濟基本面比當年好得多，至少到現在是這樣。雖然碰到中東戰爭，英國緊縮措施已產生作用。一九六七年頭八個月，英國的國際收支幾乎是平衡的。英國央行顯然是希望英鎊這段弱勢期可自行結束，不必它出手干預。」

但大概就在這個時候，我注意到一個不祥之兆：英國人顯然已拋棄他們長期以來，對於議論英鎊「貶値」的禁忌。一如其他禁忌，這項禁忌看來是基於實務上的道理（議論貶値可能輕易引發投機潮，結果眞的促成貶値）和迷信。然而，我發現英國的媒體，現在毫無忌諱地經常討論貶値問題，而且幾份受敬重的報刊還主張英鎊貶値。但也不全然如此，至少威爾遜首相仍小心翼翼地避免使用「貶値」一詞，即使在他一次次重申政府不會將英鎊貶値時也不例外。舉例來說，他有一次便審愼地表示，政府在「對外的貨幣事務」方面「不會改變現行政策」。不過，在七月二十四日這天，財政大臣詹姆斯・卡拉漢在下議院公開談到貶値問題：他抱怨呼籲英鎊貶値已成爲一種時尚，並宣稱政府若採取貶値政策，將是對其他國家及其國民的背信之舉；他矢言他的政府永遠不會訴諸貶値這個手段。他的觀點是人們熟悉且會感到安心的，但他如此直白地議論貶値問題卻恰恰相反。在一九六四年最悲觀的日子，英國國會也不曾有人提到「貶値」一詞。

整個秋天我都有這樣的感覺：英國正被一連串的可怕厄運壓倒，當中有些直接衝擊英鎊，有些則只是打擊英國人的士氣。一九六七年春天，一艘油輪在康瓦爾郡（Cornwall）海域不幸觸礁，原油污染了當地的海灘；眼下口蹄疫又毀滅了數萬頭牛（最終損失爲數十萬頭）。已實行一年多的經濟緊縮政策，導致英國失業率升至多年來的最高水準，使得工黨政府成爲戰後最不得人心的政府。〔六個月後，《週日泰晤士報》（*Sunday Times*）贊助的一項調查顯示，英國人認爲首相威爾遜是二十世紀第四最邪惡的人；前三位分別是希特勒（Adolf Hilter）、戴高樂（Charles de Gaulle）和史達林（Joseph Stalin）。〕九月中開始的倫敦和利物浦碼頭工人罷工拖了超過兩個月，進一步打擊本已萎靡的出口貿易，也驟然終止了英國在這一年取得國際收支平衡的希望。一九六七年十一月初，英鎊跌至二·七八二二美元，創下十年來最低水準。

隨後事態急轉直下。十一月十三日週一傍晚，威爾遜首相利用出席倫敦金融城市長年度宴會的機會，懇求國內外忽略明天將公布的英國最新外貿數據，理由是它們被短期因素扭曲了——三年前英鎊深陷危機時，威爾遜正是利用這個場合，來強烈表達他捍衛英鎊的決心。十一月十四日週二，英國公布外貿數據：十月分貿易逆差超過一億英鎊，是歷來最差的表現。英國內閣十六日週四開午餐會，而下午在下議院，財政大臣卡拉漢被要求確認或否認下列傳言：各國央行正為英國籌集新的巨額貸款，條件是英國執行更多將導致失業情況惡化的緊縮措施。卡拉漢激動地回答（後來他的發言被視為太魯莽）：「政府將做出適當決定，而決定是否適當，是考慮英國經濟而非任何其他人的需要。就此而言，目前英國經濟並不需要製造更多失業人口。」

外匯市場一致認為，英國政府已經決定將英鎊貶值，而卡拉漢是不小心洩漏了祕密。十一月十七日週五，是外匯市場史上最瘋狂的一天，也是英鎊千年歷史上最黑暗的一天。英國央行這次選擇的英鎊最後防線為二·七八二五美元，而為了堅守這防線，它損失了大量美元準備資產，金額大到它可能永遠認為不宜公開。有理由了解情況的華爾街商業銀行業者估計，英國央行當日可能流失約十億美元的準備資產，也就是每分鐘流失逾兩百萬美元，而且持續了一整天。英國的準備資產顯然已跌破二十億美元的水準，而且可能已遠低於這個水準。十一月十八日週六晚間，在一片驚慌失措中，英國宣布投降。我是從華格那裡得知消息，他在紐約時間下午五點半打電話給我，並以有點顫抖的聲音告訴我：「一個小時之前，英鎊已貶值至二・四〇美元，而英國銀行利率已調升至八％。」

比戲劇更荒謬的現實世界

我知道，除了大型戰爭，最能擾亂世界金融秩序的，莫過於一檔重要貨幣貶值。週六晚上，我記著這一點，去世界金融中心華爾街看看。惱人的寒風將紙張吹過空盪盪的街，這個金融區在非辦公時間一如往常地靜得有點可怕。但我也看到一個異常現象：一棟棟漆黑的大樓，有一列列亮燈的窗戶，多數是一棟大樓有一列。我可以看出有些亮燈的地方，是大銀行的外匯部門。銀行的大門都鎖起來了，外匯部門的人週末回公司顯然要按門鈴，或是使用一般人不會注意的側門或後門。我翻起大衣衣領，沿著拿索街走往自由街，我想去看看紐約聯準銀行大樓。我發現它亮燈的窗戶並非排成一列，從它的佛羅倫斯式正面看過去，亮燈的窗戶不規則地散布各處，這樣看起來舒服一些；不過，它臨街的前門同樣緊閉。在我看著它時，一陣強風帶來一些不協調的管風琴聲，可能是來自幾個街口以外的三一教堂（Trinity

Church）；此時，我才意識到，這十多分鐘裡我沒看見任何一個人。對我來說，此情此景是央行運作其中一面的縮影——是它冷酷不友善的那一面：一些人傲慢地祕密做一些決定，影響了我們所有人，但我們既影響不了他們，甚至還無法理解這些決定。雖然央行運作還有友善的另一面：優雅博學的君子在巴塞爾享用松露美食和喝葡萄酒之際，爲了公益拯救岌岌可危的貨幣；但這天晚上，我無法想到央行的這一面。

十一月十九日週日下午，華格在紐約聯準銀行十樓召開記者會，我參加了，出席的還有十幾名記者，多數是平時跑聯準會這條線的記者。華格泛談英鎊貶值一事，不想回答的問題便迴避，有時就像他以前當老師時那樣，反問記者一些問題。他說，現在要談英鎊貶值造成「另一個一九三一年」的風險有多大，實在是太早了。他還說，現在做任何預測，都如同嘗試準確預測世界各地數以百萬計的人和數以千計的銀行將會怎麼做。至於情況如何，接下來幾天將會清楚一些。華格看來是處於興奮而非沮喪的狀態；他顯然有點擔心，但也很堅定。離開時，我問他是否整夜沒睡。他回答：「不，昨天晚上我去看了《生日派對》（*The Birthday Party*）。我必須說，現在這種時候，品特的世界比我的世界更合情理。」*

前一個週四和週五大概發生了什麼事，接下來幾天開始爲人所知。外面的多數傳言證實

*《生日派對》是英國劇作家哈羅德・品特（Harold Pinter）的經典作品之一，是一部荒誕劇。

或多或少是眞的，英國確實曾與其他國家商談籌集另一筆巨額貸款來捍衛英鎊避免貶值，而規模與一九六四年的三十億美元相若，美國再次打算貢獻最大的一份。英國的貶值決定，是出於政府的選擇或迫不得已，至今未有定論。威爾遜首相在電視演講中，向國民解釋貶值決定時表示：「我們是可以向其他國家的央行和政府借款，協助英鎊度過投機客的這波攻擊」，但這次如果這麼做，將是「不負責任的」，因爲「我們的外國債權人大有可能堅持，要我們就本國政策做出這樣那樣的保證」；他並未明確表示他們是否眞的提出了這種要求。無論如何，英國內閣雖然可能極不情願，但早在上個週末就已經原則上決定貶值，然後在週四的午餐會上，決定了確切的貶値幅度。當時內閣也決心藉由新的緊縮措施，包括提高企業稅、削減國防支出，以及調升銀行利率至五十年高位，來協助確保貶値能產生當局期望的效果。至於爲什麼要等兩天才宣布貶値，造成英國慘重的準備資產損失？當局表示，這是因爲他們必須利用這兩天，與主要的金融權力機構商談。這是遵循國際金融規則，而且英國也迫切需要國際貿易上的主要對手，保證不會藉由將自己的貨幣貶值，抵銷英鎊貶值的效果。

至於週五的英鎊恐慌性賣盤來自何方，現在也有了一些線索。這些賣盤絕非全部來自「蘇黎世地精」肆無忌憚的投機活動——沒有人看見著名的蘇黎世地精，他們可能根本不存在。相反，多數英鎊賣盤是大型跨國企業的避險自保操作，它們多數是美國公司，而它們賣空的英鎊金額，約爲它們數週或數月後將收到的英鎊帳款。相關證據是這些公司自己提供的：有些公司很快便出面安撫股東，表示它們因爲有先見之明，得以避免因爲英鎊貶值而蒙受顯著的損失。舉例來說，國際電話電報公司週日便發出聲明，表示英鎊貶值不影響該公司一九六七年的盈利，因爲「管理階層在一段時間之前，已經料到英鎊可能貶值。」國際收割機公司（International Harvester）和德州儀器（Texas Instruments）也表示，它們藉由等同賣空英鎊的操作，保護了自身利益。勝家公司（Singer）表示，它甚至可能因爲英鎊貶值而意外賺到一筆。其他美國公司聲稱它們安然無恙，但拒絕詳述，理由是如果它們透露它們使用的方法，可能會有人指責它們發英國的國難財。「就說是我們精明吧！」有家公司的發言人這麼說。

這種行爲或許不夠高尚優雅，但應該是合理的。在國際商業叢林裡，針對弱勢外國貨幣進行避險操作，被視爲完全正當的自衛行動。出於投機目的而賣空則比較不受尊重；有趣的是，週五賣空英鎊並在事後談論此事的人，包括一些遠在蘇黎世十萬八千里以外的人。俄亥俄州揚斯敦市（Youngstown）一群職業玩家（他們雖是資深股票投資人，但此前不曾參與國際匯市的投機活動），週五認定英鎊即將貶值，因此賣空七萬英鎊，結果週末之後獲利近兩萬五千美元。他們賣出的英鎊，最終當然是由英國央行拿美元買進，因此導致英國的準備資產損失多了一點點。我在《華爾街日報》上看到相關報導，消息來源是這群人的經紀商（想必是自鳴得意）；我希望這些「揚斯敦新手地精」至少理解他們所作所爲的涵義。

週日的情況和道德省思就講到這裡。週一國際金融界大致恢復運作，英鎊貶值一事開始受到檢驗。這當中有兩個問題：一、英國能藉由此次貶值達到它的目的嗎？英國的目的是刺激出口、減少進口，藉此根除國際收支赤字，終止針對英鎊的投機活動。二、英鎊貶值是否會像一九三一年那樣，引發其他貨幣競相貶值，最終導致美元對黃金貶值，擾亂世界金融秩序，甚至令世界經濟陷入蕭條？我將看著這些問題的答案逐漸浮現。

英鎊回穩，美元遭受攻擊

倫敦的銀行和交易所奉政府命令，週一繼續關門；在其他地方，絕大多數交易商在英國央行缺席的情況下按兵不動，英鎊在貶值後的新價位是強是弱，因此暫時沒有答案。在針線街和思羅克莫頓街，經紀商和金融機構職員圍成一個個圈子，興奮地議論當前情況，但沒有人買賣；因爲適逢女王結婚紀念日，街上到處掛著英國國旗。紐約股市大幅開低，然後收復失地。（開盤的跌勢看來沒有合理理由，股市中人只說主要貨幣貶值通常令人感到沮喪。）到週一傍晚，已有十一檔其他貨幣宣布貶值，它們是西班牙、丹麥、以色列、香港、馬爾他、蓋亞納、馬拉威、牙買加、斐濟、百慕達和愛爾蘭的貨幣。情況不算很糟，因爲貨幣貶值擾亂市場秩序的力量，與該貨幣在國際貿易上的重要性成正比，而這十一檔貨幣都不算很重要。最令人擔心的是丹麥貨幣貶值，因爲與該國關係密切的經濟夥伴如挪威、瑞典和荷蘭大有可能跟進貶值；果眞如此，後果可能相當嚴重。埃及持有英鎊準備資產，因爲英鎊貶值而立即損失三千八百萬美元，但堅持不將本國貨幣貶値；損失一千八百萬美元的科威特也是。

週二世界各地的市場全面恢復運作。英國央行回到市場中，將英鎊的新交易界限設在二．三八美元至二．四二美元之間，而英鎊立即升至區間上限，就像一顆輕氣球從小孩手上溜走，升抵天花板，然後整天停在那裡；事實上，因爲一些不適用於氣球的複雜理由，英鎊這天大部分時間留在略高於交易區間上限的水準。英國央行現在不再是拿美元買英鎊，而是賣英鎊買美元，因此也就開始重建它的準備資產。我打電話給華格，以爲可以分享他的喜悅，但發現他十分冷靜。他說，英鎊目前的強勢是「技術性的」，也就是因爲上週賣空英鎊的人回補部位、獲利了結所致。他表示，英鎊在新匯價的眞正考驗，估計週五才會出現。週二這天，再有七個小國宣布貨幣貶值。在馬來西亞，政府將以英鎊爲後盾的舊貨幣貶值，以黃金爲後盾的新貨幣則維持不變，而且繼續允許新舊貨幣同時流通；這種不公平的情況引發暴動，接下來兩週共造成二十七人死亡，他們是英鎊貶值的第一批受害者。這些死者沉痛地提醒我們，引人入勝的國際金融遊戲，攸關人們的生計乃至性命。但除此之外，英鎊貶值之後，迄今一切還算順利。

然而，二十二日週三這天，一個攸關全局的凶兆出現了。一如許多人所擔心，長期以來打壓並最終壓垮英鎊的投機攻擊，轉向以美元爲目標。美國是唯一承諾無限量向其他國家央行，以每盎司三十五美元固定價格出售黃金的國家，因此它是世界金融拱門的拱心石，而美國金庫裡的黃金便是它的地基——在週三這天價值近一三〇億美元。聯準會主席馬丁已經一再重申，無論如何美國將繼續滿足各國央行購買黃金的需求，必要時會賣到一條金條都不剩。儘管馬丁如此承諾，而且詹森總統在英鎊貶值之後立即重申此項承諾，投機客開始動用美元大量買進黃金，展現出對官方保證的不信任態度，一如紐約市民在差不多同一時間，不理當局呼籲，努力囤積地鐵代幣那樣。*巴黎、蘇黎世和倫敦等金融中心湧現異常強勁的黃金需求，世界主要黃金市場倫敦的情況尤其熱烈，人們立即開始議論「倫敦淘金熱」。

據某些方面估計，二十二日當天黃金買單價值超過五千萬美元，而且看來是來自世界各地——但理論上不包括美國和英國，因爲這兩個國家的法律禁止國民購買或擁有貨幣性黃金。這一大群看不見的人忽然間像是著了魔，被人類由來已久的黃金渴求所支配。那麼，是誰賣黃金給他們呢？不是美國財政部，因爲美國財政部透過聯準會，僅向其他國家的央行出售黃金；也不是其他央行，因爲它們根本沒有承諾要對外出售黃金。爲了滿足市場的黃金需求，相關國家一九六一年成立了另一個國際合作組織——倫敦黃金池（London Gold Pool）。該組織由其會員國，包含美國、英國、義大利、荷蘭、瑞士、西德、比利時，以及後來退出的法國提供金塊，數量足以令世界首富爲之目眩——美國供應了其中五九％。倫敦黃金池的目的，是無限量滿足非政府買家的黃金需求，其賣價實質上與聯準會向其他央行出售黃金相同，藉此平息貨幣恐慌，維護美元和布雷頓森林貨幣制度的穩定。

倫敦黃金池週三這天正是發揮了這種功能。但週四的情況則可怕得多：巴黎和倫敦繼續有人搶購黃金，購買量甚至破了一九六二年古巴導彈危機期間所創的紀錄。包括英美高官在內的許多人，開始確信他們一開始便懷疑的事：這次淘金熱是戴高樂將軍和法國，先打擊英鎊、後收拾美元的部分計劃。他們當然只有間接證據，但這些證據很有說服力，戴高樂和他的部長早就有希望大幅壓低英鎊和美元國際地位的發言紀錄。市場上一些可疑的黃金買單看來與法國有關，甚至在倫敦市場也有這種買單。週一傍晚，也就是這波淘金熱開始之前的三十六小時，法國政府似乎故意放出風聲，示意該國希望退出倫敦黃金池——後來的資料顯示，從這年的六月起，法國根本就不再供應黃金給倫敦黃金池。此外，也有人指責法國政府散播比利時和義大利，也即將退出倫敦黃金池的謠言。如今逐漸浮現的資料顯示，在英鎊貶值之前的最後階段，法國顯然是最不願參與國際貸款拯救英鎊的國家，而且該國要到最後關頭才承諾不會在英鎊貶值後也將法郎貶值。總而言之，人們大有理由懷疑是戴高樂當局在背後搞鬼，而無論眞相如何，我強烈覺得針對法國的指控，爲此次貶值危機增添很多趣味——

＊以前紐約地鐵使用一種代幣，當民眾預期當局將調漲車費時，可能會囤積代幣，期望這些代幣在加價後可以繼續使用，藉此賺取差價。

幾個月後，輪到法郎面臨貶值危機，而美國爲勢所逼伸出援手；整件事顯得更有趣味。

英鎊週五在倫敦整天都位於交易區間上限，因此算是以優異的成績，通過貶值後的首次重大考驗。自從週一以來，只有幾個小國宣布貨幣貶值，而如今挪威、瑞典和荷蘭，顯然將不會跟隨丹麥貶值。但美元的情況，看來卻空前惡劣。週五這天，倫敦和巴黎的黃金購買量遠遠超過週四，而根據某些估計，之前三天所有市場共賣出價值接近十億美元的黃金；約翰尼斯堡整天一片混亂，投機客搶著買進金礦公司的股票；整個歐洲都有人積極賣出美元，買進黃金和其他貨幣。美元的處境雖然可能遠不如一週前的英鎊那麼絕望，至少兩者有令人不安的相似之處。後來的報導指出，在英鎊貶值之後最初的那段日子，向來習慣援助其他貨幣的聯準會，被迫借入價值近二十億美元的各種外幣，以便捍衛美元。

黃金投機客不斷進攻

週五接近傍晚時，我出席了紐約聯準銀行的一個記者會，期間華格展現了不尋常的幽默感，而且有點神經兮兮，弄得我也有點緊張。我離開時心裡在想，說不定當局週末期間就會宣布美元貶值。但這件事並未發生，美元反而看似暫時度過了難關。當局週日宣布，黃金池國家的央行代表——包括海斯和康伯斯——在法蘭克福會面，正式同意以他們的全部資源，繼續維持當前美元與黃金的兌換價。這看來消除了市場對美元的黃金後盾之疑慮，確認支持美元的不僅是美國價值一三〇億美元的黃金準備，還有比利時、英國、義大利、荷蘭、瑞士和西德價值共一四〇億美元的黃金準備。投機客看來是相信了當局的決心和能力：倫敦和蘇黎世週一的黃金買單大幅減少，只有巴黎仍有人大力買進——戴高樂這天親自召開記者會，對各種事情發表了令人困惑的意見，而且大膽表示當前種種事件的趨勢，是美元在國際上的重要性走向衰落。黃金交易量週二在所有市場均大幅萎縮，連巴黎也不例外。「今天情況很好，」華格這天下午在電話中對我說。「我們希望明天會更好。」黃金市場週三恢復正常，但因爲一週來的情況，美國財政部爲了履行對黃金池的責任，以及滿足外國央行的需求，失去了約四百五十噸黃金，價值近五億美元。

英鎊貶值十天之後，一切恢復平靜，但這不過是下一波震盪來臨前的短暫寧靜。十二月八日至十八日之間，美元遭遇新一波的瘋狂投機，倫敦黃金池因此再失去約四百噸黃金。一如之前那一波，在美國和它的黃金池夥伴，重申它們決心維持現狀之後，這波淘金熱終於消退。到年底時，美國財政部自英鎊貶值以來，已失去價值近十億美元的黃金，導致它的黃金資產價值自一九三七年以來，首次跌破一二〇億美元。詹森總統一九六八年一月一日宣布，他改善美國國際收支的方案，主要措施是限制美國各銀行的放款，以及產業界在海外的投資。這項方案協助當局在接下來兩個月中，有效抑制投機活動。但這種措施無法就此平息淘金熱。儘管當局做出種種承諾，淘金熱背後有強勁的經濟和心理力量支持。籠統而言，它彰顯了人類歷來在危機時期不信任所有紙幣的傾向，但較具體而言，它是許多人早已擔心的英鎊貶值續集；再講得具體一點，它是人們對美國整頓好經濟的決心投下不信任的一票，尤其是因爲看到美國在爲一場看不到盡頭的戰爭，耗費數額愈來愈驚人的資金之際，美國民衆的消費卻是如此令人羨慕不已。在當前的國際貨幣體制下，世人理應信任美元，但在黃金投機客眼中，美國卻是如此的揮霍無度。

黃金投機客二月二十九日再度發起攻擊，而且勢頭極猛，以致情況迅速失控。他們選擇這天發起攻擊，可能並無特別原因——也可能是因爲美國參議員雅各．賈維茲（Jacob Javits）才剛表示，他認爲美國最好是暫停支付黃金給其他國家；賈維茲這麼說可能是非常認眞的，也可能是一時不愼說錯話。三月一日這天，黃金池在倫敦爲市場供應了四十噸至五十噸黃金（平常日子是三或四噸）；三月五日和六日是每天四十噸；三月八日超過七十五噸；三月十三日的總數無法準確估計，但可能遠遠超過一百噸。在此同時，英鎊首次跌破它的標準匯價二．四〇美元；如果美元對黃金貶值，英鎊勢必逃不過再次貶值。相關國家再次重申人們已經非常熟悉的保證，這次是由主要國家的央行三月十日在巴塞爾做出，但看來完全無效。市場陷入典型的混亂狀態：不相信當局的任何公開保證，一時的傳言卻幾乎總是能造成市場波動。瑞士某個重要的銀行業者，嚴肅地指稱當前局勢是：「一九三二年來最危險的。」巴塞爾俱樂部一名成員以寬容調和他的無奈，表示黃金投機客顯然並未意識到，他們的行爲正在危害世界貨幣秩序。《紐約時報》在一篇社論中表示：「國際支付系統顯然正遭受腐蝕。」

三月十四日週四，市場混亂之餘，還陷入了恐慌。倫敦的黃金交易商描述這天的情況時，用上了一些很不英國的詞，例如「蜂擁」、「大災難」和「惡夢」等。這天賣出了多少黃金，一如往常並未公布（很可能也無法準確計算），但所有人都同意是史上最高紀錄。多數人估計這天總共賣出約兩百噸黃金（價值兩億兩千萬美元），《華爾街日報》則估計高達約四百噸。如果是前者，則美國財政部光是承擔黃金池的責任，這天每三分四十二秒便付出價值一百萬美元的黃金；如果《華爾街日報》的估計才正確（由美國財政部後來公布的資料，證實該報的估計正確），則財政部每一分五十一秒便付出價值一百萬美元的黃金。這種情況顯然是不可持續的，一如一九六四年的英國，按照這樣的黃金流失速度，美國的金庫用不了多少天便會空無一物。這天下午，聯準會將它的貼現率從四．五％調升至五％，但這項防禦措施非常畏縮和不足，以致一名紐約銀行業者將它比作是「玩具氣槍」。聯準會的外匯執行單位紐約聯準銀行，甚至拒絕跟隨此一象徵性行動，以表示不滿。紐約時間當天傍晚，也就是倫敦接近午夜時，美國要求英國第二天週五關閉黃金市場，以免發生更多災難，同時方便相關國家週末面對面磋商當前局勢。茫然的美國民眾，多數不知道有倫敦黃金池這回事，他們週五早上得知英女王伊莉莎白二世，在午夜至凌晨一點間就當前危機會見內閣大臣，很可能此時才首次感受到局勢的嚴峻。

週五是緊張等待的一天，倫敦市場休市，其他地方的外匯交易室也幾乎都休息，但黃金在巴黎升至大幅高於標準價格的水準——巴黎的黃金買賣，在美國眼中成了一種黑市交易。而在紐約，英鎊因爲少了英國央行的支持，曾經短暫跌破官方底線二．三八美元，隨後才回升。黃金池國家的央行週末在華府開會，出席者有美國、英國、西德、瑞士、義大利、荷蘭和比利時的代表，法國再次顯眼地缺席，但其實它這次並未獲邀，而康伯斯與聯準會主席馬丁則代表美國出席。在世界金融市場屛息以待之下，他們開了嚴格保密的兩整天會議，週日近傍晚時公布決定。各國央行之間的交易，將沿用每盎司黃金三十五美元的官方價格；倫敦黃金池將廢止，各國央行將不再供應黃金給倫敦市場，此處的民間黃金交易將可自由議價；任何央行若試圖利用央行金價與自由市場金價的差異獲利，將受到制裁；倫敦黃金市場將關閉數週，直到情勢穩定下來。在新制度下的頭幾個交易日，英鎊強勁上漲，而自由市場的黃金價格，在高於央行金價二至五美元的水準穩定下來，溢價幅度顯著小於許多人原本預期。

考驗人類欲望的紙黃金

危機過去了，又或者是那場危機過去了。美元得以避免貶值，國際貨幣體制完好無缺。危機解決方案也沒有特別激進，畢竟在倫敦黃金池成立之前，黃金在一九六〇年就是有兩種價格的。這項方案只是權宜之計，而這場戲仍未落幕。一如《哈姆雷特》(*Hamlet*)中的鬼魂，爲這場戲揭開序幕的英鎊，如今已退下舞台。在夏天來臨之際，台上的主角是聯準會和美國財政部，他們發揮自己的技術功能以免事態失控；另一主角美國國會對繁榮景象志滿意得，一心記掛著即將來臨的選舉，因此抗拒加稅和其他令人不舒服的節約措施（就在倫敦市場陷入恐慌的那個下午，美國參議院財務委員會否決了課徵附加所得稅的議案）；至於美國總統，他雖然呼籲執行「全國緊縮方案」以捍衛美元，但又延續支出愈來愈高的越戰——這場戰爭不僅已威脅到美元的健康，在許多人看來還威脅到美國的靈魂。歸根結底，美國在經濟上看來只有三條路可以走：以某種方式結束越戰，杜絕國際收支問題，因而根治美元的頑疾；執行徹底的戰時經濟措施，大幅加稅，管制薪資和物價，可能還要實行物資配給；美元被迫貶值，嚴重擾亂世界金融秩序，甚至造成經濟蕭條。

越戰對世界金融秩序的影響廣得驚人，深謀遠慮的央行官員繼續努力籌劃妥善的對策。針對美元危機達成權宜之計兩週之後，最強大的十個工業國家在斯德哥爾摩開會，同意逐漸建立一個新的國際貨幣單位，補充黃金作爲支撐所有貨幣的基石——法國是唯一的反對者。如果當局坐言起行，這個國際貨幣單位將是國際貨幣基金組織的特別提款權；各國將根據它們既有的準備資產，按比例獲得特別提款權。銀行界將它們稱爲ＳＤＲ（special drawing rights），民間則立即稱之爲「紙黃金」（paper gold）。這項計劃的目的是防止美元貶值，克服全球貨幣性黃金短缺的問題，因而無限期延後世界金融亂成一團的情況。至於它能否達成目的，將取決於人類最終能否藉由某種方法獲得理性勝利，做到紙幣流通近四百年來，人類未能做到的一件事，那就是克服對黃金的外觀和感覺的渴求（這是人類最古老、最不理性的特徵之一），進而眞正賦予紙上承諾同樣的價值。至於人類能否做到這件事？答案將在這場戲的最後一幕揭曉，而大團圓結局的可能性，目前看來並不樂觀。

在這最後一幕將要開始的時候，也就是英鎊貶值之後、黃金恐慌開始之前，我去了自由街，見到了康伯斯和海斯。我發現康伯斯顯得精疲力盡，但並未因爲花了三年時間在一件基本上失敗的事上而灰心喪氣。他說：「我不認爲我們守護英鎊的努力完全徒勞無功。我們爭取到這三年的時間，期間英國推動了許多內部措施增強自身實力。如果英鎊在一九六四年被迫貶值，薪資和物價膨脹大有可能吃掉他們可能得到的所有好處，使他們回到同一個老困境。此外，這三年間國際金融合作也大有進展。天知道如果英鎊一九六四年被迫貶值，整個體制會受到怎樣的衝擊？如果沒有這三年的國際努力，雖然你可能認爲這是無望取勝的防禦戰，英鎊的崩盤可能遠比實際情況混亂，造成的損害可能遠比我們現在看到的嚴重。別忘了，我們的努力，還有其他央行的努力，說到底不是爲了守護英鎊，而是爲了保護整個體制，而如今這個體制是保住了。」

海斯表面看來完全就像我一年半前看到他的那樣，同樣冷靜、沉著，彷彿他這段時間一直在鑽研科孚島。我問他，是否仍然堅守銀行業者的辦公時間？他帶著一絲微笑回答，說這個原則早就屈服於工作需要——他說作爲一名時間的消費者，一九六七年的英鎊危機，令一九六四年的危機顯得微不足道，而隨之而來的美元危機看來同樣嚴重。海斯表示，這三年半的事件也產生了一個附帶好處：因爲經常出現煽情劇一樣的緊張情節，海斯太太對銀行業的興趣有所增加，甚至連他兒子湯姆也略微提高了對商業的價值評估。

但是，當海斯談到英鎊貶值時，我發現他的沉著只是表象。「啊，我當然感到失望，」他平靜地說。「畢竟我們拚了命地想保住它，而且幾乎成功了。我認爲英國可以得到足夠的國際援助，成功保住英鎊匯率。即使法國不幫忙，我們也能做到。貶值是英國的選擇。我認爲英鎊貶值最終達到當局目標的機會相當大，而國際合作方面的得益是無庸置疑的。查理康伯斯和我十一月在法蘭克福開黃金池會議時，可以感覺得到在場所有人都認爲這是團結一致的時候。但是……，」海斯停頓了一下，而當他恢復講話時，聲音裡充滿一種沉靜的力量，使我看到英鎊貶值在他而言，不僅是一次嚴重的職業挫敗，還是理想之喪失、偶像之墜落。他說：「十一月那天，在自由街這裡，快遞員送來英國通知我們貶值決定的最高機密文件。當時，我覺得身體很不舒服。英鎊，將不再是以前的英鎊，永遠無法在世界各地贏得同樣的信任了。」

國家圖書館出版品預行編目(CIP)資料

商業冒險：華爾街的12個經典故事/約翰・布魯克斯
(John Brooks)著；譚天, 許瑞宋譯.
-- 初版. -- 臺北市：大塊文化, 2015.02
496面；14.8 × 21公分. -- (from ; 108)
譯自：Business adventures : twelve classic tales from the world of Wall Street
ISBN 978-986-213-576-1(平裝)

1.企業管理

494　　103027828

這本書是我讀過最棒的商業書。

——比爾・蓋茲（Bill Gates）